KB251022

The Science of Flavour

풍미의 과학

The Science of Flavour

풍미의 과학

당신의 오감을 깨워줄 '맛있는 요리'의 숨은 공식

스튜어트 페리몬드 지음 | 오지현 옮김

시그마북스
Sigma Books

CONTENTS

들어가며

이 세상에는 두 부류의 사람이 있다. 음식을 에너지원으로 여기는 사람과, 인생의 큰 즐거움 중 하나로 여기는 사람이다. 두 번째 부류에 속하는 사람들에게 음식은 기쁨이다. 음식을 통해 축하하고, 위로하고, 힘들 때 위안을 얻고, 새롭게 우정을 쌓으며, 심지어 사랑에 빠지기도 한다. 음식을 사랑하는 사람들에게 훌륭한 식사는 인생의 쉼표처럼 아주 소중한 추억이 만들어지는 순간이 된다. 여러 다른 문화와 연결되고 오감이 순식간에 먼 나라로 옮겨가는 것이다. 실제로 내 아내가 말하길, 내가 언어를 팬에 구워 이탈리아 치즈, 월계수 잎, 프로슈토로 감싼 후 생면 파스타 위에 얹은 요리를 해주었을 때 내게 반했다고 한다!

먹는 행위는 미뢰를 자극하는 것 이상의 영향력을 지닌다. 미각을 비롯한 모든 감각이 한데 뭉쳐 풍미를 만들어내기 때문이다. 이 책은 모든 면에서 실감 나는 다면적인 보석과 같은 풍미에 과학적 시각을 투과하여 진미라는 무지개를 비추고 있다. 그리고 우리는 이 맛의 무지개가 음식의 모양, 향기, 맛뿐만 아니라 소리, 감정, 심지어 주변 분위기로 이루어져 있다는 사실을 알게 될 것이다. 아마추어 요리사, 셰프, 미식가 혹은 우리가 먹는 음식이 그저 궁금한 사람도, 이 책을 통해 풍미라는 보석의 모든 면을 자세히 들여다보면서, 음식을 더 깊은 수준으로 음미하고 만끽할 수 있게 될 것이다. 또한 음식을 더 훌륭하게 만들고 더 진지한 자세로 먹을 수 있게 될 것이다. 불필요한 전문 용어는 잊어버리자. 이 책의 목표는 매일의 재료에서 매번 풍미를 한입씩 이끌어내고, 맛있는 음식 페어링(조합)을 개발하며, 새롭고 흥미로운 나만의 창작 요리를 위한 영감을 얻을 수 있도록 하는 데 있다. 바라건대, 이 책의 모든 내용이 맛에 대한 정보 한 움큼과 곱씹어볼 만한 소식들로 흥미롭게 느껴지면 좋겠다.

'맛'과 '풍미'라는 용어는 때때로 혼용되기도 하지만 미묘하게 다르다. '맛'은 단지 우리 혀가 감지하는 느낌이다. 단맛, 짠맛, 신맛, 쓴맛, 감칠맛과 입안에 있는 미각 외에 다른 몇 가지 감각들을 말한다. 한편 '풍미'는 맛과 향기, 텍스처, 온도, 심지어 소리까지 어우러진 총체적인 경험이다.

이 책은 무미건조한 이론을 실은 교과서도 아니고 엄격한 지침을 실은 레시피 북도 아니다. 그보다는, 빵 부스러기처럼 모든 사소한 것에서 풍미를 발견해 더 자신감 있고 창의적으로 요리하도록 이끌어주는 안내서에 가깝다. 어떤 재료가 지닌 각각의 향기 요소와 전반적인 향에 주파수를 맞추는 법을 알려주어, 한 입 한입 충분히 음미할 수 있게 해줄 것이다. 이 책 곳곳에 나오는 화학식명에 당황할 필요 없다. 다만 이 책을 자신의 창의력을 드러내고, 서로 어울리는 재료를 찾고, 찬장에 있는 재료로 독특하고 맛있는 요리를 공들여 만들어내는 데 필요한 열쇠로 활용하면 좋겠다.

이 책의 3장까지는 풍미가 뇌에서 지어내는 환상이라는 점을 짚고, 풍미 화합물이라는 물질이 어떤 경로로 그러한 환상의 기초가 되는지 알아본다. 맛과 풍미에 대해 알아본 다음, 이 책에서 분량을 가장 많이 차지하는 4장에서는 매일 사용하는 재료들을 훑어본다. 영감이 필요할 때 가장 먼저 찾아보는 자료로 쓰이길 바란다. 가지가 있는데 어떻게 해야 가장 잘 활용할 수 있을지 모르겠다면, 92쪽을 읽어보자. 아니면 냉장고 아래 칸에 방치되어 있는 잎채소를 소진해야 한다면 98쪽을 읽어보자. 너무 흔한 당근을 돋보이게 하는 법(100쪽)이나 버섯으로 깊은 감칠맛을 내는 법(142쪽)을 알고 싶다면, 이 책을 부엌에 두고 믿고 의지하면 된다.

이 책은 나의 다섯 번째 책이고 내게는 큰 의미가 있다. 이 책을 쓰는 동안, 예전에 제거했던 뇌종양이 재발했고, 그 불청객이 가까이 오지 못하게 여러 달 동안 항암 화학 요법과 방사선 치료를 받아야 했다. 하지만 아내, 가족, 친구, 그리고 교회에서 받은 놀라운 사랑과 지지 덕분에 가까스로 탈고할 수 있었다. 이에 이 책을 여러분 모두에게 바친다.

풍미를 느끼는 과정

풍미는 어디에서 오는가?

이 여정은 감각의 영역 안쪽, 즉 입에서 시작된다. 입속의 각 부위는 저마다 중요한 기능을 수행한다.
풍미에 도달하기 위한 이 여행의 첫 번째 도착지는 바로 입술이다.

입술이 손가락 끝만큼이나 예민하다는 사실을 알고 있었는가? 입술의 연한 선홍색 피부는 온도, 통증, 촉각에 매우 예민하다. 피부에 전해지는 느낌은 풍미에 영향을 준다. 예를 들어, 감자튀김의 까칠까칠함이 입술에 제일 먼저 전해지면, 그 아작거리고 노릇노릇한 겉 부분의 식감이 더욱 생생하게 느껴진다. 더 극적인 경우로, 냉장시킨 유리컵의 차갑고 딱딱한 질감은 음료 맛을 더 신선하게 해주고, 데운 커피잔은 음료를 실제보다 더 따뜻하게 느껴지게 한다. 반면에, 플라스틱 식기는 그 안에 아무리 맛있는 음식이 들어 있어도 그 풍미를 무디게 만든다.

치아를 지나며

첫 번째 관문인 입술을 지나온 음식물은 이제 치아에 닿는다. 음식물을 자르고 부수는 저작 활동이 일어날 때마다 향을 전달하는 물질이 구강 속으로 분비된다. 그리고 구강 뒤쪽으로 퍼져나가 목구멍으로 들어간 다음, 코 뒤쪽(56~57쪽)으로 올라간다. 여기에서 이 향기를 전달하는 물질이 풍미로 전환되는 것이다. 치아는 소화를 위해 음식물을 갈고 으깨는 작업 이상의 역할을 한다. 치아 속 고도로 민감한 신경 말단은 음식물의 화학 구조 자체를 감지해서 그 음식물이 얼마나 딱딱한지, 그리고 아삭한지, 질긴지 혹은 딱딱한 게 씹히는지 아닌지를 뇌에 알려준다.

용해제로서의 침

입안에 가득 찬 음식물은 볼과 혀 밑의 분비선에서 분비된 침으로 걸쭉한 상태가 된다. 침이 맛을 내는 화학 물질(소금, 당, 산)을

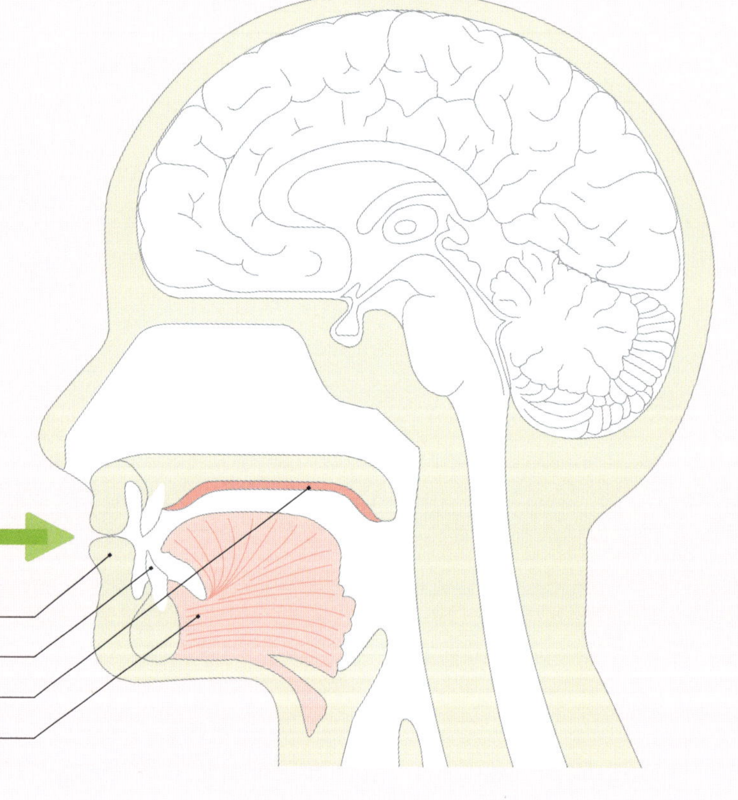

음식물의 여정

풍미를 얻기 위한 여정에서 입속의 각 부위는 맛보고 삼키는 것 이상의 중요한 역할을 한다. 그 덕분에 우리는 음식을 진정으로 음미할 수 있다.

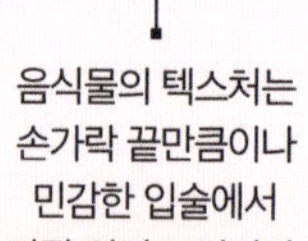

입술

음식물의 텍스처는 손가락 끝만큼이나 민감한 입술에서 가장 먼저 느껴진다.

치아

치아는 저작을 통해 향을 발산하고 음식물의 화학 구조를 감지하여, 뇌가 맛을 인지하도록 유도한다.

입천장

음식물이 혀에 의해 입천장까지 밀려 올라갈 때 입에서는 텍스처와 식감을 느낀다.

용해시키기 때문이다. 이 용해된 화학 물질은 혀 위를 미끄러지 듯 움직이며 미뢰를 활성화시킨다. 놀랍게도 우리가 맛을 느끼는 대상은 음식 자체가 아니라 이미 음식과 섞여버린 침인 것이다. 침 속의 화학 물질('효소'라고도 함)은 입안에서 당과 지방을 소화하기 시작하고, 그 밖에 떠다니는 단백질은 쓴맛을 가려 불쾌한 맛을 누그러뜨린다.

입천장과 혀

구강 전체는 예민한 신경으로 둘러싸여 있다. 입속에 음식물이 채워질 때마다 혀와 입천장은 끊임없이 음식물과 접촉하면서 모양, 텍스처, 농도를 탐색하고 검사하며, '식감(34~35쪽)'이라는 느낌을 비롯하여 알싸한 열감, 떫은맛, 발포감을 만들어낸다.

음식물이 혀에 닿으면 마침내 미뢰에 근접하게 된다. 혀를 내밀고 거울을 들여다보자. 혀 윗부분을 덮고 있는, 거의 보이지 않을 만큼 작은 돌기들을 유두돌기라고 한다. 이 유두돌기 안에 바로 '미뢰'가 박혀 있는데, 너무 작아서 보이지 않는다. 미뢰는 50~100개의 세포가 마치 꽃봉오리 속 작은 잎들처럼 다발로 뭉쳐져서 둥근 모양을 띤다(꽃봉오리를 '화뢰'라고도 하는데 미뢰는 이것에서 따온 이름이다). 이 세포들은 입안에 있는 음식의 맛에 대한 정보를 뇌로 보낸다.

실유두

혀 표면에 있는 원뿔 모양의 구조물. 핥을 때 밀착성을 느낄 수 있게 해주고 질감을 감지할 수 있게 해준다. 단, 미뢰가 없다.

2차 유두

버섯유두

버섯처럼 생긴 이 붉은 유두는 사실상 거의 모든 맛을 느끼게 해주는 역할을 한다.

위쪽 표면의 미뢰

성곽유두

혀 뒤쪽에 있는 이 큰 유두는 개수가 적으며(8~12개) 쓴맛을 감지한다.

내벽 속 미뢰

잎새유두

혀 양쪽 가장자리에는 수백 개의 미뢰가 있는데, 이 미뢰들은 신맛에 더 민감하다.

유두들 사이 홈에 자리 잡고 있는 미뢰

혀

혀는 맛을 느끼는 수백 개의 유두뿐만 아니라, 음식물의 표면을 감지하는, 눈에 보이지 않는 손가락 모양의 돌기들로 빽빽하게 덮여 있다.

미뢰

유두 안에 있는 최대 1만 개의 미뢰가 맛을 결정하는 화학 물질, 즉 미각 물질을 감지한다.

우리는 어떻게 맛을 느끼는가?

미각 덕분에 우리는 음식물을 삼키기 전에 그 음식물이 안전하고 영양가가 있는지를 확인할 수 있다.
미각은 풍미를 경험하는 전체 과정 중 일부를 담당할 뿐이지만,
그렇다 하더라도 미각은 풍미를 경험하는 데에 없어서는 안 될 토대가 되어준다.

우리는 보통 이 두 단어를 혼용하지만, '맛'과 '풍미'는 같은 개념이 아니다. 맛은 미뢰에서 만들어지며, 단맛, 짠맛, 신맛, 쓴맛, 감칠맛, 지방맛, 이렇게 여섯 가지 범주의 단순한 감각일 뿐이다.

풍미 VS 맛

풍미에는 맛이 포함된다. 그런데 우리가 혀로 맛을 느낀다고 생각하는 것의 대부분은 사실 코에서 생겨난다(56~57쪽). 우리는 맛을 통해 사과는 달콤하고 약간 신맛이 난다는 것을 알 수 있고, 풍미를 통해 이 사과는 과일 맛이 나고 향긋하다는 것을 알 수 있다. 미각은 어떤 음식이 안전한지 혹은 안전하고도 영양가가 있는지 확인하는 원초적인 방법으로서 발달되었다. 예를 들어, 단맛은 어떤 음식에 쉽게 사용 가능한 에너지가 들어 있다는 표시이고, 짠맛은 일상생활에 꼭 필요한 미네랄인 나트륨이 들어 있으므로 섭취할 만한 가치가 있음을 나타낸다. 신맛은 어떤

여섯 가지 맛

으레 우리는 혀만으로 감지할 수 있는 맛으로 다섯 가지를 떠올리곤 한다. 점점 지방맛이 여섯 번째 맛으로 꼽히고 있지만, 이 맛에 대해서는 아직 규명 중이다.

음식이 산성이라는 신호이다. 즉, 비타민 C(산)가 들어 있을 가능성이 있다거나, 발효 식품이기 때문에 섭취해도 안전할 것으로 예상된다는 뜻이다. 쓴맛은 위험을 경고하는 신호이다. 감칠맛 혹은 짭짤한 맛은 글루탐산이라는 단백질 조각(fragment)에 의해 활성화되는데, 그 식품이 성장과 회복에 필수적인, 풍부한 단백질 공급원이 될 수도 있음을 암시한다.

미뢰는 어떻게 기능할까

각각의 미뢰 끝부분은 하나의 작은 구멍 입구에 모여 있다. 그리고 그 구멍 안으로 침이 고인다. 작은 털들이 침 속의 미각 물질(맛을 유발하는 분자)을 쓸어 모으고 수용체는 이 물질들이 지나갈 때 포획한다. 미각 물질은 저마다 특정 수용체에 딱 들어맞아서, 이 수용체를 통해 화학적·전기적 자극을 내보낸다. 그리고 이 자극은 미뢰 기저부에 있는 실처럼 생긴 신경 한 줄기를 따라 뇌로 전달된다. 혀끝은 당에, 혀 뒤쪽은 쓴맛에, 혀의 양쪽 가장자리는 짠맛과 신맛에 약간 더 민감하다. 이는 혀 위에서 맛을 느끼는 세 종류의 미각 유두와 관련 있다. 다목적 버섯유두는 혀 전체에 흩어져 있는 반면, 쓴맛에 더 민감한 성곽유두는 혀 뒤쪽에, 신맛을 감지하는 잎새유두는 혀 양쪽 옆에 위치하기 때문이다.

| 단맛 | 감칠맛 | 쓴맛 | 짠맛 | 신맛 | 지방맛 |

기본맛 구분하기

미뢰는 현미경으로 볼 수 있는 작은 세포 다발로서 혀 표면 바로 아래에 묻혀 있다. 각각의 미뢰 속에는 끊임없이 재생되는 미뢰 세포들이 존재한다. 미뢰 세포는 미세 융모를 이용하여 미각을 유발하는 화학 물질을 포착한다.

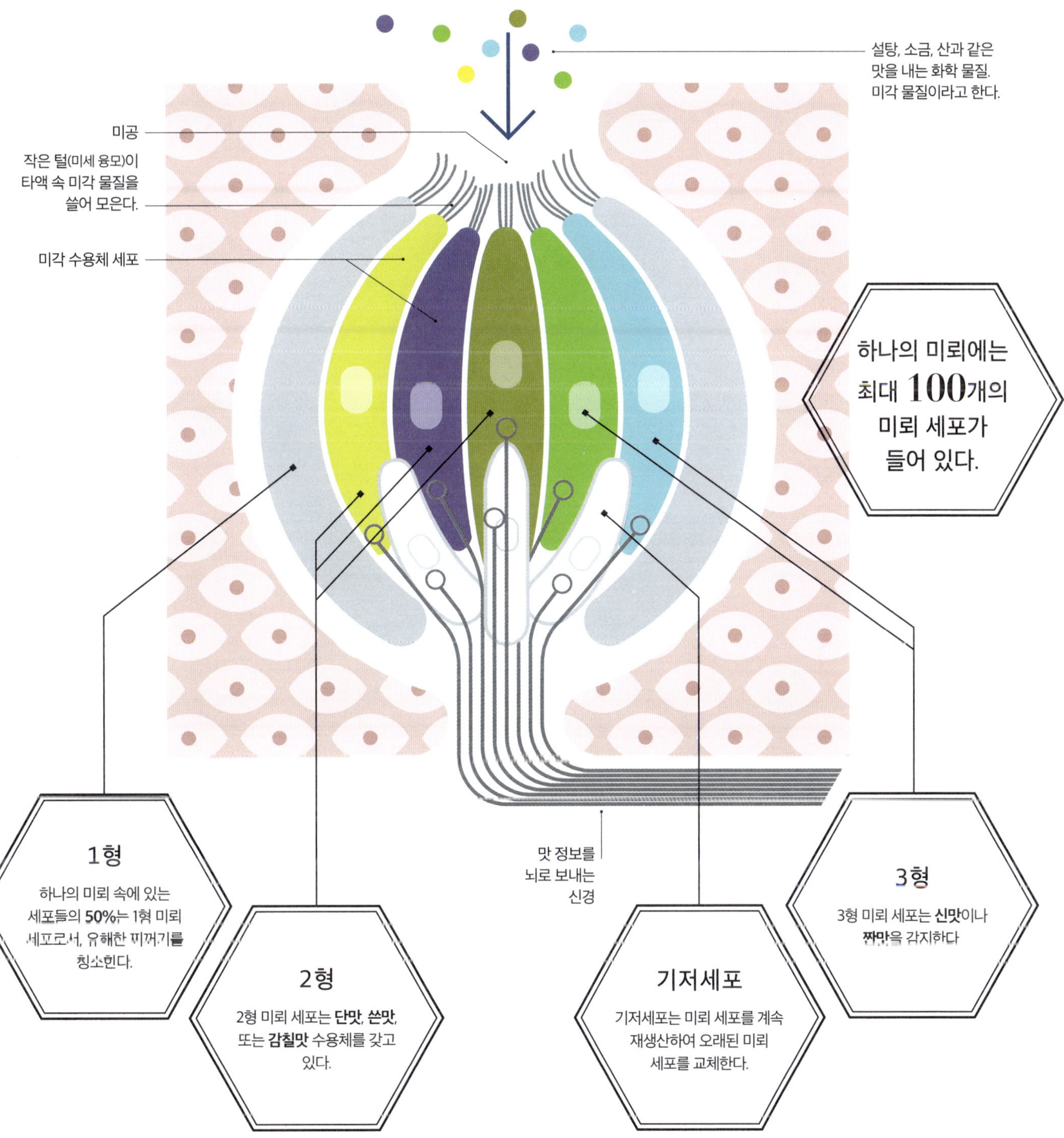

소금은 어떻게 맛을 돋우는가?

요리사에게 소금은 아마도 주방에서 가장 독보적으로 중요한 재료일 것이다.
소금을 넣으면 단조롭던 식사가 매우 즐겁고 다채로운 경험으로 바뀔 수 있다.
소금은 숨겨진 풍미를 살려주며 풍부하고 복합적인 맛을 북돋우기 때문이다.

소금(염화나트륨)은 식품을 장시간 보존할 수 있게 해주며, 고기, 생선, 치즈의 단백질을 분해하여 감칠맛 나는 새로운 풍미를 만들어낸다. 소금이 없었다면 절인 채소, 올리브, 간장, 치즈, 햄, 베이컨 등 세계적으로 훌륭한 음식들을 맛볼 수 없었을 것이다. 소금을 미리 뿌려두면 스크램블드에그가 더 부드러워지고, 고기는 더 쫄깃해지며, 채소는 더 파릇하고 연해진다. 소금은 수분을 밖으로 빠져나가게 해서, 음식을 굽거나 튀길 때 겉 부분을 갈색으로 눋게 하거나 바삭하게 조리하는 데 유용하다(74~75쪽). 염수를 만들 때 들어가는 소금은 고기에 수분이 흡수되게 해주어서 조리 전에 고기를 촉촉하게 만든다. 베이킹할 때 소금을 약간 넣으면 글루텐이 강화되어, 도우가 탄탄하고 탄성이 생기며, 빵이 치밀하고 잘 부푼 구조를 지니게 된다.

맛을 가려주고 끌어올리는 소금

소금은 다른 맛을 가린다. 특히 화학 약품이나 금속의 싸한 맛을 가려준다. 소금은 쓴맛을 느끼는 미뢰를 약하게 만든다. 예를 들어, '샐러드'라는 단어는 소금을 뜻하는 라틴어에서 유래한다. 로마인들이 잎채소의 쓴맛을 완화하기 위해 소금을 사용했기 때문이다. 소금은

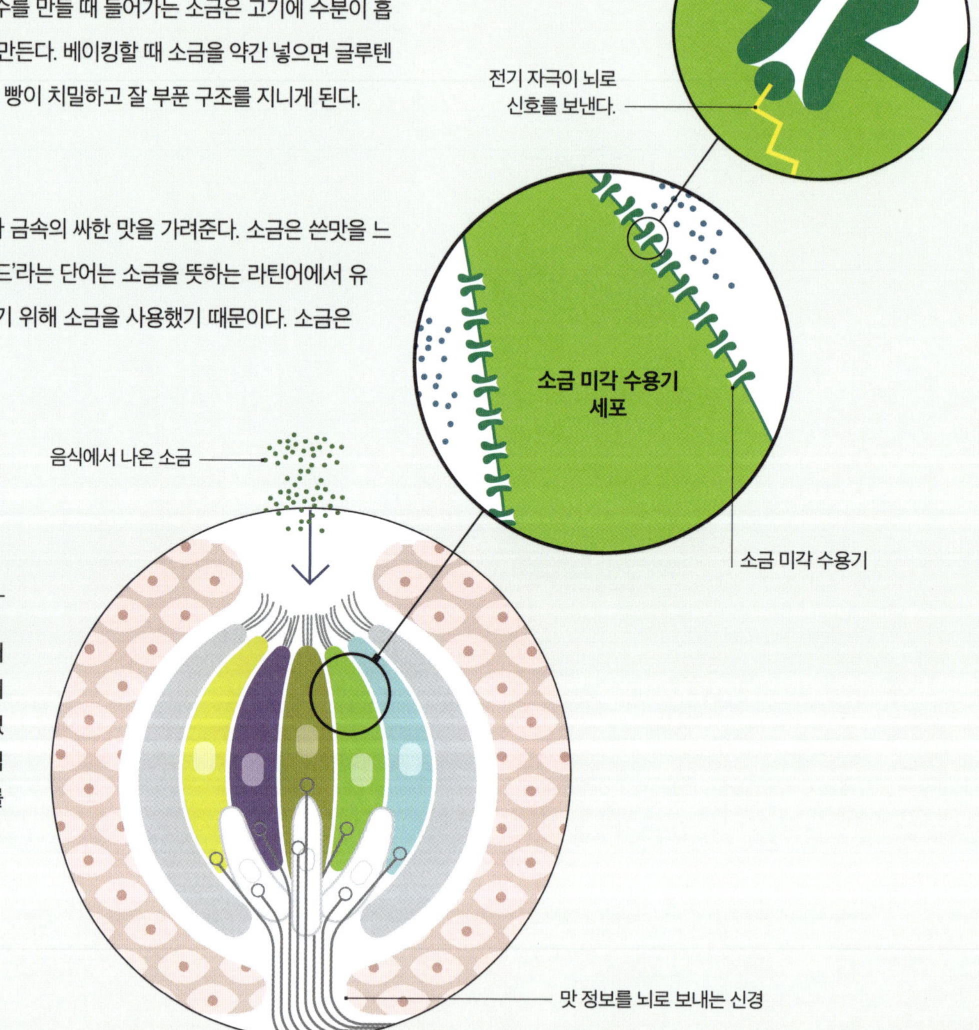

염도 센서

소금은 미뢰에 도달하면, 수용기 세포 속으로 들어가서 전기 자극을 촉발하여 뇌로 보낸다. 소금이 적정량으로 사용되었다면 그 신호로 저염의 '맛있는' 맛이 나는데, 이는 음식의 풍미가 높아지고 입맛이 돌게 해주며 우리가 짠 음식을 즐기는 이유를 설명해준다.

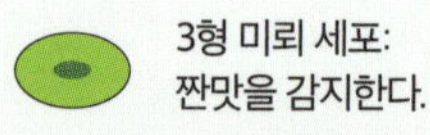

음식에서 단맛을 끌어올릴 뿐만 아니라 감칠맛(우마미)의 특성을 강화시켜 음식의 맛을 더 진하고 풍부하게 만들어준다. 이런 이유로 흔히 소금은 케이크 레시피에 사용되며 여러 가공식품에 첨가된다.

소금의 위험성

소금에는 우리 몸에 활력을 주는 미네랄인 나트륨이 함유되어 있어서 우리는 습관적으로 소금을 즐겨 먹는다. 소금은 체내 수분 수치를 조절하고, 신경을 활성화하며, 근육을 수축시킨다. 일반적으로 체내에 소금 250g의 저장량을 유지하려면 하루에 0.5g(작은 한 꼬집) 정도의 소금이 필요하다. 그렇지만 소금을 너무 많이 섭취해도 위험하다. 한 번에 8작은술만 섭취해도 보통의 성인을 혼수상태에 빠지게 만들기 충분하다. 이러한 이유로 우리는 저염의 '맛있는' 맛과 고염의 강렬한 금속성 쓴맛, 이렇게 두 가지 짠맛을 느끼곤 한다. 소금에 대한 내성은 사람마다 다르지만, 보통 혈액보다 더 많은 소금을 함유한 액체(0.8%의 소금 또는 리터당 1.5작은술의 소금)부터는 불쾌한 맛을 느끼기 시작한다.

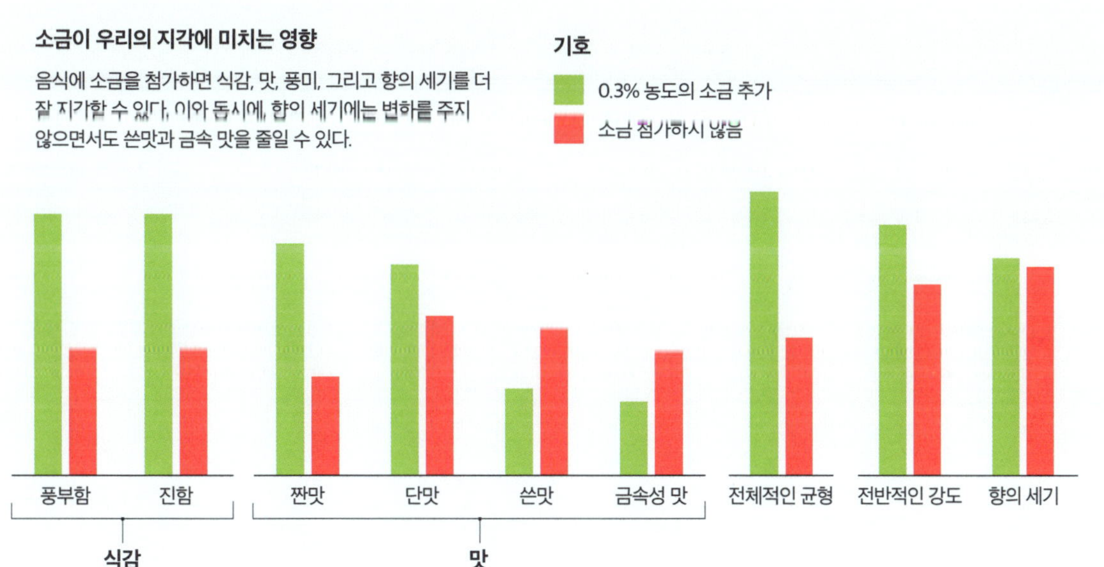

어떤 종류의 소금이 적합한가?

소금은 미묘한 풍미를 이끌어내고 강화하며 음식의 텍스처까지 변화시킬 수 있지만,
그 이유는 아직 완전히 밝혀지지 않았다. 다양한 종류의 소금은 맛에 특별한 차이가 없으며
어떤 소금을 사용하느냐는 각자의 취향에 달려 있다.

요리에 사용되는 소금은 입자 크기(고운 소금과 굵은 소금)에 따라, 그리고 요리용인지 마무리용인지에 따라 분류할 수 있다. 대부분의 가정용 소금은 입자가 고우며 고체 상태로 채굴된 암염을 갈아서 얻거나 혹은 바다에서 바닷물을 증발시켜 천연 소금을 남게 하는 방식으로 얻는다. 이런 종류의 소금에는 덩어리지는 것을 방지하는 안티케이킹제가 딸려 있어서 국물이 탁해지고 맛이 거칠어질 수 있다.

이러한 이유로 전문적인 피클링 소금에는 안티케이킹제가 빠져 있다. 물론 함유량이 매우 적기 때문에 조리된 음식에서 그 맛이 느껴질 가능성은 거의 없다. 일부 지역에서는 식탁 소금(식사 때 음식에 뿌리기 좋도록 정제염에 방습제를 넣어 만든 소금 - 옮긴이)에 아이오딘이나 불소가 함유되어 있어서 금속 맛이 가미되는 경우도 있다.

굵은 소금은 입자가 크기 때문에, 요리사들이 조리의 각 단계에서 소금을 조금씩 추가할 때마다 간을 조절할 수 있다는 점에서 이 소금을 선호한다. 굵은 소금은 고운 소금과 마찬가지로 암염일 수도 있고 천일염일 수도 있다. 음식이 식으면서 짠맛이 강해지므로(72~73쪽), 조리 중에 굵은 소금을 첨가할 때에는 조심할 필요가 있다는 점을 기억하자. 굵은 소금이나 코셔 소금을 손가락으로 뿌리는 것이 소금통을 기울여 붓거나 흔들어서 구멍으로 나오게 하는 것보다 훨씬 더 잘 조절된다.

마무리용 소금으로는 주로 천일염이나 미묘한 풍미와 색을 지닌 소금들을 쓴다. 소금 결정은 얇은 조각 모양을 형성하는 편인데, 이 박편 형태는 바스러질 때 아작아작 기분 좋은 소리를 내며 불현듯 바다내음이 입안을 강타하며 혀에서 빠르게 용해된다. 마무리용 소금 선택법은 다음 쪽에 정리되어 있다.

염장의 원리

소금은 음식의 텍스처와 풍미에 변화를 주기 위해 사용된다. 어떤 음식에서는 소금이 수분을 빼내는 반면 다른 음식에서는 수분을 끌어들인다. 염지육과 염장생선은 세균 증식을 감소시키므로 이 음식들은 냉장 보관 없이도 몇 달 동안 저장할 수 있다.

기호

● 소금

◖◗ 물 분자

건염법

소금을 음식 위에 직접 뿌리면, 음식의 쓴맛이 줄어들 뿐만 아니라 음식에서 수분이 빠지면서 풍미를 돋우고 조리 시 더 잘 그슬리게 할 수 있다.

가지가 졸아드는 경우

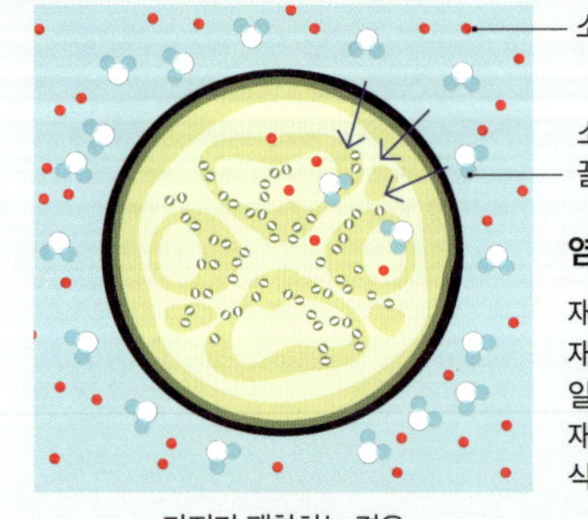

염수절임

재료를 염수(브라인)에 재우면, 소금이 재료 속으로 천천히 침투하여 삼투 현상이 일어나 수분을 끌어들인다. 이 작용으로 재료의 풍미가 강화되고 가지와 같은 식품의 텍스처에 즙이 많아진다.

가지가 팽창하는 경우

소금의 종류

미묘한 풍미를 지닌 소금들은 마무리용으로 쓰는 것이 가장 좋다. 조리하는 동안 그 풍미와 텍스처가 날아가기 때문이다. 이러한 소금들은 다양한 산지에서 수확된다.

마무리용 소금

● **플뢰르 드 셀**: 이 최고급 프랑스 소금은 수작업으로 수확된 고운 입자 형태로, 개운한 바다의 풍미를 선사한다. 바닷물을 증발시켜 생긴 표면 위 바삭한 결정들을 거두어들이면 판상 모양이 형성된다.

● **그로스 셀 소금과 셀 그리 소금**: 프랑스 브르타뉴주 서부 해안의 습지에서 수확된 이 소금들은 거칠거칠하다. 그로스 셀 소금(결정이 큰 소금)은 굵고 염수를 만드는 데 사용된다. 한편, 잿빛을 띠는 셀 그리 소금(회색 소금)은 잘 바스러지는 촉촉한 텍스처를 지녔다 둘 다 복합적인 미네랄 풍미 덕에 귀하게 여겨진다

● **말돈 소금**: 이 유명한 영국 소금은 특유의 피라미드형 결정 덕분에 아작함과 풍미가 더해진 것으로 정평이 나 있다. 섬세한 텍스처와 독특한 맛을 지녔으며 요리에 풍미와 아작거리는 식감을 모두 더해주는 마무리용 소금으로 귀한 대접을 받는다.

암염

● **히말라야 핑크솔트**: 분홍색을 띠는 것으로 유명하며, 미네랄이 풍부하고 감미로운 맛을 낸다.

● **페르시안 블루솔트**: 바위산에서 채굴되며, 실비나이트(염화칼륨과 염화나트륨의 혼합염 - 옮긴이) 성분에서 나오는 푸른 색조가 독특한 이 소금은 바삭바삭한 맛을 자랑한다.

● **블랙 라바솔트**: 식용 숯과 섞어 만든 이 소금은 요리를 마무리할 때 흙내음 도는 맛과 강렬한 색깔을 입혀준다.

훈제 소금

암염과 천일염은 둘 다 다양한 목재(히코리나무, 참나무, 사과나무 등)로 훈제할 수 있다. 이러한 훈연재들은 소금에 훈제 향의 풍미를 입혀서, 소금이 특별히 육류를 시즈닝할 때 어울리게 만든다.

음식에서는 어떻게 단맛이 나는가?

당류는 단순 탄수화물, 즉 '단순당'이라고 불리며, 우리 몸에서 전류처럼 작용한다.
혈액을 타고 돌면서 모든 근육과 장기에 제때 필요한 만큼의 연료를 공급한다.
자연에서는 이 순수한 에너지원을 얻기 쉽지 않으며, 보통 익은 과일과 꿀에서만 발견된다.

단것 좋아하는 사람

순수한 당류의 단맛은 누구나 당기기 마련이다. 먹으면 기분이 좋아지기 때문이다.

단맛 센서

우리 미뢰에 있는 단맛 수용체 세포는 미각신경들을 통해 뇌의 보상중추 내부로 직접 연결되어 있는데, 우리가 단맛을 느낄 때마다 기분을 좋게 만드는 뇌 호르몬인 도파민을 일정량 분비한다.

2형 미뢰 세포:
단맛이나 쓴맛을 감지한다.

당류의 구성 요소

당류는 사실 과당, 포도당, 갈락토스와 같은 다양한 분자들을 총칭한다. 분자들은 각기 다른 방식(기전)으로 단맛 수용체를 활성화하며 단맛의 강도도 서로 다르다.

인공 감미료

아스파탐, 수크랄로스, 사카린과 같은 합성 감미료는 설탕보다 200~600배 더 달다.

합성 감미료는 천연 설탕과는 구조적으로 매우 다르다. 예를 들어, 아스파탐은 아미노산, 아스파르트산, 페닐알라닌으로 구성된다. 하지만 합성 감미료는 어디까지나 단맛 수용체와 결합하며, 그렇기 때문에 단맛을 낸다.

당도 +80%
자당보다 더 달다.

기준 당도

당도 -20%

당도 -50%

당도 -80%
자당보다 덜 달다.

과당

과일에서 발견되는 주요 당이며 꿀과 일부 시럽에 들어 있다. 모든 당류 중 단맛이 가장 강한 과당은 청량음료에 널리 사용된다.

마이야르 반응

낮은 온도에서 과당은 다른 당류보다 더 빠르게 갈변을 일으킬 수 있다(74~75쪽). 포도당보다 더 단맛과 과일향이 강한 풍미를 낼 수 있다.

자당(수크로스)

사탕수수와 사탕무에서 추출되며 주방에서 흔히 사용되는 당 분자이다. 자당은 우리 몸에서 포도당과 과당으로 분해된다.

마이야르 반응 없음

다른 당 분자와 달리 자당은 마이야르 반응을 가속하지 않는다.

포도당

혈액에시 주요한 당 형데이디. 우리 몸은 전분과 다른 당 유형들은 포도당으로 전환한다. 포도당은 과일, 채소, 꿀 등의 일부에서 발견된다.

마이야르 반응

포도당은 마이야르 반응을 가속화할 수 있으며, 몇몇 당들보다는 단맛이 다소 떨어지기 때문에 캐러멜 풍미과 흙내음 도는 맛을 보다 순하게 낼 수 있다.

젖당

'유당'이라고도 불리는 젖당은 우유 및 일부 유제품에 들어 있으며 포도당과 갈락토스로 구성된다. 유당 불내증이 생기는 사람들도 있다.

마이야르 반응

정제된 형태의 젖당은 마이야르 갈변을 가속화하는 능력을 갖고 있기 때문에 종종 베이커리 제품에 첨가된다.

엿당

'맥아당'이라고도 불리는 엿당은 몇몇 종자가 발아 중일 때 만들어진다. 이 발아 중인 종자가 내부 전분을 분해하기 때문이다(맥아화). 이 맥아당은 맥주 양조와 맥아 음료에 사용된다.

마이야르 반응

엿당은 마이야르 반응에서 견과류를 비롯해서 캐러멜 같은 '맥아' 향이 나는 독특한 풍미를 내보인다.

단맛은 왜 자꾸 당기는가?

모든 사람이 달달한 간식거리를 좋아하는 것은 아니지만, 우리는 모두 단맛을 좋아하도록 태어났다.
우리의 단맛 추구 본능은 생존에 중요한 역할을 해왔다.
우선 우리가 모유에 있는 당을 갈망하게 만들며, 그 후에는 고열량 식품을 찾아 먹게끔 몰아가는 것이다.

미뢰에 있는 단맛 수용체 세포는 미각신경을 통하여 뇌의 보상 중추 내부와 바로 연결된다. 하지만 그보다 더 중요한 사실은, 단것을 먹은 후 혈당이 급등하면 기분을 좋게 만드는 도파민 분비가 촉발되어, 단것을 더 찾게 만든다는 점이다. 나이, 유전적 요인, 생활 습관도 우리가 초콜릿 상자를 선뜻 지나칠 수 있을지 없을지를 좌우할 수 있다. 예를 들어, 어린이와 청소년은 성인보다 설탕이 약 3분의 1 더 많이 들어간 음식을 좋아한다. 또한 배고픔, 혈당 수치, 생리 주기 동안의 호르몬 변동 모두가 설탕이 당기는 것에 영향을 미칠 수 있다. 설탕이 주는 기쁨의 정도를 결정하는 단맛 미각 수용체도 개인마다 다르다.

거부할 수 없는 달콤함

옥수수 시럽(물엿)은 옥수수 녹말이 분해되어 더 단순한 형태의 당, 주로 포도당으로 변하는 과정을 거쳐 생산된다.

이렇게 만들어진 걸쭉하고 달달한 액체는 추가적인 화학 공정을 더 거칠 수도 있다. 즉, 포도당 일부를 과당으로 전환하고, 감미도를 끌어올려 고과당 옥수수 시럽을 만들어내는 것이다. 고함량의 과당 섭취는 비만의 원인이 될 수 있기 때문에 이를 둘러싼 건강에 대한 우려가 널리 퍼져 있다.

흰 설탕(정제당)

사탕무나 사탕수수에서 정제되며, 99% 이상이 자당으로 이루어진, 매우 순도 높은 단맛을 낸다. 텍스처와 입자 크기가 다양하다. 그중 그래뉴당은 중간 크기의 입자(결정입경 0.3~0.5mm)로서, 요리할 때 다용도로 사용하기에 적합하다. 캐스터 슈거는 결정의 지름이 0.1~0.3mm인 더 고운 설탕으로서, 부드러운 케이크, 머랭, 수플레에 이상적인 재료이다. 한편 아이싱 슈거는 한층 더 부드러운 분말(지름이 0.01~0.1mm인 입자)이어서, 덩어리지는 것을 방지하기 위해 소량의 안티케이킹제를 함유하고 있다.

갈색 설탕

갈색 설탕은 일반적으로 당밀을 입힌 자당 결정들(85% 이상)이다. 당밀은 사탕수수에서 나오는 진한 농축액으로서 쓴맛과 단맛이 섞인 풍부하고 깊은 풍미로 유명하다. 정제 과정을 거친 갈색 설탕은 당밀이 도로 첨가된 것인 반면, 비정제 갈색 설탕은 원래 가지고 있던 당밀을 간직하고 있는 것이다. 결정의 크기와 풍미는 아작아작한 데메라라 설탕부터 흙내음 도는 무스코바도 설탕까지 그 종류가 다양하다.

당밀 속 100가지 향기 화합물들이 갈색 설탕의 쌉싸름한 캐러멜 풍미를 낸다.

시럽 및 자연에서 유래한 당

당은 다양한 분자들로 구성되어 있으며, 각각의 분자는 각기 다른 단맛 수용체를 각기 다른 강도로 활성화한다. 시럽이나 꿀과 같은 재료의 단맛은 해당 재료에 함유된 당의 양과 종류에 따라 결정된다.

단맛의 요소

- 자당 (과당+포도당)
- 과당
- 포도당
- 그 밖에 다른 당류
- 물

40 – 60%
더 단맛

20 – 50%
더 단맛

30%
덜 단맛

그래뉴당

자당 99% 이상

———

풍미

순도 높은 단맛

———

향기 화합물

없음

———

용도

감미료 | 제과제빵 | 소스 | 드레싱

꿀

자당 40%,
포도당 30%, 물 17%,
엿당과 자당을 비롯한
그 밖에 다른 당류 13%

———

풍미

꿀이 수집된 밀원에 따라 꽃향기,
과일 향, 향신료 향 혹은 흙내음 등

———

향기 화합물

벤즈알데하이드와 푸르푸랄(아몬드 향),
이소발레르알데하이드(사과와 비슷한
매운 냄새), 리날로올(꽃향기)

———

용도

감미료 | 글레이징(색이나 윤기를 입히는
조리법) | 제과제빵 | 소스 | 드레싱

아가베 시럽

과당 56~92%,
포도당 및 물

———

풍미

순함, 약간의 꽃향기 혹은 바닐라와
비슷함

———

향기 화합물

바닐린(바닐라 향), 아세토인(버터 향),
리날로올(꽃향기)

———

용도

음료에 넣는 감미료 | 제과제빵 |
비건 요리

메이플 시럽

자당 68%,
물 31%,
그 밖에 다른 당류 1%

———

풍미

우디 향, 캐러멜, 바닐라

———

향기 화합물

피라진(볶는 냄새, 견과류의 고소한 향),
바닐린(바닐라 향), 하이드록시아세토
혹은 아세톨(캐러멜 향)

———

용도

팬케이크 | 와플 | 글레이징 | 제과제빵 |
음료에 넣는 감미료

쓴맛이란 무엇일까?

쓴맛은 입안 음식물에 독이 있을지도 모르니 삼키지 말라는, 혀가 우리에게 보내는 경계 신호이다.
커피, 다크 초콜릿, 올리브와 같은 일부 음식의 쓴맛에 대해서는,
많은 사람들이 그 본능적인 거부감을 극복하곤 한다.

독성이 있는 대부분의 식물이나 열매는 쓴맛을 내기 때문에 쓴맛을 싫어하는 습성은 생존을 위한 선별 도구가 된다. 그렇지만 쓴맛이 강한 차의 플라보노이드 성분처럼, 쓴맛을 내는 다른 물질들은 적당히 섭취하면 몸에 좋기도 하다. 또한 일부 쓴맛이 나는 음식들은 소화에 도움이 되고 면역계 기능을 활성화시킨다고 알려져 있다.

쓴맛은 다른 맛들과 다양한 방식으로 서로 영향을 주고받는 복합적인 맛이다. 이 맛의 상호작용을 이해하면 풍미의 균형을 잡는 데 도움이 될 수 있다. 쓴맛과 단맛은 궁합이 잘 맞아서 서로 과하지 않게 조절한다. 다크 초콜릿에 쓴맛과 단맛이 어우러져 있는 것이 그 예이다. 쓴맛과 산미의 상호작용은 더 복잡하다. 레몬즙과 같은 산을 소스류에 소량 첨가하면 쓴맛이 강해질 수 있다. 하지만 더 많이 넣으면, 소스의 신맛은 상당히 강해지고 쓴맛은 사라지게 된다. 지방맛 또한 쓴맛 나는 음식에 영향을 주기도 한다. 크기가 큰 지방 분자는 쓴맛을 유발하는 화합물을 포획하여, 그 효과를 약화시킨다. 이는 티라미수와 같은 크림이 많이 든 유제품이 들어가는 요리에서 확인할 수 있다. 티라미수 속 커피의 쓴맛은 지방 함량이 높은 마스카포네 치즈와 크림에 의해 완화된다.

쓴맛

단맛, 짠맛, 신맛, 감칠맛은 각각 한 종류의 미각 수용체에서 비롯되며 각각의 수용체는 보통 한 종류 또는 제한적인 종류의 물질을 감지한다. 쓴맛은 최소 25종류의 수용체에 의해서 감지되는데, 이 쓴맛 수용체들은 독소일 가능성이 있는 물질이 인체로 들어가는 것을 예방하기 위해 함께 작용한다.

화합물

초콜릿의 쓴맛은 카카오
열매에 들어 있는
화합물들에서 나오며,
테오브로민과 플라보놀이
포함된다.

생강 껍질

쓴맛이 날 수도 있다. 껍질을
벗기거나, 달거나 시거나
크림이 많이 든 음식으로
쓴맛을 눌러야 한다.

빙울다다기양배추

황을 함유한 쓴맛 화합물들이
유독 많이 들어 있다.

쓴맛

글루코시놀레이트라고 불리는
쓴맛 화합물은 라디치오,
엔다이브 및 다른 브라시카과
식물에 존재한다.

쓴맛이 나는 음식은 여러 가지
화합물에서 그 풍미를 얻는다.
많은 사람들이 나이가 들면서
이런 음식들을 선호하게
된다(60~61쪽).

요리에서 쓴맛은
어떻게 이용될 수 있을까?

요리에서 쓴맛의 풍미가 도드라지는 것을 원하는 사람은 거의 없을 것이다.
하지만 쓴맛이 전면에 드러나지 않게 가미된다면, 달달한 요리뿐만 아니라 맛이 풍부하고 기름지며
풍미가 강한 요리에 더할 나위 없이 좋은 효과를 낸다. 관건은 쓴맛을 언제 어떻게 가미하는지 통달하는 것이다.

음식 풍미의 균형을 맞추는 데 쓴맛이 이용되는 몇 가지 방법을 알고 있을 것이다. 설탕을 곁들인 다크 초콜릿 혹은 커피의 묵직한 쓴맛은 단맛과 쓴맛의 고전적인 조합이다. 또한 여러분이 평소 커피에 설탕이나 크림을 넣어 먹는다면, 여러분은 이미 단맛으로 그리고 선택적으로 지방을 섞어서 쓴맛을 상쇄시키는 섬세한 기술을 이미 잘 알고 있는 것이다. 어쨌든 요리할 때에는 쓴맛의 풍미를 이용하는 다른 방법도 많다.

재료 파악하기

쓴맛의 본질은 모든 재료에서 똑같지만, 그 지속력과 품질은 차이가 상당히 많이 날 수 있다. 탄닌은 단맛이 없고 떫은 느낌을 주는(204~205쪽) 거대 분자로서 쓴맛을 낸다. 특히나 레드와인과 블랙티에 들어 있는 탄닌은 대부분의 다른 쓴맛 화합물보다 입안에 더 오래 남아 있는 경향이 있다. 마찬가지로, 알코올은 쓴맛 수용체를 활성화하고 목 뒤로 넘겨질 때 따뜻해지거나 후끈거림을 유발함으로써(214~215쪽) 맛을 오래 남기는 효과를 자아낼 수도 있다. 홉(덩굴 식물의 꽃을 말린 것)은 한때 우수한 방부제 기능 때문에 맥주에 첨가되었는데 지금은 주로 풍미를 내기 위해 사용된다. 홉에는 강한 쓴맛을 내는 알파산이 들어 있다. 이 알파산은 흔히 뒷맛을 오래 남긴다. 자몽, 특히나 연한 색 자몽에는 '나린진'이라는 강한 쓴맛을 내는 물질이 많이 들어 있다. 이렇게 쓴맛이 오래 지속되는 재료들은, 특히 단맛·신맛·짠맛 성분들도 특징으로 함께 부각되는 풍부한 맛의 요리에 조금만 넣어야 한다. 쓴맛이 다른 맛들을 해치는 것을 피하기 위해서이다.

조리 전
순한 쓴맛을 내기 위해 소스에 향신료, 레드와인 혹은 월계수 잎을 우려낸다.

조리 중
캐러멜화 반응으로 복합적인 맛을 불러일으키는 씁쓸하면서 그윽한 풍미가 만들어진다.

조리 후
산뜻하면서도 씁쓸한 대조적인 맛을 특징으로 나타내기 위해서 레몬제스트나 말차 가루를 가미한다.

쓴맛을 가미하는 시점
조리 과정 중 어느 단계에서 쓴맛의 풍미를 가미하는가에 따라, 결과적으로 다른 맛이 난다.

다른 맛들이 쓴맛에 미치는 영향

몇몇 맛들은 쓴맛을 직접적으로 줄일 수 있다. 이 맛들이 쓴맛 수용체들과 상호작용을 하기 때문이다.

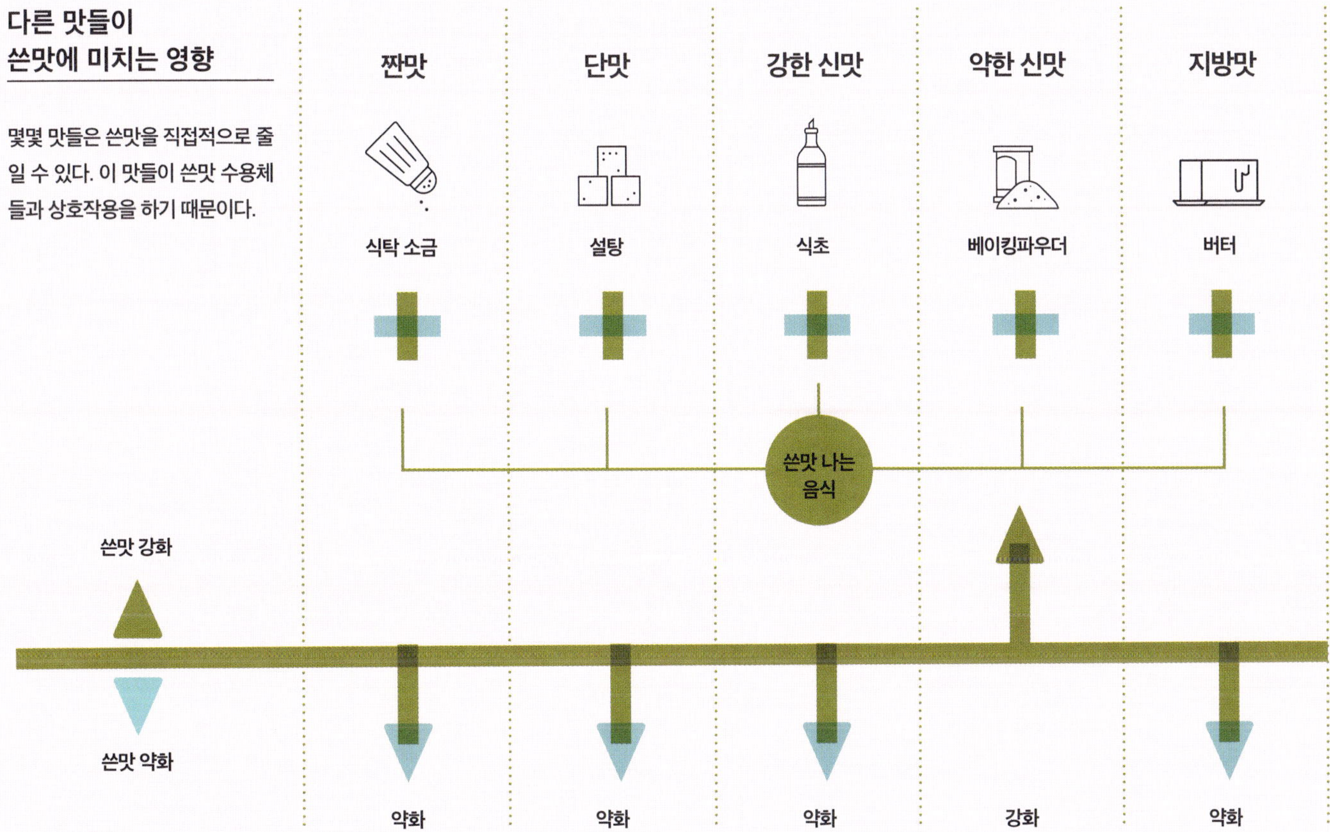

재료를 써는 크기와 넣는 시점

언제 어떻게 음식에 쓴맛을 집어넣는가 하는 문제는 입속에서 쓴맛이 느껴지는 방식에 영향을 준다. 소스에 향신료, 레드와인 혹은 월계수 잎을 첨가하면 요리를 먹는 내내 쓴맛이 서서히 올라간다. 오븐에 구운 붉은 고기 표면에 커피와 코코아를 덧바르면, 고기의 풍미와 어울리는 맛깔스러운 쓴맛이 한 겹 더해지면서 미각적으로 즐거워진다. 마찬가지로 아이스크림 위에 녹차나 말차 가루를 뿌리면, 처음에는 강렬한 쓴맛이 입안을 강타한다. 그 뒤로 이 맛이 오래 남아 입안 가득 쓴맛이 더 퍼지게 된다. 만약 이 재료들이 아이스크림에 미리 섞여 있어서 먹는 내내 맛에 영향을 주었다면, 우리가 느끼는 쓴맛의 양상은 달랐을 것이다. 채소의 크기도 쓴맛의 경험에 영향을 준다. 한입 크기로 썬 채소에서는 개운한 맛이 짧고 강하게 느껴지는 반면, 녹색 잎채소를 실처럼 가늘게 채를 썰면(시포나드) 더 미묘한 대조 효과를 느낄

수 있다. 스튜나 커리에 케일, 엔다이브, 혹은 치커리와 같은 쓴맛 나는 녹색 잎채소를 첨가하는 것도 고려해볼 수 있다. 씹을 때마다 쓴맛이 스튜나 커리의 맛과 대비를 이루어, 입을 즐겁게 만들어주는 복합적 풍미를 더하기 때문이다.

쓴맛을 만들려면

쓴맛이 나는 재료를 넣는 것뿐만 아니라, 조리 단계에서도 쓴맛을 생기게 할 수 있다. 마이야르 반응(74~77쪽)과 설탕의 캐러멜화 반응(78~79쪽)은 둘 다 은근한 쓴맛을 만들어낸다. 이 반응이 진행되면 될수록 쓴맛은 강해진다. 음식 표면을 그슬리거나 설탕을 짙은 캐러멜로 변화시키는 조리법은 단맛을 어느 정도 상쇄시키는 목적으로 사용될 수 있다. 스위트 렐리쉬 소스를 얹기 전에 고기나 채소를 살짝 그슬리거나, 프랑스 디저트 크렘브륄레의 겉면을 토치로 캐러멜화하는 경우가 그 예이다.

감칠맛이란 무엇일까?

감칠맛은 '맛있는 맛'을 뜻하는 일본어 '우마미'라고도 한다.
오늘날 감칠맛이라는 용어는 요리책에 흔히 쓰이지만, 감칠맛은 2002년에 와서야 다섯 번째 기본맛으로 인정받았다.
그러나 감칠맛의 존재가 알려진 시점은 고대까지 거슬러 올라간다.

이미 기원전 5세기 정도로 오래전에 고대 로마인은 발효된 생선 액젓인 '가룸'을 풍미를 높이는 만능 소스로 사용했다. 1825년, 프랑스의 유명한 미식평론가 장 앙텔름 브리야 사바랭은 고기 국물에 뚜렷한 고기 풍미를 더해주는 물질에 주목했다. 하지만 그 물질은 단맛도, 신맛도, 쓴맛도 아니었다. 그는 저서에서 이 맛을 '오스마좀'이라 불렀는데, 이 단어는 프랑스 화학자 루이 자크 테나르가 처음 사용했다고 알려져 있다. 1908년, 일본 과학자 이케다 기쿠나에는 켈프(다시마류)를 우려낸 국물에서 순수한 우마미를 글루탐산나트륨(일명 MSG)이라는 작은 백색 결정 형태로 추출했다. 그렇지만 서양 과학자들이 이 물질의 존재를 믿고 공식적으로 인정하기까지는 거의 100년이 걸렸다.

필수영양소

감칠맛은 어떤 식품에 생존을 위한 필수영양소가 들어 있음을 우리 몸에 알려주는 신호이다. 이 경우에는 단백질이 있음을 알려준다. 많은 사람들이 감칠맛이 정확히 무슨 맛인지 모르겠다고 말하곤 한다. 그 이유는 그들이 감칠맛이 존재한다는 사실을 들어보지 못했기 때문이다. 서양 문화권에서는 단맛, 신맛, 짠맛, 쓴맛이라는 용어는 배우지만 감칠맛에 대해서는 배우지 않는다. 아기들은 모두 감칠맛을 알고 있다. 아주 어린 나이부터 아이들은 혀에 감칠맛이 느껴지면 기뻐 날뛴다. 게다가 모유에는 특유의 강한 감칠맛이 있다.

감칠맛 수용체

감칠맛 수용체는 동일한 쓴맛과 단맛을 감지하는 2형 미뢰 세포와 동일한 미뢰 세포 끝에 위치한다(12~13쪽). 감칠맛 분자가 들어 있는 음식이 이 미각 수용체에 닿으면, 이 수용체는 뇌로 신호를 보내므로 우리는 우리가 지금 단백질의 단편을 먹고 있다는 사실을 알게 된다. 글루탐산(글루탐산염)은 20가지의 구성 요소(아미노산) 중 하나이자 감칠맛을 내는 주요한 요인이다.

버섯은 풍부한 감칠맛의 원천이다. 색이 어두울수록 감칠맛이 더 잘 난다. 버섯은 요리에 어떤 식으로 가미되어도 감칠맛을 한 단계 끌어올린다.

단백질 분해 과정

육류 및 일부 채소에는 자연적으로 상당량의 글루탐산염이 함유되어 있으며 그 양은 지속적으로 변한다. 하지만 글루탐산염이 더 많이 풀려나오게 하려면, 식품에 들어 있는 단백질이 분해되어야 한다. 조리는 단백질을 분해시키는 가장 기본적인 방법이긴 하지만, 건조·숙성·후숙 및 발효 과정에서는 단백실이 분해되는 시간이 넉넉하게 주어지므로 글루탐산염 수치가 급격히 상승한다.

**감칠맛
느껴지지 않음**

단백질 사슬
(20가지 아미노산 유형)

**숙성
조리
소금절임
발효**

단백질 사슬 절단,
아미노산 방출

**감칠맛
느껴짐**

아미노산이 미각 수용체를
활성화할 수 있는 상태

감칠맛이 포착되는 과정

감칠맛을 감지하는 분자 수준의 센서는 글루탐산염 이온이 근접할 때까지 기다린다. 분자 센서가 찰칵찰칵 글루탐산염을 에워싸며 닫히면, 전기 신호가 세포 기저부에 있는 신경섬유를 따라 뇌를 향해 돌진하여, 다른 맛 정보들과 함께 뇌의 풍미 중추(40∼49쪽)로 이동한다.

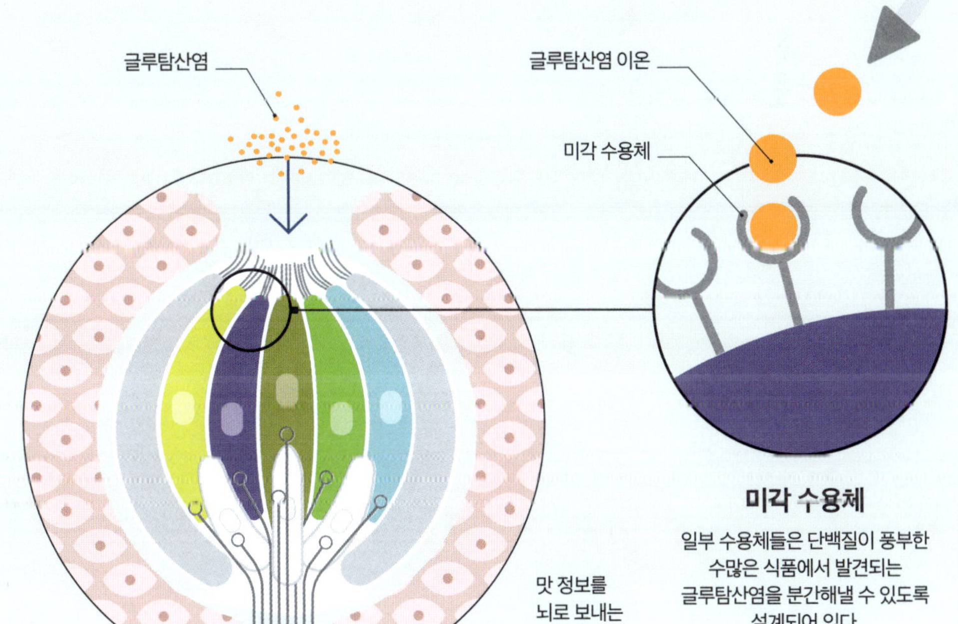

미각 수용체

일부 수용체들은 단백질이 풍부한 수많은 식품에서 발견되는 글루탐산염을 분간해낼 수 있도록 설계되어 있다.

2형 미뢰 세포:
단맛, 쓴맛, 감칠맛을 감지한다.

감칠맛을 어떻게 강화할 수 있을까?

감칠맛은 기분을 돋우고 음식에서 건강한 맛이 나게 해준다.
요리에서 다른 모든 풍미를 강화할 뿐만 아니라, 감칠맛 특유의 맛의 차원을 더하는 한편, 신맛과 쓴맛을 누그러뜨린다.

감칠맛을 느끼는 감각 덕분에 우리는 글루탐산염이 풍부한 음식뿐만 아니라, 기름진 생선, 버섯, 특정 채소와 같은 영양가가 있는 다른 식품들도 즐겨 먹게 된다. 감칠맛을 증폭시키는 세 가지 물질, 즉 이노신산염(IMP), 구아닐산염(GMP), 그리고 증폭 효과가 상대적으로 덜한 아데닐산염(AMP)은 식물이나 동물의 유전 물질이 소화기관에서 분해되어 떨어져 나온 부분들, 즉 '리보뉴클레오티드'라 불린다. 이 분자들은 감칠맛 수용체의 입구가 그 속에 포착된 글루탐산염을 더욱더 단단하게 조여 강도가 증대된 감칠맛 신호를 뇌로 보내도록 만든다. 이 과정은 단순히 감칠맛을 내는 분자의 양을 늘리는 것이 아니라, 신호 강도를 몇 배로 증폭시켜 극대화된 맛이 나도록 하는 것이다.

볶음 요리에 간장을 살짝 끼얹는 것부터, 캐러멜 소스에 된장을 살짝 풀거나 신선한 과일에 파르메산치즈를 뿌리는 것까지, 감칠맛 더하기는 어렵지 않다. 정제된 감칠맛을 내려면 글루탐산나트륨(MSG)을 첨가하면 된다. 글루탐산나트륨은 소금처럼 풍미를 강화하며 소금과 비슷한 용도로 사용할 수 있다. 풍미를 최대한 끌어올리려면, 평소 넣는 소금 양의 약 3분의 1을 MSG로 대체해야 한다.

감칠맛 증폭제들

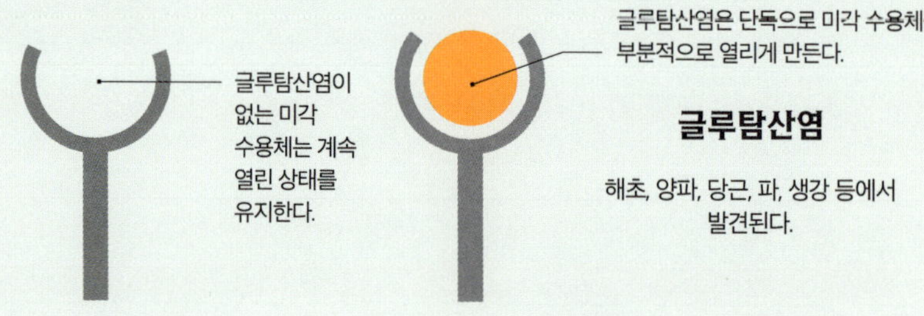

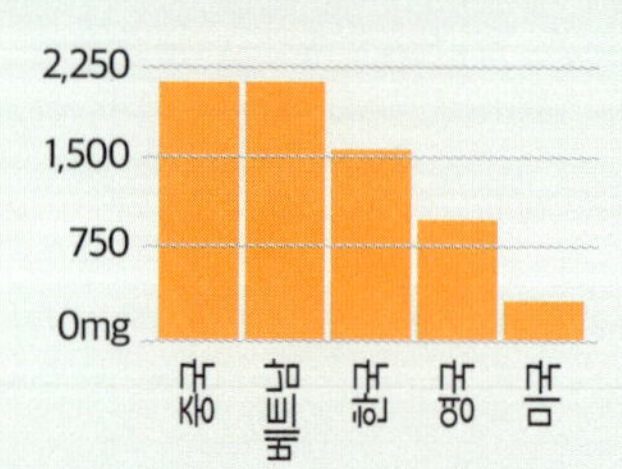

1인당 하루 MSG 소비량(mg)

서양 문화권보다 아시아 문화권에서 조리 시 MSG 사용이 두드러지게 높다는 사실은 통계로 증명된다.

MSG에 대한 오해

MSG에 들어 있는 글루탐산염은 치즈, 소고기, 해초 또는 기타 감칠맛이 풍부한 재료에 함유된 글루탐산염과 다르지 않다.

1968년에 한 의사가 중국 음식만 먹으면 겪게 되는 증상에 대해 토로한 이후 '중식당 증후군'이라는 말이 생겨났는데, MSG가 두통과 가슴 두근거림을 포함한 온갖 종류의 질병을 유발한다는 이야기는 주로 의학계를 중심으로 쉽게 퍼졌다. 이후에 모든 주장은 사실이 아닌 것으로 판명되었지만, 그 오명은 여전히 남아 있다.

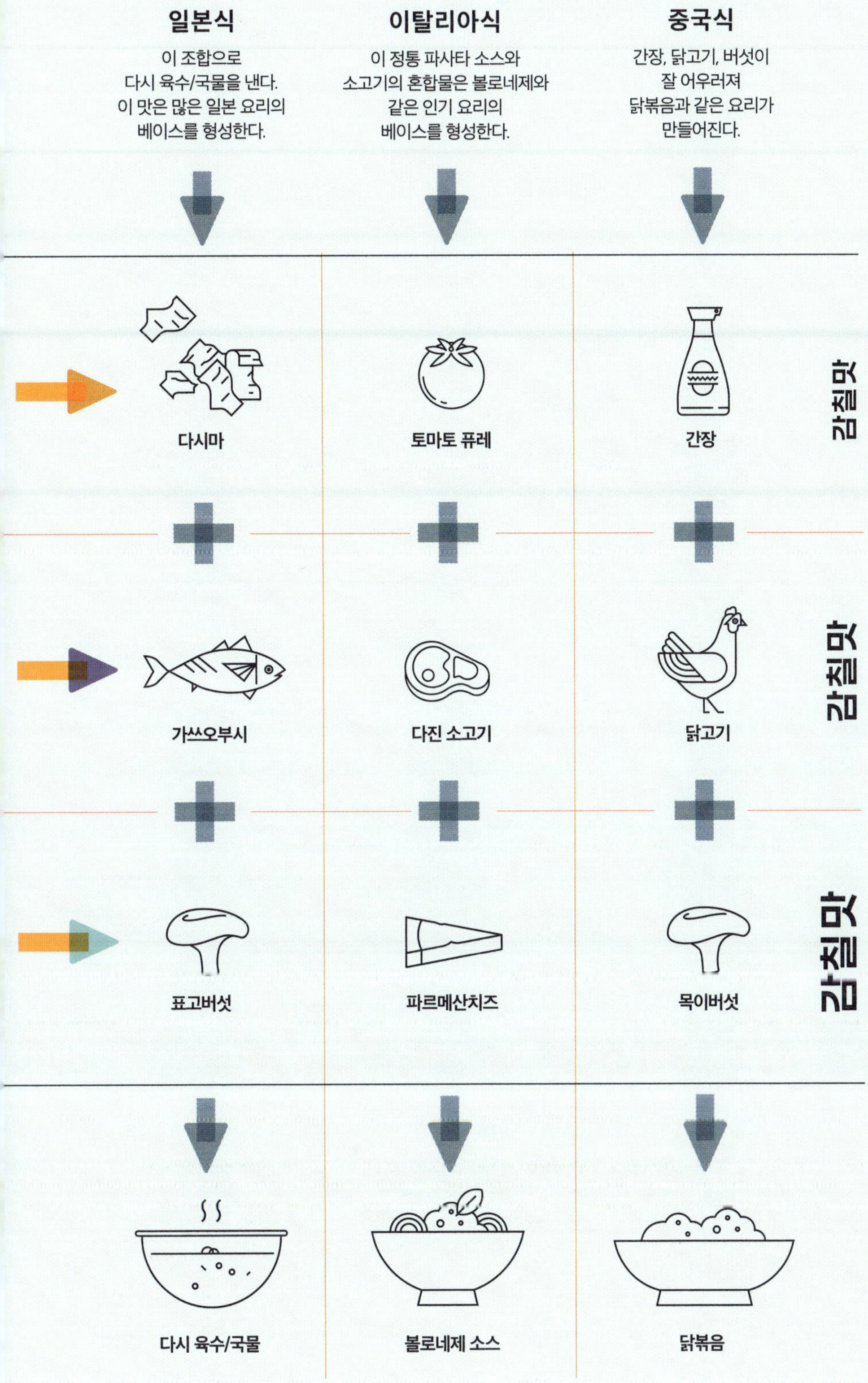

일본식	이탈리아식	중국식
이 조합으로 다시 육수/국물을 낸다. 이 맛은 많은 일본 요리의 베이스를 형성한다.	이 정통 파스타 소스와 소고기의 혼합물은 볼로네제와 같은 인기 요리의 베이스를 형성한다.	간장, 닭고기, 버섯이 잘 어우러져 닭볶음과 같은 요리가 만들어진다.

일본식	이탈리아식	중국식	
다시마	토마토 퓨레	간장	감칠맛
가쓰오부시	다진 소고기	닭고기	감칠맛
표고버섯	파르메산치즈	목이버섯	감칠맛
다시 육수/국물	볼로네제 소스	닭볶음	

감칠맛이 풍부한 식품

진간장

(글루탐산염 1,000~1,700mg/100g)

맛의 깊이와 짭짤함을 가미하기 위해 쓰이는, 다양한 요리의 기본 재료이다.

파르메산치즈

(글루탐산염 1,200~1,680mg/100g)

강판에 갈아서 파스타, 샐러드 및 달달한 음식 위에 뿌린다.

미소된장

(글루탐산염 200~700mg/100g)

소스, 국, 마리네이드 소스에 잘 어울린다.

토마토 퓨레

(글루탐산염 700mg/100g)

스튜, 소스, 수프에 맛의 풍부함과 산미를 더한다.

건조 표고버섯

(글루탐산염 1,060mg/100g)

국물과 스튜에 넣어 사용한다.

피시소스

(글루탐산염 300~1,500mg/100g)

흔히 동남아시아 요리에 깊은 풍미를 더하기 위해 사용된다.

멸치(안초비)

(글루탐산염 630mg/100g)

소스에 섞어 맛을 내거나 드레싱 베이스로 사용할 수 있다.

다시마류

(글루탐산염 1,600~3,000mg/100g)

말려서 육수나 국물에 넣거나, 샐러드나 볶음 요리에 썰어 넣어 사용한다.

콘부(참다시마)

(글루탐산염 300~3,000mg/100g)

국이나 샐러드에 넣어서 감칠맛, 흙내음, 해산물 특유의 짭짤한 맛을 더한다.

영양 효모

(글루탐산염 2,800mg/100g)

비건인들 사이에서 인기 있으며, 감칠맛이 나면서 치즈와 비슷한 풍미를 지닌다.

건염햄

(글루탐산염 340mg/100g)

풍미가 좋으면서 짭짤한 감칠맛 요소를 더해준다.

신맛이란 무엇일까?

신맛이 나는 음식을 떠올릴 때면, 우리는 보통 레몬을 핥을 때 입이 오그라드는 충격을 떠올린다.
이러한 반응은 해로운 것으로부터 우리를 보호하기 위해 진화되어왔다.
신맛은 상하거나 치아를 부식시킬 수도 있는 해로운 음식에 대한 경보이기 때문이다.

신맛 센서

산은 침 속에 수소 이온이라는 작은 입자를 풍부하게(때에 따라 다름) 방출시킨다. 이 입자들은 미뢰 내부에 있는 여러 신맛 수용체를 활성화시킨다. 즉, 수소 이온들이 이 신맛 수용체 채널을 통과해서 빠르게 세포 내부로 들어와 뇌로 전기적 미각 신호를 보내는 것이다.

신맛 성분은 다른 성분들과는 다르게 먹으면 침을 흘리게 된다. 신맛 성분으로부터 치아의 법랑질을 보호하기 위해 인체가 그 안에 들어 있는 산을 희석시키고자 하기 때문이다. 입안에 침이 더 많이 분비되었다는 것은 맛과 풍미가 더해졌음을 의미한다. 즉, 더 많은 풍미 화합물이 혀를 타고 넘어가 콧속으로 방출된 것이다. 지나가는 미각 물질을 포착하기 위해 통로 입구를 연 채로 돌출되어 있는 다른 미각 수용체들과는 달리, 신맛 수용체는 오로지 산성 입자(수소 이온)만을 골라 신맛 신호를 뇌 쪽으로 보낸다.

상한 우유를 맛보면 나도 모르게 움찔하며 뱉어내는 것이 자연스러운 반응이다. 하지만 여기에 우유를 발효시켜 요거트로 만드는, 우리에게 친근한 유산균의 버터 향 같은 향이 딸려 온다면, 우리는 이 맛을 딸기의 단맛과는 대조되는 기분 좋은 맛으로서 즐길 수도 있을 것이다. 마찬가지로, 코를 뚫리게 하는 맥아 식초의 시큼함에서 튀김옷 입힌 피시 앤 칩스를 연상하는 법을 배울 수도 있다.

갓 짜낸 레몬 주스의 강렬하고 싱그러운 상쾌함과 풋과일 디저트의 톡 쏘는 맛은 즐거움을 주지만, 산은 음식에 생기가 돋게 하는 데에도 사용될 수 있다. 정제된 산에는 향기 화합물이 들어 있지 않으므로, 증류식초(아세트산)에서는 오로지 신맛만 난다. 다른 산에는 풍미 화합물이 들어 있다. 음식을 내기 전에 증류식초를 넣으면 음식의 풍미가 더욱 선명하게 드러나는 반면에, 너무 일찍 넣으면 오히려 풍미가 날아간다. 음식 전체에 더 강한 풍미를 입히고 그 밖에 산의 다른 요리 효과를 누리려면 요리에 산을 일찍 가미하면 된다. 풍부한 맛의 발사믹 식초는 그 풍미가 빛을 발하게 하려면 마무리용으로 나중에 사용하는 것이 좋다. 신맛을 활용해서 단맛, 쓴맛, 감칠맛의 균형을 맞추고 기름진 맛을 줄일 수도 있다. 예를 들어, 음식을 내기 직전에 레몬즙을 짜 넣으면 그 어떤 기름진 맛도 상쇄할 수 있으며, 붉나무 향신료(수마크)를 조리 과정 후반에 뿌리면 그릴에 구운 고기에 생기를 더할 수 있다. 한편, 조리 후 요구르트를 한 스푼 더하면 진한 커리나 스튜의 기름진 맛을 끊어낼 수 있다. 또한 산으로 쓴맛을 줄일 수도 있다. 끝맛이 더 부드러운 커피를 마시려면 커피 한 잔에 레몬즙 몇 방울을 떨어뜨리면 된다. 혹은 쓴 잎채소 위에는 비네그레트 소스를 조금 끼얹으면 된다.

얼마나 신가?

pH가 1만큼 차이 나면 산성도는 10배만큼 차이 난다. 레몬은 오렌지보다 산성도가 100배 더 높고, 녹색 사과의 일종인 그래니 스미스는 10배 더 높다. 산성도를 이해하면 풍미의 균형을 맞추는 데 도움이 된다.

pH 척도

pH는 산성도를 가늠하기 위해 사용된다. 숫자가 낮을수록 산성이 강해진다. 레몬은 산성도가 가장 높은 음식들 중 하나이다.

산으로 어떻게 음식을 조리할 수 있을까?

감귤류의 즙이나 식초 형태에 들어 있는 소량의 산으로 음식의 맛을 완전히 바꿀 수도 있다.
산은 소금과 같이 강력한 풍미 증진제로서, 애매모호한 풍미를 도드라지게 하고 각각의 맛 요소들을 부각시킨다.

산은 풍미에 중요한 역할을 할 뿐만 아니라, 거의 모든 조리 과정에 미묘한 화학적인 변화를 일으키는 힘도 지닌다. 생선 세비체를 보면 알 수 있듯이, 산은 고기와 생선의 근섬유와 단백질을 분해하기 때문에 요리사들은 보통 고기와 생선을 '산으로 익힌다'고 말한다. 고기 표면 위에 산성 마리네이드와 소스가 남아 있으면, 표면이 먼저 단단해진 다음에 부드러워진다. 산에 단백질이 응고되다가 분해되기 때문이다.

마찬가지로, 산은 계란 단백질도 응고시킨다. 식초를 살짝 부으면 수란이 실처럼 풀어지는 현상을 어느 정도 줄일 수 있으며, 계란을 휘저을 때 레몬즙 몇 큰술을 넣으면 스크램블드에그가 더 폭신해지고 머랭은 더 부풀어 오른다. 또한 산은 우유 단백질을 '익혀' 우유, 요구르트, 크림이 덩어리지게 만들므로, 이러한 현상을 피하려면 유제품으로 만들어진 소스에는 산을 맨 마지막에 첨가하는 것이 좋다.

전분

산은 접착제처럼 식물 세포를 서로 붙여주는 헤미셀룰로스를 더 단단하게 만든다. 따라서 산성수로 조리된 채소는 더 질기고 조리 시간도 더 오래 걸린다. 잼을 만들 때 산은 또 다른 식물성 접착제인 펙틴을 단단한 젤 형태로 굳히는 역할을 한다. 게다가 산은 특정 조건에서 전분을 분해해서 파스타 소스를 더 묽게 변화시킨다. 그래서 이미 조리된 파스타 면이 들러붙지 않게 하는 데 도움이 된다.

색소와 캐러멜화 반응

산은 붉은색 색소를 강화하여 체리와 적채의 색을 더 뚜렷하고 선명하게 만든다. 그렇지만 산성수로 초록색 채소를 조리하면, 산 때문에 엽록소가 파괴되어 채소가 칙칙한 색으로 변한다. 산은 마이야르 반응을 둔화시키는데(74~75쪽), 산이 가미된 음식을

산: 다양한 기능을 가진 성분

산성 재료는 다양하게 활용될 수 있다. 소량 첨가되면 강력한 풍미 증진제로 작용하며, 다량 첨가되면 느끼함을 제거한다. 산성 재료의 몇 가지 용도를 살펴보자.

단맛 조절
설탕은 천연 요거트의 산에서 나오는 시큼함을 상쇄하여 단맛과 신맛의 이상적인 조합을 만들어낸다. 과일 파르페를 보면 알 수 있다.

단백질 '변성'
산은 단백질 분자들을 풀리게 해서 효과적으로 '익히고' 단백질을 단단하게 만든다. 산을 넣은 물에서 수란이 더 단단한 것을 보면 알 수 있다.

화학 반응 촉진
산은 잼에서 펙틴(식물성 접착제의 일종)이 단단하게 굳도록 도울 뿐만 아니라, 천연 색소를 더 선명하게 해준다.

튀기거나 그릴에 구우면 갈색이 덜 나고 풍미가 떨어진다. 또한 산은 당의 캐러멜화 반응을 둔화시키고 결정 형성을 억제하여 캐러멜은 도리어 더 부드러워진다(78~79쪽).

알칼리성 식품

베이킹파우더와 같은 알칼리성 재료는 산과 반대로 작용한다. 베이킹할 때 탄산수소나트륨이 산(주석산염, 버터밀크, 레몬즙)과 섞이면 이산화탄소가 쉬익 올라와 빵을 부풀린다. 또 다른 경우, 탄산수소나트륨은 녹색 채소의 색을 더 선명하게 해주지만 동시에 무르게 만든다. 또한 마이야르 반응을 촉진하여, 양파가 더 빨리 '캐러멜화'되고 고기와 채소가 더 진한 갈색으로 튀겨지거나 구워지도록 만든다.

알칼리

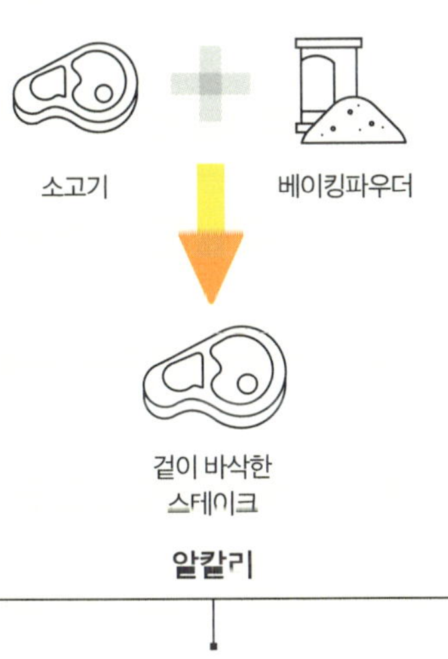

중화 반응
알칼리는 산을 중화하고 갈변을 촉진한다. 고기에 바르는 양념에 베이킹파우더를 조금 첨가하면 결과적으로 고기가 더욱 바삭해진다.

비타민 C

사람들은 신맛이 나는 감귤류 과일을 좋아할 수 있다. 건강에 유익한 비타민 C가 함유되어 있기 때문이다.

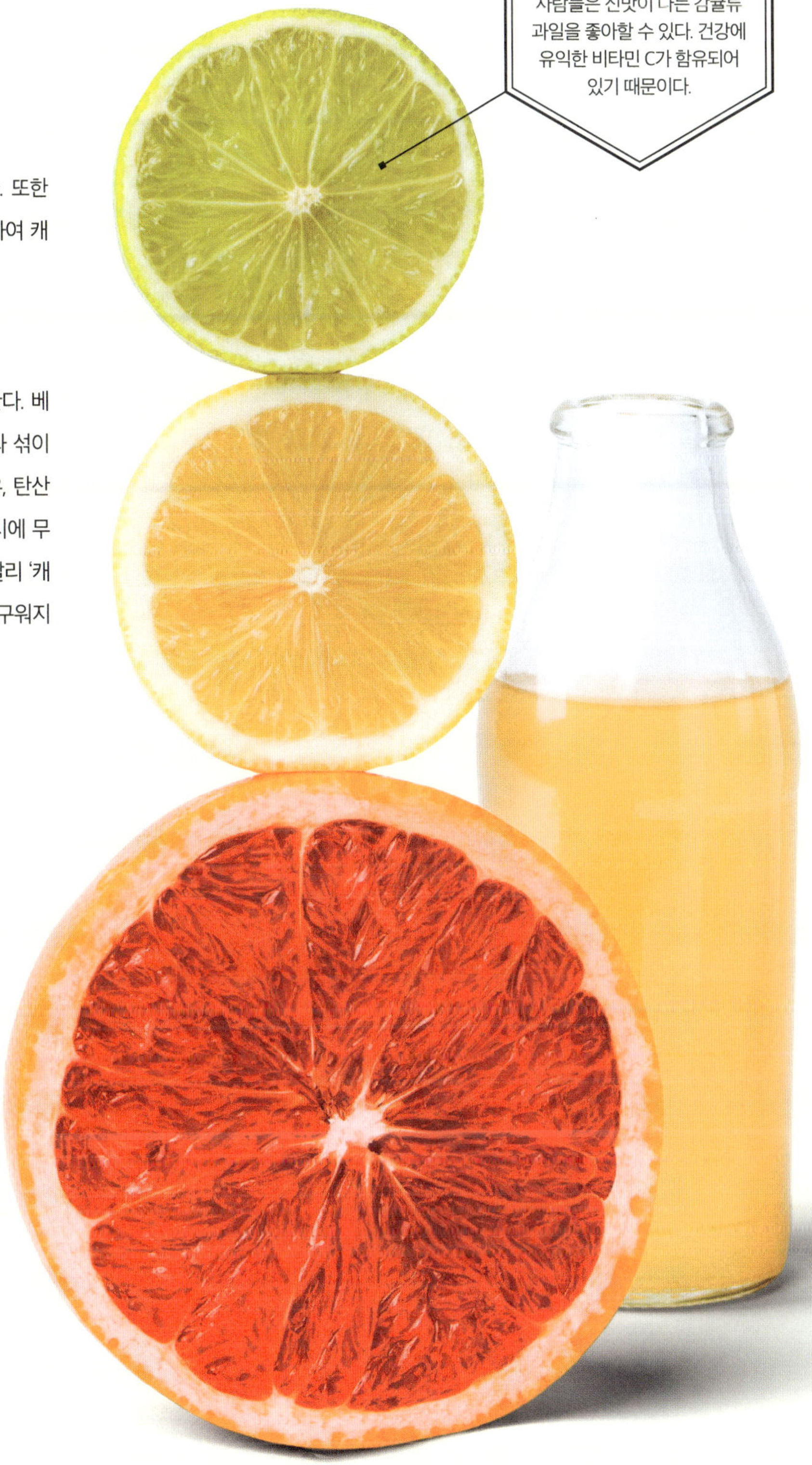

식감이란 무엇일까?

우리의 입은 음식의 텍스처를 감지할 만반의 준비가 되어 있는 놀라운 일련의 감각기관들을 갖추고 있다. 입안에서 느껴지는 음식이나 음료의 감각들이 합쳐져 '식감'이라는 것을 만들어낸다. 이는 풍미의 또 다른 주축이 된다.

입은 혀끝에서 딱딱한 입천장 뒤쪽까지 미세한 센서들로 덮여 있다. 이 센서들은 모두 뇌로 신호를 보내서 풍미라는 경험을 만들어낸다(10~11쪽). 잘 발달된 예민한 감각기관들의 집합체를 통해 우리는 음식의 텍스처를 경험할 수 있다. 딱딱하고 버석한 토스트, 매끈한 밀가루 면, 단단하지만 깨물면 잘 부서지는 사탕, 연한 상추, 아작아작한 팝콘, 폭신한 으깬 감자 등 무엇이든 느낄 수 있다. 보통 우리가 텍스처에 신경을 쓰는 때는 바로 축축한 빵, 흐물거리는 당근, 무른 사과처럼 텍스처가 이상한 것 같다거나 기대에 미치지 못할 때뿐이다.

사실, 사람마다 특정한 음식을 거들떠보지 않게 되는 주된 이유 중 하나는 특정 텍스처를 좋아하지 않기 때문이다. 텍스처에 대한 선호도는 지극히 개인적인 영역이다. 연구에 따르면 사람들은 저마다 식감 중 한 부류에 끌린다고 한다. 소위 '쫄깃'파는 껌 씹기를 좋아하는 경우가 많다. '아작'파는 바삭한 과자와 겹겹이 부스러지는 페이스트리를 애정하며, 요구르트와 아이스크림의 크림성에 반색하는 사람들은 '말캉'파이다. 반면에 '할짝'파는 음식을 오랫동안 음미하는 것을 좋아하는 사탕 애호가들이다.

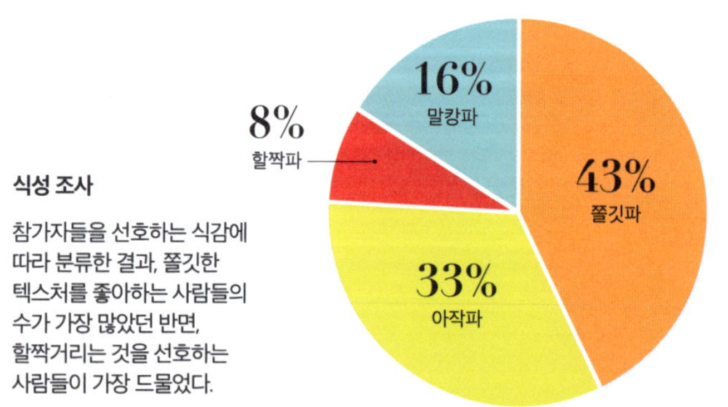

식성 조사

참가자들을 선호하는 식감에 따라 분류한 결과, 쫄깃한 텍스처를 좋아하는 사람들의 수가 가장 많았던 반면, 할짝거리는 것을 선호하는 사람들이 가장 드물었다.

텍스처를 감지하고 식감을 만들어내는 과정

우리 몸의 어떤 부분도 입처럼 예민한 신경들로 빽빽하게 차 있지 않다. 눈에 보이지 않는 작은 센서들이 입의 모든 표면에 줄 지어 있으며, 각 센서는 서로 다른 감각에 반응한다. 이렇게 만들어진 식감과 관련된 신호들은 모두 뇌로 보내진다. 그리고 맛과 향의 신호들은 뇌에서 합쳐진다.

치아 바로 뒤쪽의 입천장 주름은 입천장 중에서 단단하고 울퉁불퉁한 부분이다. 신경종말이 교차되어 있어서, 손가락 끝처럼 예민하게 반응한다.

입천장 뒤쪽의 매끈한 근육성 주름은 자극에 대한 민감도는 떨어지지만, 가벼운 접촉과 온도를 감지하는 수용체들을 갖고 있어서 식감의 전반적인 인상을 형성하는 데 결정적인 역할을 한다.

입천장

혀와 마찬가지로 입천장은 센서들로 완전히 덮여 있으며, 이 센서들은 촉각·진동·온도·통증을 감지하는 신경들과 연결된다.

자유신경종말은 온도, 통증, 가벼운 접촉 자극을 느낀다.

신경세포들이 밀집된 영역에서 가벼운 접촉과 늘어남이 감지된다.

마이스너소체는 진동과 가벼운 접촉을 감지한다.

입천장 주름

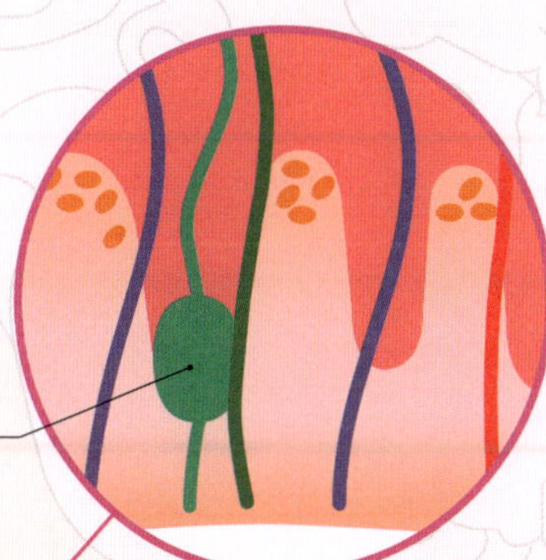

후방 근육성 주름

미뢰 주위에서 방사형으로 뻗어 있는 세포들은 우리가 음식의 텍스처와 식감을 경험할 때 중요한 역할을 한다.

메르켈세포는 음식의 압력, 모서리, 거칠기를 감지한다.

통증을 느끼는 자유신경종말

온도를 느끼는 자유신경종말

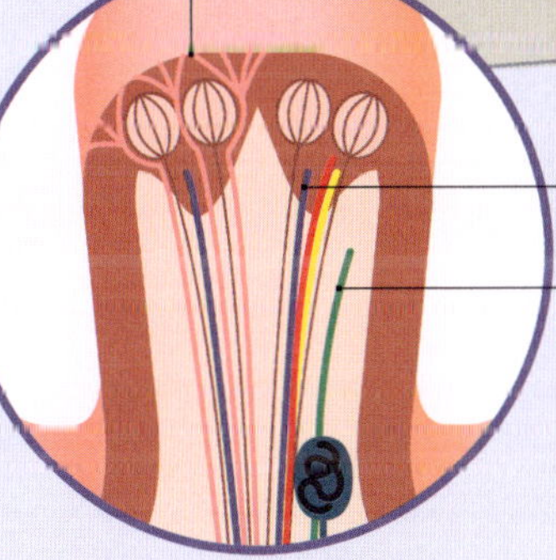

버섯유두

혀의 끝과 옆 가장자리에 흩어져 있으며, 여기에는 미각 수용체가 달린 미뢰를 함유하고 있는 유두(돌기)뿐만 아니라 진동·온도·접촉·통증을 느끼는 신경종말이 있다.

혀

혀의 표면은 작은 돌기(유두)로 빼곡히 채워져 있으며 그중 대부분은 맛이 아니라 텍스처를 감지한다. 혀는 음식을 탐색해 식감을 형성한다.

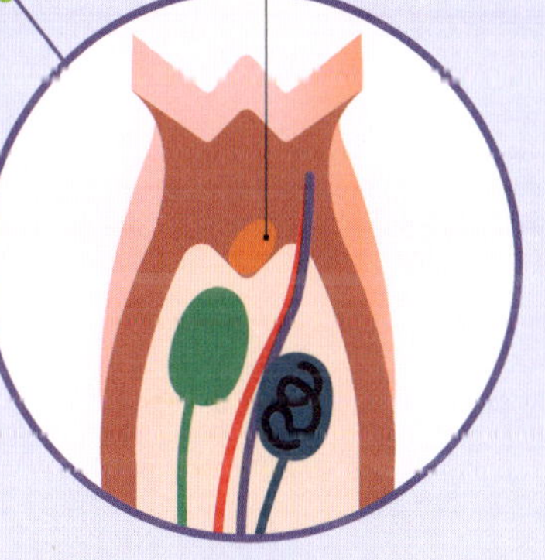

실유두

혀 중앙의 표면을 덮고 있는 실유두는 맛을 느끼지는 않지만, 분화된 세포, 신경종말, 접촉, 통증, 온도, 압력 수용체가 모인 다발들을 통해 텍스처를 느낀다.

텍스처로 어떻게 풍미를 북돋울까?

우리의 미각은 일련의 텍스처에 민감하게 반응한다. 텍스처는 '건조한, 즙이 풍부한, 끈적이는, 크림처럼 부드러운, 기름진, 섬유질의, 실처럼 늘어나는, 알갱이가 씹히는, 바삭한, 아작아작한' 등등 다양하다. 텍스처는 음식을 실제로 먹는 과정뿐만 아니라 우리의 상상 속 연상을 통해서도 풍미를 만들어낸다.

———

재료가 본래의 텍스처를 잃으면 풍미의 환상이 깨져 한입씩 먹을 때마다 밋밋한 맛이 나게 할 수도 있다. 텍스처, 식감 및 풍미가 서로 어떻게 영향을 미치는지 이해하면 요리 기술의 발판을 마련할 수 있을 것이다. 예를 들어, 케첩의 입자를 고르게 만들기보다 토마토 조각이 씹히게 만들면 그 풍미가 증대된다. 크림처럼 부드러운 디저트에 바닐라 향을 가미하면 더 부드럽게 느껴지며 뜨거운 음식에 크림을 넣으면 온도가 더 내려가는 듯하다. 음식에 거친 텍스처를 더하면 신맛이 강화된다(입자가 굵은 설탕으로 코팅된 신맛 나는 사탕을 떠올려보자).

끈적끈적한 음식에 단맛을 더하면 음식이 더 걸쭉해진다. 반면에, 이 음식을 더 시게 만들면 식감이 더 묽게 느껴진다. 눅눅한 감자칩을 오븐에 넣어 바삭함을 되살리면 갓 튀긴 것 같은 풍미가 생긴다.

고형 재료를 액체에 녹이면 풍미 성분이 더 많이 방출되고 맛과 향이 강해진다. 그레이비 소스를 묽게 희석하면 향을 내는 분자들이 더 많이 증발되어 풍미가 올라간다. 지방을 첨가하면 촉촉함이 증가한다. 이런 이유로 칠면조 가슴살처럼 지방이 거의 없는 살

끈적거림
꿀이나 시럽의 걸쭉하고 점성 있는 텍스처는 혀를 달콤하게 감싸준다.

풍부함
잘 부서지는 초콜릿은 그 부스러기가 녹으면서 부드럽고 쓴 풍미로 변한다.

아작함
구운 시리얼 덩어리를 아작아작 씹으면 오븐에 구워 진한 풍미가 특징으로 부각된다.

바삭함
볶은 아몬드 슬라이스를 씹을 때마다 견과류의 진한 향을 내는 화합물이 방출된다.

씹힘성
부드럽고 탱탱한 건포도는 언제나 식감에 특별한 즐거움을 가져다주며, 그 맛의 여운이 입속에 오래 남는다.

코기는 다른 부위 고기들과 동일한 함량의 수분을 코
유하고 있음에도 불구하고 입안에서 퍽퍽하게 느껴
진다.

　각 문화권마다 사람들은 튀기기, 절이기, 저미기,
데치기, 찌기, 콩피 만들기 등 음식 재료의 텍스처와
식감을 조절하는 방법들에 숙달되어왔다. 텍스처 견
에서 자신의 선호도에 완벽하거 부합하도록 재료들
을 조합하는 법을 익히는 작업은 예술과 과학이 어우
러지는 행위이다.

전 세계적으로 바삭함과
아작함(오도독함)은 맛에 대한 표현과
연관되어 있다. 참그로,
일본어에는
바삭함을 뜻하는

7 가지

표현이 있다.

시리얼 속 과학

우리는 대개 단일한 텍스처를 가진 음식보다는
여러 가지 다양한 텍스처를 가진 음식을 선호한
다. 그러므로 하나의 음식 속에서 텍스처에 변화
를 주어 재미를 더하고 즐거움을 증대시 키는 것
이 중요하다.

크림성
입안에 막을 형성하는
전지방(전유) 요거트는
아주 기분 좋은 부드러움을
선사한다.

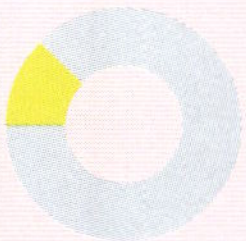

다즙성
베리류의 달콤하고 아린 과즙이
터지면서 상쾌하고 군침이 도는
감각을 일으킨다.

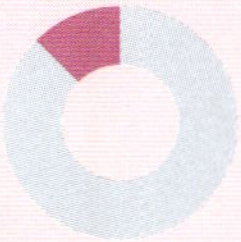

연함
불린 치아시드와 귀리와 같은
곡물은 가벼운 아침 식사에 묵직한
맛을 더한다.

**완벽한
텍스처의
한 그릇 음식**

지방은 왜 필요할까?

미국의 요리사이자 방송인인 앤서니 보데인은 버터에 대해 "셰프들이 거의 언제나 첫 번째이자 마지막으로 팬에 넣는 재료"라는 유명한 말을 남겼다. 가장 맛있는 음식에 숨겨진 흔한 비결은 풍부한 지방, 특히 버터이다. 버터로 대부분의 음식을 기가 막히게 맛있게 만드는 것이 가능하다.

혀 위의 지방

혀에 있는 지방 수용체는 뇌로 신호를 보내 음식을 먹고 싶게 만든다. 그중 한 수용체는 지방의 구성 요소인 지방산과 결합이 가능한 단백질이다.

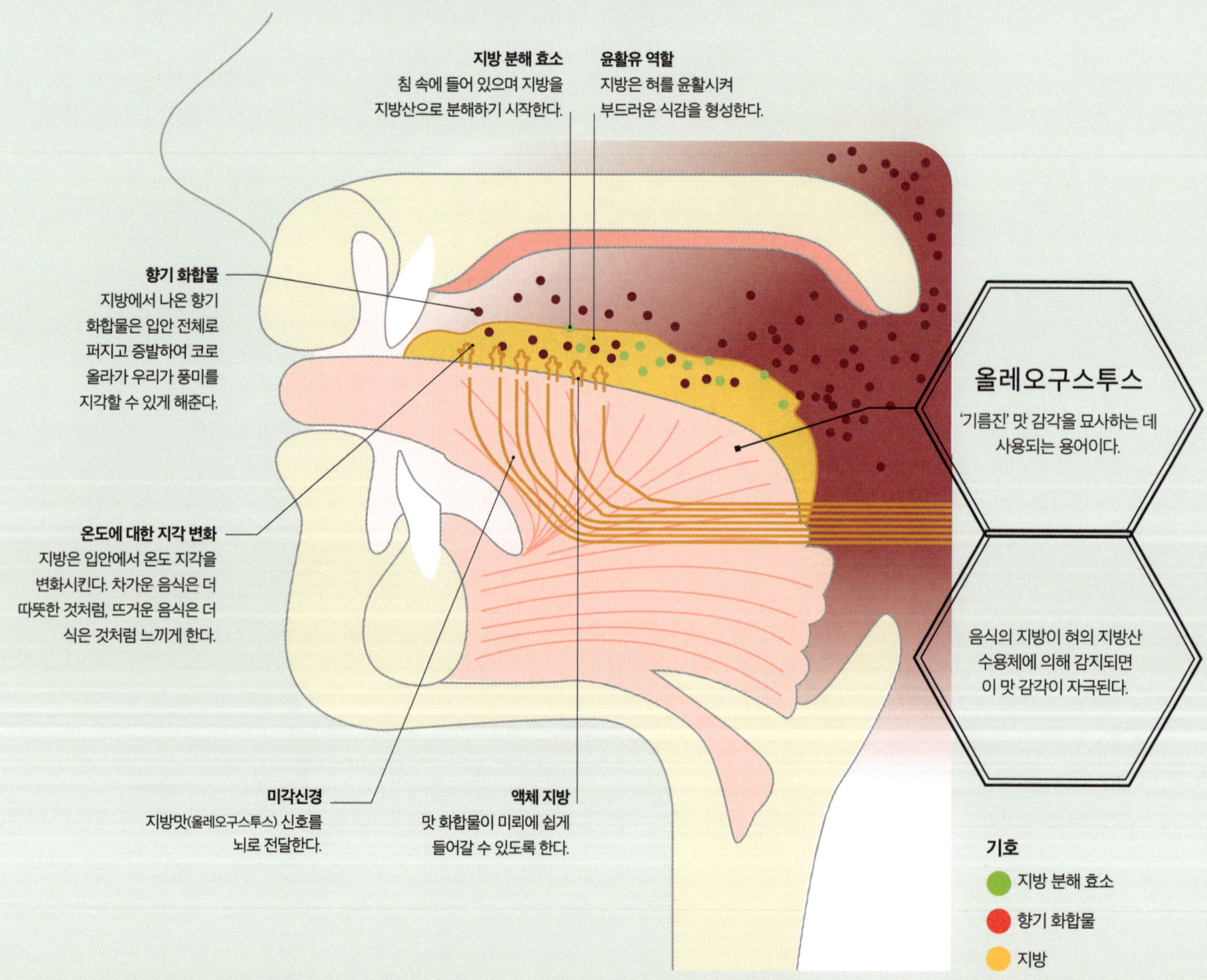

우리는 본능적으로 지방을 열렬히 원한다. 지방은 우리 몸이 얻을 수 있는 가장 밀도가 높고 칼로리가 풍부한 연료이다. 만약 우리가 지방이 꽉 찬 음식을 갈망하고 마구 먹게끔 진화하지 않았더라면, 우리 조상들은 기근이 닥쳤을 때 멸종해버렸을 것이다. 지방은 지방, 설탕, 소금이라는 불경스러운 삼위일체의 한 축이다. 이 3대 요소는 우리 모두가 끌리는 맛이자 정크 푸드에 한가득 들어 있는 재료들이다.

지방에 관한 한 미뢰를 속일 수가 없다. 식품 제조업체들이 최선의 노력을 기울임에도 불구하고, 저지방 제품은 설탕, 소금, 향료를 아무리 첨가해도 본 제품에 비하면 마땅찮은 복제품일 뿐이다. 과학자들은 그 이유 중 하나가 혀에 있는 지방 수용체 때문이라는 사실을 이제 알게 되었다. 그리고 지방 수용체는 '지방맛(일명 올레오구스투스)'을 단맛, 짠맛, 쓴맛, 신맛, 감칠맛에 이은 여섯 번째 기본맛으로 만들 가능성이 있다. 혀(특히 뒤쪽)의 이러한 분자 센서는 지방을 구성하는 기본 요소인 지방산 분자를 감지한다.

풍미의 필수 요소

맛뿐만 아니라 지방도 풍미를 전달한다. 대부분의 풍미 화합물은 물이 아니라 기름에 녹아서 퍼지므로, 지방은 풍미가 요리에 스며들게 하는 데 필수적이다. 계피의 신남알데하이드와 회향의 아네톨은 대표적인 풍미 화합물로서 각 식물의 '정유(에센셜 오일)'에 포함되어 있다. 정유란 식물 씨앗과 줄기에서 발견되는 작은 기름방울들을 말한다. 소고기와 같은 육류의 풍미는 주로 조리 과정 중에 동물성 지방에서 나온다(146~147쪽).

식감과 텍스처

모든 요리 성분 중에서 지방은 요리의 식감을 바꾸는 데 가장 큰 영향력을 갖고 있다. 지방을 첨가하지 않고서 아주 기분 좋고 부드러운 식감을 내는 것은 거의 불가능하다. 칠면조와 같은 고기가 조리되자마자 건조해지는 이유는 수분이 부족해서가 아니라 지방이 부족하기 때문이다. 같은 이유로, 지방이 들어 있지 않은 케이크나 쿠키에서는 마르고 푸석푸석한 부스러기가 떨어진다. 또한 지방은 음식이 입안에서 얼마나 차갑게 혹은 뜨겁게 느껴지는지 조절한다. 예를 들어, 지방은 아이스크림과 같은 차가운 음식은 덜 차가운 것처럼, 스튜와 같은 뜨거운 음식은 좀 더 식은 것처럼 느껴지게 만든다.

조리

기름은 실온에서 액체 상태의 지방일 뿐이며, 마이야르 반응(74~77쪽)을 위해 고온에서 조리해야 할 때 꼭 필요한 성분이다. 일반적으로 사용되는 기름은 올리브오일 혹은 해바라기유다. 매우 뜨거운 기름에 튀김옷을 입힌 음식을 떨어뜨리면 튀김옷이 지글지글 소리를 내며 부풀어 올라 부풋부풋하고 아작아작한 황금빛 갈색 크러스트가 형성된다. 정반대로, 뜨거운 프라이팬에 물기가 많은 재료를 넣으면 온도가 물의 끓는점인 100℃ 아래로 뚝 떨어져 더 이상 갈변이 진행되지 않는다.

조리 시 지방의 역할

기름은 팬의 '열 전달자' 역할을 한다. 팬의 열이 기름을 통해 음식으로 고르게 전달되기 때문이다. 기름을 더 많이 두르면 더 아작거리고 맛있는 풍미를 낼 수 있지만 이것이 건강에 좋기만 한 것은 아니다.

기름 두르지 않기

기름 없이 뜨거운 팬에 음식을 올려놓으면, 팬에 닿는 면에만 열이 전달되어 그 부분을 까맣게 태울 수도 있다.

기름 얄게 두르기

이렇게 하면 열이 팬에 골고루 분산되어 음식이 갈색으로 고르게 구워진다.

기름에 튀기기

음식을 기름에 완전히 잠기게 해서 조리하면 겉은 바삭하고 속은 촉촉(겉바속촉)하게 된다.

어떤 지방을 사용해야 할까?

조리할 때 사용할 수 있는 지방에는 수십 가지 다양한 종류가 있다.
이 지방들은 실온에서 고체인지 액체인지에 따라 포화지방과 불포화지방으로 나눌 수 있다.

지방은 궁극적으로 내고 싶은 풍미와 조리법에 따라 다르게 골라야 한다.

발연점

기름은 물이 뜨거워질 수 있는 온도보다 훨씬 더 뜨거워질 수 있지만 그 한계가 있다. 기름의 '발연점'에 도달하면, 지방 분자가 열로 인해 분해되면서 매캐한 검은 연기가 나온다. 음식에는 불쾌한 냄새가 배고 아크롤레인과 같은 유해 화학 물질이 발생한다. 발연점은 지방의 종류와 순도에 따라 160℃에서 220℃까지 다양하다. 불순물과 풍미 화합물은 낮은 온도에서도 쉽게 타버리기 때문에, 풍미가 제거된 정제기름의 발연점이 가장 높다. 풍미 성분을 지닌 기름(엑스트라 버진 올리브오일, 견과기름 등)은 요리용으로 쓰기보다는 마무리용으로 몇 방울 뿌리거나 샐러드용으로 아껴두자.

포화지방 대 불포화지방

버터, 라드유, 탤로(소 또는 양의 지방 조직에서 짜낸 기름-옮긴이), 코코넛오일과 같은 포화지방은 지방 분자가 촘촘하게 배열되어 있기 때문에 상온에서 고체 상태이다. 포화지방은 보통 높은 발연점을 갖고 있지만 그렇다고 항상 튀김 요리에 사용되는 것은 아니다. 포화지방을 너무 자주 섭취하면 해롭기 때문이다. 불포화지방은 액체 상태이며 기름이라고 한다. 불포화지방의 분자 구조는 끝부분이 꺾여 있어서 분자들이 촘촘하게 배열되어 쉽사리 고체 상태가 되지 못하게 막는다. 건강을 위해서 불포화지방은 적당히 즐기도록 하자.

액체 상태의 (불포화)지방

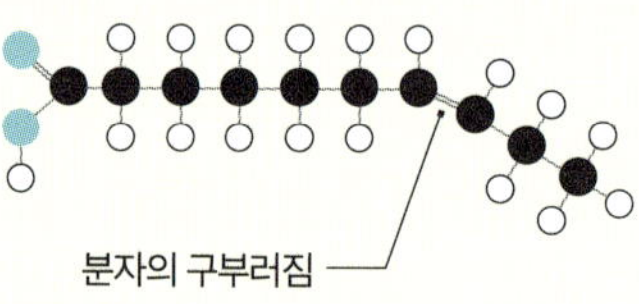
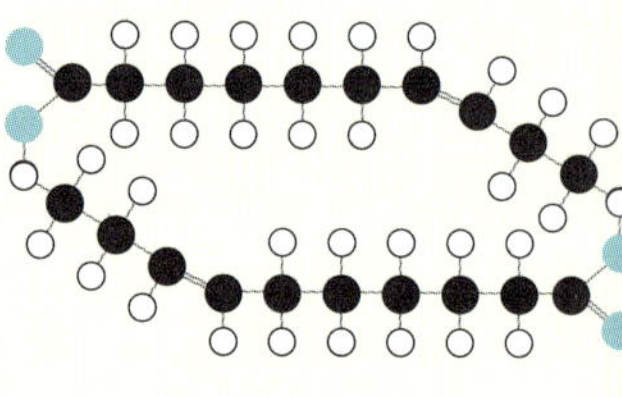

액체 상태의 지방
액체 상태의 지방산은 곧은 형태가 아니다. 탄소와 탄소 사이에 이중 결합을 갖고 있기 때문이다. 곧은 형태가 아닌 지방산은 촘촘하게 배열될 수 없어 고체 상태가 되기 쉽지 않다.

	올리브오일	식물성 기름	견과기름
	엑스트라 버진 버진 정제 라이트 테이스팅(맛과 향이 거의 없음)	콩기름 | 옥수수기름 | 해바라기씨 기름 홍화유(사플라워오일) | 유채기름 땅콩유 정제 아보카도오일	호두기름 참기름 개암기름
맛	과일 향과 매콤한 후추 향이 감도는 진한 등급(엑스트라 버진)부터 맛과 향이 거의 없는 등급(정제/퓨어/라이트)까지 다양하다.	모두 발연점이 높고 맛에 특색이 없다. 다용도 식용유는 보통 여러 종류의 식물성 기름을 섞은 것이다.	풍미가 매우 강하며 마무리용으로 사용된다. 개암기름은 발연점이 현저히 높다.
용도	엑스트라 버진 등급은 마무리/끼얹기 용도에 가장 좋으며, 라이트 등급은 튀김과 베이킹에 제격이다.	베이킹, 튀김, 로스팅, 시어링에 적합하다.	요리 마무리용으로 가장 좋다.
발연점	매우 다양하다: 엑스트라 버진 175~210℃ 정제 / 퓨어 / 라이트 200~240℃	유채기름 / 카놀라유 205℃ 정제 아보카도오일 270℃	호두기름 160℃ 참기름 177℃ 개암기름 221℃

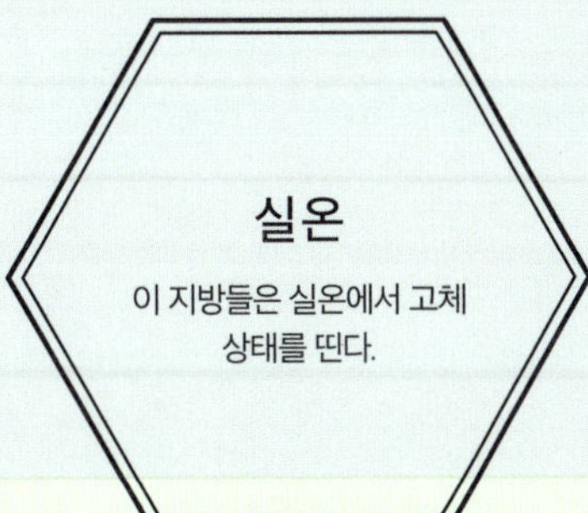

실온

이 지방들은 실온에서 고체
상태를 띤다.

고체 상태의 (포화)지방

고체 상태의 지방

경질 지방 또는 고체 지방의 분자들은
곧은 구조를 갖고 있다. 즉, 포화지방은
지방산들이 더 촘촘하게 배열되기 때문에
불포화지방보다 밀도가 더 높다. 따라서
녹는점도 더 높고 실온에서 고체 상태이다.

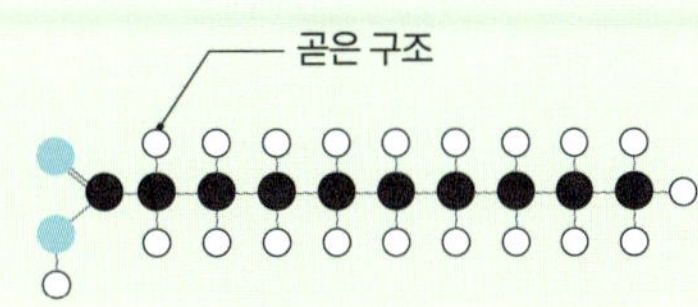

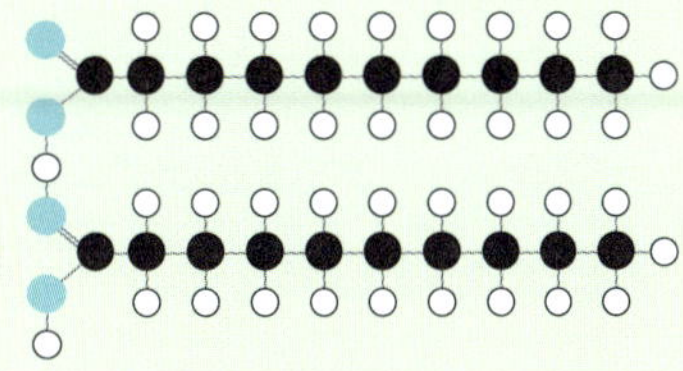

기호
- ○ 수소
- ● 산소
- ● 탄소

	코코넛오일	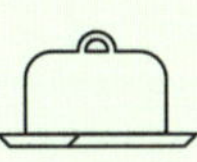버터	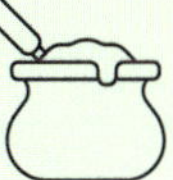기 버터	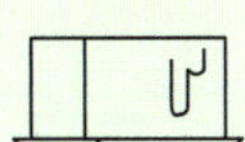라드유
	비정제 버진	무염 가염 발효	천연 정제 버터	돼지기름
특징	24℃에서 녹는다. 실온에서는 고체 상태이며 요리에 독특한 코코넛 풍미를 준다.	요리에 묵직함과 단맛을 더해준다. 유럽산 버터는 일반적으로 배양(부분 발효)되므로, 버터의 산도, 맛, 향기가 더 강해진다.	우유고형물을 제거하여 만든 순수한 버터지방은 발연점이 높아서 고온 조리에 이상적이다. 고소한 버터 향 풍미를 지닌다.	돼지고기에서 추출한 라드유는 육류 향이 약간 나는 독특한 풍미를 지닌다. 오븐에 통째로 굽거나, 볶거나, 튀기는 데 유용하다. 버터보다 녹는점이 높다.
용도	모든 요리 및 베이킹 목적으로, 코코넛 향 풍미를 가미할 때 유용하다.	풍미가 매우 좋아 셰프들이 가장 좋아하는 재료이다. 퍼 바르거나 마무리할 때뿐만 아니라 부침을 하듯 튀기기에도 아주 유용하다.	고온 조리가 가능하다. 인도 요리에 많이 사용된다.	정제된 라드유는 달콤한 빵을 굽는 데 적합하다. 겹겹이 부스러지는 딕월한 페이스드리가 민들어진다.
발연점	180℃	대략 150℃	252℃	180℃

고추의 화끈한 맛은 왜 자꾸 당기는가?

경찰이 사용하는 분사기에는 눈물이 줄줄 흐르고 얼굴이 화끈거리게 하는 화학 물질이 들어 있는데,
고추에도 이와 똑같은 물질이 함유되어 있다. 캡사이신이라는 이 불쾌한 화학 물질은 미생물, 곤충,
그리고 (우리와 같은) 포유류가 열매를 먹지 못하게 하기 위해 고추 식물에서 진화되어온 것이다.

매운 열감(알싸함)은 맛이나 풍미가 아니다. 불에 데이는 것과 동일한 통증의 일종이다. 사람마다 내성 수준은 각기 다르지만, 알싸함은 모든 풍미를 한 단계 끌어올려 요리에 자극적인 요소를 더한다. 뇌의 감정 회로를 촉발하고 풍미 중추(48~49쪽)의 활동을 증진시킬 뿐만 아니라 침샘을 활성화하는 것이다.

조리하고 있는 음식이 단맛이든 짭짤한 맛이든 상관없이, 화끈한 맛을 조금 넣으면 음식 맛이 훨씬 더 좋아지지 않을까 하는 생각은 해볼 만한 고민이다. 소량의 강렬한 매운맛은 미뢰에 작용하여 짠맛은 돋우고 쓴맛은 누그러뜨리기 때문이다. 게다가 알싸함은 신맛을 상쇄하여, 강하게 톡 쏘는 성분을 무디게 해준다. 다만 이러한 매운맛을 너무 많이 넣으면 음식의 전체적인 맛을 해치게 된다.

엔도르핀과 도파민

독특하게도 인간은 먹을 때 얼얼한 통증을 좋아하는 경향이 있다. 대부분의 동물은 그런 통증을 혐오하기 마련이다. 우리 인간에게 통증은 엔도르핀 급증과 함께 찾아온다. 인체의 천연 진통제이자 아편과 유사한 엔도르핀은 매운맛의 얼얼함이 사라질 때쯤, 격렬한 운동 후 자연스럽게 느껴지는 황홀감과 같은 쾌감을 살짝 느끼게 해준다. 이러한 기분 전환 과정에 기분을 좋게 만드는 뇌 호르몬인 도파민 또한 순간적으로 분출된다. 도파민은 롤러코스터를 타거나 공포 영화를 보고 난 후 분비되는 보상 물질이다(스릴을 즐기는 사람들이 매운 음식을 선호하는 이유가 이해될 것이다). 얼얼함이라는 불편함을 참는 방법을 터득하고 나면, 우리는 마치 불꽃에 달려드는 불나방처럼 저절로 매운 음식에 끌리게 될 것이다.

화끈거리는 통증을 전달하는 신경과 결합하는 캡사이신

알싸함을 느끼게 해주는 화합물은 침과 섞인 후 혀의 상부층으로 스며들어 얼얼함을 감지하는 통증 신경 섬유의 열 감지 센서 분자들(TRPV1 수용체)과 결합함으로써 혀에 작열감을 유발한다.

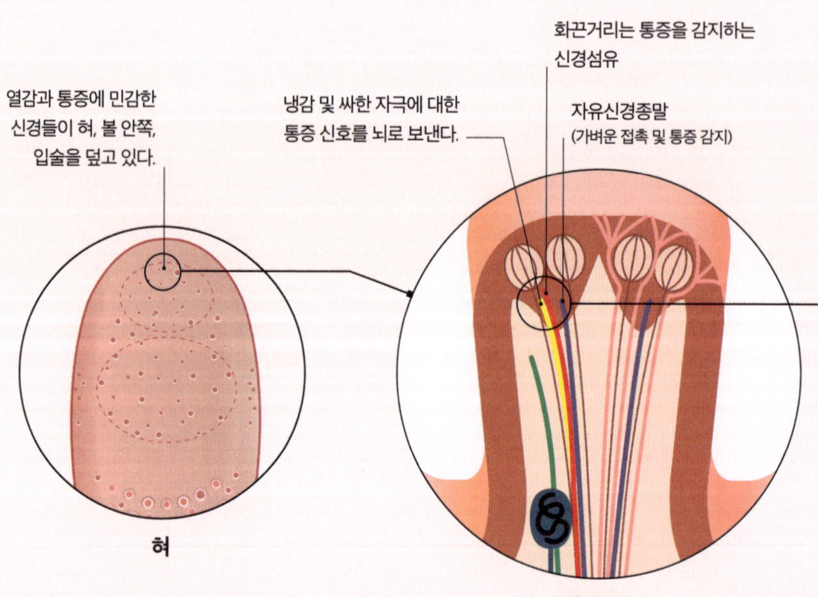

고추의 화력

고추는 매운 열감을 자아낸다. 고추에 함유된 활성 성분인 캡사이신이 뜨거운 물에 데이는 경우에 작 열감 정보를 뇌로 보내는 섬유와 동일한 통각신경 섬유를 '우회적으로' 자극하기 때문이다. 이 섬유 들은 보통 43℃ 이상에서만 활성화된다. 뇌는 매운 빈달루(인도 고아 지방에서 유래한 커리. 매운맛이 강한 것으로 유명하다-옮긴이)에서 느껴지는 열감과 갓 끓 인 차 한 모금의 뜨거움을 잘 구분해낼 수 없다. 신 호가 똑같기 때문이다. 이 타는 듯한 느낌은 체내 에서 캡사이신이 분해될 때까지 보통 약 15분 동안 지속된다. 물을 마셔도 분해 과정이 빨라지지는 않 으며, 탄산음료의 톡 쏘는 맛은 열감을 더욱 악화

시킨다. 우유, 요구르트, 사워크림은 그 속에 함유 된 유제품 단백질인 카세인이 캡사이신 분자에 달 라붙는 덕에 열감을 가라앉히게 된다.

(화끈한 통각신경섬유에 있는) TRPV1 수용체는 신 체의 다양한 부위에 위치한다. 캡사이신은 혀에 있 는 이 수용체에 결합하여 뇌에 경고 신호를 보낸 다. 겨자, 마늘, 양파에 함유된 또 다른 매운맛 화학 물질은 TRPA1이라는 통각신경을 교란시켜, 살을 에는 듯한 냉감과 싸한 자극에 대한 정보를 뇌로 보낸다. 매운맛 화합물은 지방 및 기름에는 잘 녹 지만 물에는 잘 녹지 않는다. 따라서 이 화합물을 요리 전체에 고루 퍼지게 하려면 기름으로 조리하 거나 기름과 섞을 필요가 있다.

자연발생적 쾌감

고추를 먹고 느껴지는 통증은 엔도르핀을 분비시킨다. 이 호르몬은 기분을 좋게 하는 효과를 낼 수 있다.

냉감

TRPA1 수용체는 겨자 추출물에 함유된 이소티오시아네이트와 같은 화합물에 의해 활성화되는 냉감 및 싸한 자극에 대한 수용체다.

겨자에서 추출되는 이소티오시아네이트

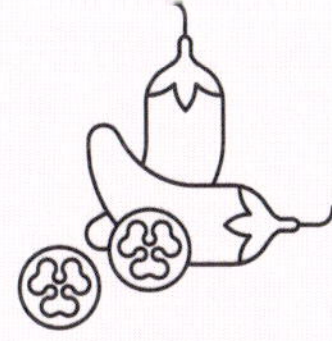

고추에서 추출되는 캡사이신

열감

TRPV1은 작열감을 감지하는 수용체이며, 보통 43℃ 이상에서 활성화된다. 다만 캡사이신으로도 반응이 촉발된다.

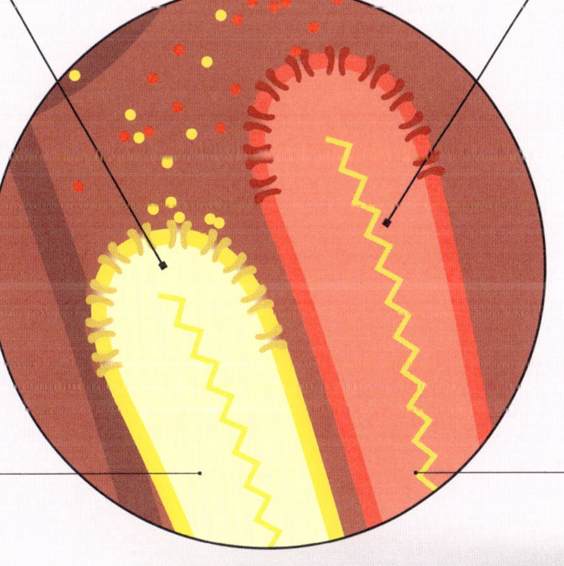

냉감 및 싸한 자극에 대한 신호가 뇌로 전달된다.

화끈한 통증 신호가 뇌로 전달된다.

열감과 냉감에 민감한 신경

매운맛을 내는 재료에는 어떤 것들이 있을까?

캡사이신이 알싸한 맛을 내는 화합물이긴 하지만, 매운맛을 내는 유일한 성분은 아니다. 다른 화합물들은 독특한 감각을 자아내며 조리 시 각기 다른 반응을 보인다.

마늘과 양파: 알리신

알리신은 마늘과 양파의 조직이 손상되었을 때만 생성되는데 캡사이신과는 다른 열감을 낸다. 알리신은 시간이 지남에 따라 분해되어 약 70℃에서 파괴된다. 조리 중에 마늘과 양파의 알싸함이 누그러지면서 더 부드러운 풍미가 나오는 것이다(94~97쪽). 알리신은 TRPV1과 TRPA1 수용체 양쪽 모두를 자극하여 알리신 특유의 다소 시원한 열감을 내는 데 관여한다.

고추냉이와 겨자: 이소티오시아네이트

고추냉이와 겨자에 있는 이소티오시아네이트는 TRPA1 수용체를 가진 통각신경을 자극한다. 이 수용체는 차가운 온도와 연기같이 싸한 자극 물질에도 자극을 받는다. 이소티오시아네이트는 입속에서 쉽게 증발해 코가 뻥 뚫리는 듯한 느낌을 준다. 겨자씨는 통째로 으깨어 적셔야 한다. 이소티오시아네이트는 미로시나아제라는 식물의 방어용 효소가 손상된 겨자 세포에서 빠져나와 물과 섞이고 특정 분자와 반응할 때만 생성되기 때문이다. 이때 백겨자에서는 시날빈, 흑겨자와 갈색겨자에서는 시니그린이 미로시나아제와 반응한다.

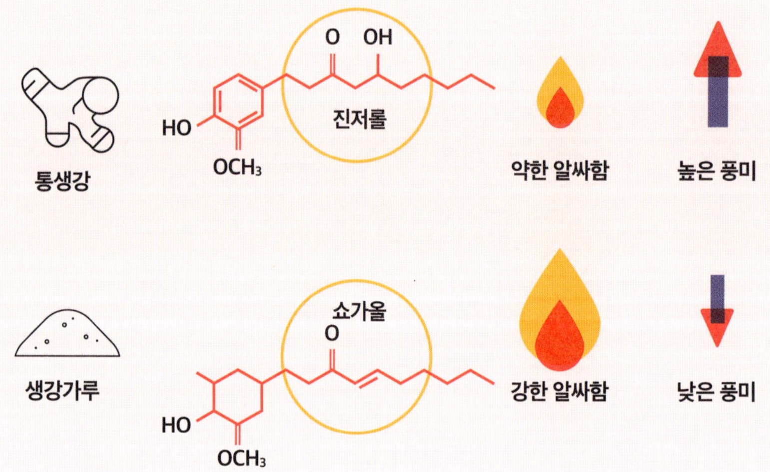

통생강 VS 생강가루: 통생강을 말려서 으깨면, 열감을 내는 진저롤이 얼얼함을 내는 쇼가올로 전환됨에 따라 생강의 알싸함이 증가한다. 하지만 이 과정에서 20%의 풍미 화합물이 손실된다.

겨자씨

겨자씨의 진한 풍미와 열감이 발산되는 과정은 다음과 같다.

1. 으깨기

우선 겨자씨를 으깨거나 갈아서 미로시나아제 효소를 방출시킨다. 이로써 매운맛을 내는 화합물을 생성하는 화학 반응이 시작될 것이다.

2. 담그기

얼얼함을 극대화하기 위해, 으깬 겨자씨를 물, 식초, 혹은 맥주에 담근다. 그러면 미로시나아제 효소가 글루코시놀레이트라는 분자에 작용하는 것이 가능해지고, 이 분자는 매운맛을 내는 이소티오시아네이트로 전환된다.

3. 볶기

물기를 뺀 겨자씨를 중불로 마른 프라이팬에 노릇노릇하게 볶는다. 마이야르 반응(74~77쪽)에 의해 고소한 피라진 풍미가 나온다. 60℃ 이상의 열은 미로시나아제 효소를 비활성화시켜서 알싸함을 낮춘다.

생강: 진저롤

캡사이신과 마찬가지로 생강에 있는 진저롤은 TRPV1 수용체와 상호작용하지만, 캡사이신과는 다른 결합 부위에 붙기 때문에 결과적으로 매운맛의 강도가 약해진다. 진저롤은 건조되면 쇼가올로 전환되는데, 쇼가올의 화끈함은 두 배 더 강하기 때문에 생강가루는 더 강력한 열감을 낸다.

계피: 신남알데하이드

계피에 있는 신남알데하이드는 TRPA1 수용체를 활성화시켜 톡 쏘면서도 은은한 온기를 유발한다(186쪽).

건후추: 피페린

건후추(페퍼콘)에는 피페린뿐만 아니라 19가지의 다른 매운맛 화합물들이 함유되어 있다. 모두 캡사이신보다 매운맛의 강도가 약하다. 건후추는 조리 온도를 잘 견디며, TRPV1과 TRPA1 수용체 양쪽 모두에 공통적으로 결합하여 순하면서 독특한 온기를 선사한다.

고추: 캡사이신

고추의 가장 매운 부분은 씨가 아니라 바로 껍질 속 흰 부분이다. 쓴맛이 나는 씨와 함께 이 부분을 긁어내면 최소한 캡사이신의 절반을 제거할 수 있다. 고추를 조리 과정 초반에 넣으면 기름에 캡사이신이 스며들면서 요리에 녹아들어, 고추에서 나오는 풍미를 더 살릴 수 있다(180~181쪽).

풍미와 뇌

뇌는 어떻게 풍미를 경험할까?

풍미는 사실 뇌가 불러일으키는 환상이다. 먹는 행위는 우리의 모든 감각뿐만 아니라
우리를 인간답게 만드는 모든 부위와 결부되어 있다.

덩굴줄기에서 신선한 토마토를 따서 한입 베어 문다고 상상해보자. 토마토의 과육이 혀 표면에 닿는 1초도 안 되는 순간, 단맛, 신맛, 감칠맛 신호가 마치 불꽃 튀듯 신경을 따라 뇌의 가장 아랫부분(뇌줄기)으로 빠르게 전달된다. 이때 전기 자극은 뇌의 가장 원시적인 영역인 시상과 편도체에 도달한 상태이며, 곧이어 코 뒤쪽에서 전달되는(56쪽) 과실 향의 신호와 만나게 된다.

미각과 후각은 미세한 생물학적 전선을 이리저리 누비며 뇌의 '풍미 중추'로 향해 나아가며, 거기서 합쳐져 달콤하면서 톡 쏘는 과실 향이라는 하나의 정보로 통합된다. 눈 바로 위쪽의 안와전두피질이라는 작은 영역에 위치하는 풍미 중추는 토마토와 비슷한 풍미를 받아들일 준비가 된 상태다. 몇 분 전 뇌 뒤쪽의 시각 피질에서 전달된 토마토의 붉은 껍질을 이미 보았을 뿐만 아니라, 시각 피질 주변의 고차원적 사고 영역으로부터 맛에 대한 예기 반응 신호들이 쏟아져 들

풍미의 조성 과정

혀의 맛과 코의 향기는 풍미 중추로 나아가면서 희미해진다. 시각적 정보와 기억들 역시 우리가 풍미를 인식하는 데 결정적인 역할을 한다.

전두엽

음식에 대한 생각, 결정, 의식적인 선택이 이루어지는 영역

풍미 중추

여기서 우리는 맛을 처리하여 풍미 경험을 만들어낸다.

두정엽

음식의 텍스처와 온도를
처리하는 뇌의 한 영역

시각 피질

이 영역에서 뇌는 음식의
겉모양에 대한 정보를
처리한다.

어와 그 시각 경험을 강화하기 때문이다. 풍미가 형성되는 동안, 감정 회로가 재빨리 활성화되고, 풍미와 기억을 담당하는 중추들 사이 교류가 일어나면서 기억들이 되살아난다. 귀에서 들려오는 살이 질퍽질퍽 씹히는 소리와 혀와 입에서 느껴지는 즙의 감촉이 비슷하게 전달되고 혼합되어, 토마토에 즙이 풍부하다는 특징을 부여하고, 완숙 토마토 먹는 즐거움을 완성시켜준다.

풍미는 어떻게 조성될까

연구자들은 새로운 스캐닝 기술을 이용하여, 풍미 경험의 풍부함이 뇌 내부에 그에 준하는 복잡한 연결망을 반영한다는 사실을 알아냈다. 음식의 향기와 풍미는 사람의 얼굴처럼 경험된다. 예를 들어 갓 구운 빵은 친숙한 친구만큼이나 즉각적으로 인지되는 것이다. 예전에는 맛, 향기, 식감이라는 감각들이 각자의 경로로 뇌를 통과한다고 생각되었다. 하지만 이제 우리는 여러 감각 정보가 뇌에 들어가자마자 거의 즉시 통합된다는 것을 알고 있다.

촉각

**촉각처럼 다른 감각들도
풍미 중추로 가는 과정에서 하나로 통합된다.**

음식을 먹기 전에 손으로 집어 들면 식기로 먹을 때보다 풍미가 더 생생하게 느껴진다. 딱딱한 의자에 앉아서 사포 조각을 만질 때와 비교했을 때, 푹신한 의자에 앉아 있고 게다가 부드러운 리넨 테이블보에 손가락이 올려져 있다면, 음식의 텍스처가 더 부드럽게 느껴진다.

교향곡

하나의 교향곡 안에 다양한
악기들이 연주되는 것처럼,
풍미 경험 안에서 다음의
각 주자들은 조정될 수 있다.

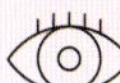

시각

더 선명한 색을 띠는 음식이 더
진한 맛을 낸다(50~51쪽).

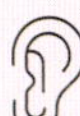

소리

아작아작 씹는 소리가 나는
음식일수록 더 신선하다.

접촉/식감

걸쭉한 음식일수록 풍미가
진한 듯하다.

생각

부푼 기대감이 풍미를
향상시킨다(52~53쪽).

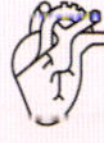

감정

예기 반응과 기대치는
맛에 큰 영향을 주는데,
긍정적인 기분은 단맛을
향상시킨다(52~53쪽).

음식의 겉모양이
어떻게 풍미를 변화시킬까?

"눈으로 먼저 먹는다"라는 말을 못 들어본 사람은 거의 없을 것이다. 요리계에서 가장 많이 쓰이는 상투적 표현이기 때문이다. 기원후 1세기 로마의 유명한 식도락가 마르쿠스 가비우스 아피키우스가 이 말을 처음 언급한 것으로 알려져 있지만, 글로 남긴 적은 없다.

———————————

이 표현은 음식이 어떻게 보이는지에 따라 맛이 좌우된다는 발상을 정확하게 포착하고 있다. 사실, 풍미 경험은 음식을 눈으로 처음 보기 전부터 이미 시작된다(52~53쪽). 그렇기는 해도 뇌의 풍미 중추는 시각 처리 영역으로부터 정보를 닥치는 대로 흡수한다. 즉, 음식의 겉모양이 음식이 맛있게 느껴지는지 아닌지에 영향을 준다는 뜻이다.

색의 중요성

인간의 시각은 동물계에서 가장 뛰어나며, 인간은 대부분의 포유류보다 더 많은 색을 볼 수 있다. 우리의 먼 조상들은 울창한 숲의 녹음에서 미묘한 붉은 빛깔을 띠는, 가장 안전하고 영양가 높은 과일과 이파리를 식별할 수 있도록 시력을 발달시켰다. 오늘날, 빨간색이나 분홍색으로 착색된 음료 역시 단맛을 더 강하게 낸다. 빨간색 캔이나 병에 담겨 소비되거나 제공되는 콜라도 마찬가지다. 색이 어떤 맛을 내는지는 빠르게 습득된다. 딸기 요거트가 붉은색을 띠면 과일 맛이 더 강하게 나고, 녹색으로 착색된 민트 아이스크림에서는 민트 향이 더 강하게 나는 법이다. 이러한 원리에 따라 제조업체들은 대개 더 신선한 풍미를 부각하기 위해서 통조림 완두콩을 녹색으로 착색한다. 맛과 어울리지 않는 색으로 착색된 음료는 맛에 시각적 효과가 얼마나 강력한지 보여준다. 선명한 빨간색으로 착색된 오렌지 주스 한 잔은, 마시는 사람에게 그 색에 가장 익숙한 맛이 무엇인지에 따라, 체리나 딸기 또는 크랜베리 맛이 날 가능성이 더 높다.

색을 고려하여 조리하기

조리할 때 우리는 재료의 천연 빛깔을 돋보이게 하여 풍미를 돋울 수도 있고 재료의 색을 변하게 만들어 요리를 망칠 수도 있다. 특히나 과일과 채소를 손질할 때에는 색이 중요하다.

● 자른 후 갈색으로 변하는 과일과 채소의 천연색을 유지하려면 레몬즙 몇 방울을 넣은 물에 재료를 잠기게 둔다.

● 색소를 더 선명하게 하려면, 채소를 냉동하거나 기름에 부치거나 볶기 전에 데치는 것이 좋다. 끓는 물에 1~2분간 넣었다가 식히면 된다. 이렇게 하면 제 색소를 분해하는 식물의 자기 파괴 효소가 천천히 가열되면서 파괴된다.

갈색

흙내음 도는 구운 향의 풍미

관련 색소:
갈변 반응의 산물인 멜라노이딘(겉을 바삭하게 구운 고기, 커피)

녹색

신선한 허브 향의 풍미

관련 색소:
클로로필
(시금치, 그린빈)

흰색

순하고 담백한 풍미

관련 색소:
색소 없음, 혹은 안토잔틴(감자, 콜리플라워)

파란색

깊고 풍부하며 때로는 시큼한 풍미

관련 색소:
안토시아닌
(블루베리, 가지)

풍미에는 모든 감각이 융합되어 있으며
색이 중요한 역할을 한다. 예를 들어,
음식이 오렌지와 비슷한 색일수록 더 달고,
잎이 초록색일수록 더 신선하며, 빨간색은
매운 음식을 더 얼얼하게 만든다.

분홍색
달콤한 과실 향 풍미
관련 색소:
안토시아닌(핑크
그레이프프루트),
아스타잔틴(새우, 연어)

검은색
응축된 강한 풍미
관련 색소:
멜라닌(흑마늘),
안토시아닌(흑미)

오렌지색
달고 상큼한 감귤 향 풍미
관련 색소:
베타카로틴(당근, 고구마),
베타크립토잔틴
(오렌지)

빨간색
달고 잘 익은 풍미
관련 색소:
라이코펜(토마토),
안토시아닌(체리, 딸기)

노란색
시큼하고 청량한 풍미
관련 색소:
카로티노이드
(바나나, 옥수수),
커큐민(터메릭, 사프란)

예기 반응은
어떻게 풍미에 영향을 줄까?

음식의 겉모양은 음식이 어떤 맛으로 느껴지는가에 영향을 미치지만,
완전한 풍미 경험은 그 시각적인 정보보다 훨씬 더 일찍, 향기가 콧구멍에 닿기도 전에 시작된다.
풍미를 형성하는 강력한 요소인 '예기 반응'을 이해하면, 식사 경험이 한 단계 올라가게 된다.

뇌 전두엽에 위치한 사고 영역은 인접한 풍미 중추(48~49쪽)와 식욕 중추에 지대한 영향을 미친다. 긍정적인 감정 역시 음식에 대한 전반적인 만족도와 풍미를 높여준다.

음식 스타일에 맞춰 공간 분위기와 환경을 조성해보자. 실내 장식, 음악, 공간 배치는 식사 경험에 큰 영향을 미쳐서 음식에 대한 기대치를 높여줄 수도 있다. 연구에 따르면, 특별히 서양 문화권의 경우 서로 너무 가까이 앉는 식당에서는 식사 경험이 악화되는 것으로 나타났다. 또 훌륭한 음식과 음료는 대체로 함께 나누면 즐거움이 더 커진다. 기분을 끌어올리고 풍미 경험을 강화시키기 때문이다.

초대 손님에게 음식을 낼 때 음식에 대해 더 많은 이야기를 하면 좋을 것이다. 어떻게 그 음식을 알게 되었는지, 왜 메뉴로 선택했는지 말할 수도 있을 것이다. 이렇게 하면 음식에 대한 예기 반응과 기대치를 높일 수 있을 뿐만 아니라, 식사의 요소마다 감정과 의미를 불어넣어 풍미를 고조시키고 식사하는 사람들에게 오랫동안 기억될 추억을 만들어준다.

인간을 비롯한 다른 동물들은 새로움을 갈망하며 특별한 음식이 다양하게 제공되면 식욕이 왕성해진다. 접시에 가능한 많고 다양한 향기, 풍미, 텍스처, 맛을 아우름으로써 새로움을 한껏 받아들일 수 있을 것이다.

사회적 요소와 문화적 맥락

타인의 존재와 일반적인 사회적 환경은 한 사람이 식사를 즐기는 정도에 상당한 영향을 미칠 수 있다. 식사 예절과 상차림에 대한 문화적 기대치도 한 사람의 식사 경험을 형성할 수 있다.

냄새
음식이 식탁에 올려지기 전에 식사하는 사람들이 음식 냄새를 맡을 수 있게 하면, 음식에 대한 예기 반응이 커진다.

사회적 상호작용
이 공간에서 식사하는 사람들은 서로 소통하고 있지 않은 것 같다. 이는 식사 경험에 영향을 미칠 수도 있다.

식사 계획과 타이밍

배고픔은 기분, 행동, 생각을 달라지게 할 정도로 우리에게 가장 강력한 생물학적 충동이다. 배고픔에 반응하는 일명 '공복' 호르몬은 시상하부라는 뇌의 영역 중 식욕 중추를 작동시켜 우리가 냄새와 맛을 더 강하게 느끼게 한다. 따라서 생각이 온통 걷잡을 수 없을 정도로 음식 쪽으로 향하게 하는 것이다. 요리하는 냄새가 식사 공간에 스며들게 함으로써 이러한 자연스러운 충동을 전략적으로 활용할 수 있다. 음식 향기는 우리의 식욕을 자극하는 탁월한 기능을 지니며, 뇌의 본능에 충실한 편도체로 전달되어 감정을 자극한다. 음식을 가져다 놓기 몇 분 전에 음식의 겉모습이 보이도록 둔다면 식사하는 사람들을 더욱 안달 나게 할 수 있을 것이다!

메인 코스 요리 전에 간단한 전채 요리를 내보자. 씹고 먹는 행위가 식욕 중추의 기능을 돕고 소화를 촉진히여 메인 코스 요리가 나왔을 때 풍미 경험이 확대된다. 전채 요리를 곁들인 여러 단계 코스 요리나 한 끼 식사를 준비할 때, 단백질이 풍부한 성분(고기, 건조된 콩류, 생선)을 초반에 너무 많이 제공하는 것은 피해야 한다. 이렇게 소화하기 어려운 음식들은 식욕을 억제하여 앞으로 나올 음식에 대한 즐거움을 떨어뜨리기 때문이다. 이러한 음식들은 공복 호르몬을 급격히 떨어뜨리고, GLP-1, PYY와 같은 '포만감' 호르몬이 혈류를 통해 빠르게 퍼지게 힌다.

마지막으로, 시사의 마무리를 제대로 만끽할 수 있도록 디저트는 급히 내보내지 않는다. 메인 코스와 디저트 사이 간격이 길어질수록 가득 찬 배가 꺼지게 되어 식욕을 돋우는 데 도움이 된다.

깔끔하게 세팅된 음식이
더 맛있게 느껴질까?

한입거리 음식, 미니멀한 식사, 해체주의 요리, 재료들을 높이 쌓아 올린 플레이팅 등
유행과 스타일은 바뀌기 마련이다.
이제 최고의 맛을 내기 위해 음식을 접시에 어떻게 담을 수 있는지가 과학적으로 정확하게 밝혀지기 시작했다.

음식 이미지는 그 어떤 것보다도 우리의 관심을 사로잡고 놓아주지 않는다. 뇌 스캐닝 실험에 따르면 음식을 보면 뇌의 혈류가 급증하여 식욕을 촉진하는 호르몬 분비를 유발한다. 예술가들은 늘 과일이 든 볼과 호화로운 만찬을 그려왔는데, 오늘날 청년에서 중년까지의 성인 중 70%는 음식을 사진이나 영상으로 찍는다고 한다. 실험을 통해서, 음식이 아름답게 담겨 있다면 우리는 두 배 이상 관심을 기울이게 된다는 사실뿐만 아니라 그 음식이 더 맛있게 느껴진다는 사실 또한 증명되었다. 우아한 플레이팅은 결코 그저 그런 식사를 훌륭한 맛이 나게 해주진 않지만, 훌륭한 요리를 더 맛있게 느껴지게 해준다.

대조를 이루는 그릇

음식이 예술이라면 접시는 캔버스이며, 그 색깔, 크기, 모양이 음식 맛에 변화를 줄 수도 있다. 양식에서는 거의 모든 식사가 둥글고 하얀 도자기 접시에 담겨 나오는 반면, 일본 문화에서는 '조화'를 중요하게 생각해 각각의 요리에 알맞게 사발과 접시의 색과 모양이 정해진다. 반면에, 다른 여러 문화권에서는 공동 접시나 사발로 먹는 것이 일반적이다. 연구에 따르면 배경에서 음식이 두드러지게 하려면 접시 색이 음식과 대조를 이루어야 한다. 둥글고 흰 접시는 달콤한 풍미를 강화하는 한편 어두운색의 각진 접시는 짭짤한 풍미를 더 많이 끌어낸다.

깔끔한 접시 VS 어질러진 접시

깔끔함이 중요한 덕목이라는 점은 가장 일관적으로 도출되는 연구 결과이다. 이에 못지않게 신뢰할 만한 결과는 접시 위 균형감의 중요성이다. 모든 재료가 한쪽으로 치우치지 않고 중심점을 중심으로 배열되어야 한다. 셰프들은 오랫동안 '3의 법칙'을, 즉 항상 음식을 홀수로 담아야 한다고 배워왔다. 가리비, 새우, 라비올리가 3개, 5개, 또는 7개일 때 더 먹음직스럽다는 것이다. 하지만 연구 결과는 이를 완전히 뒤집어 3의 법칙이 설득력이 없음을 밝히고 있다. 접시에 음식이 수북하지만 않으면, 그리고 접시 가장자리 근처에 빈 공간이 충분하기만 하면 우리는 더 많은 요소에 끌리게 된다.

음식 배치
접시 가장자리에서 13mm 정도의 여유 공간을 둔다. 적어도 접시 크기의 3분의 1은 비워두어서, 접시를 너무 가득 채우지 않도록 주의한다.

접시 둘레를 비워둔 먹음직스러운 한 접시

포화 상태의 접시

전형적인 플레이팅

전형적인 '고기와 두 가지 채소' 식사. 주로 고기나 생선 단백질 큰 조각 하나에 탄수화물을 곁들인다. 재료들이 서로 전혀 닿아 있지 않다. 식사하는 사람이 한입 먹을 때마다 풍미들을 어떻게 조합해서 먹을지 선택할 수 있는 여지가 없다.

단백질

흔히 접시 위에서 주재료로 쓰이며, 채소와 가니시 같은 보조 재료를 곁들인다.

우아한 한 접시

만족스러운 담김새. 소스를 살짝 부어 재료들을 한데 어우러지게 하고 가니시(장식용)로 색과 톡톡 튀는 풍미를 더한다. 셰프가 풍미를 직접 선택해서 조합해놓은 상태이다.

접시 위 모양

음식을 접시에 다양한 형태로 담아보는 것은 음식을 즐기는 방식에 영향을 줄 수 있다. 식욕을 높여주는 방식으로 다양한 재료들을 배치해볼 수도 있다.

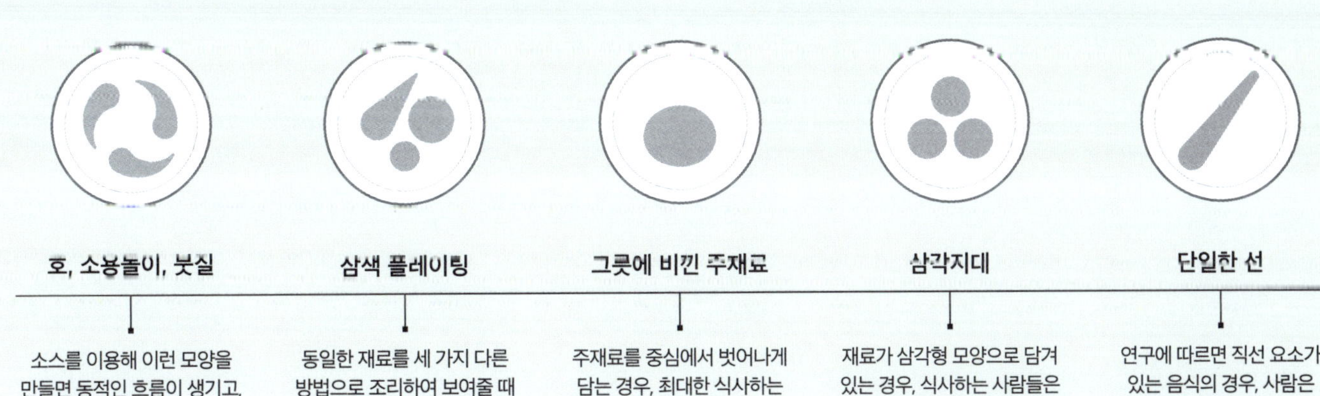

호, 소용돌이, 붓질	삼색 플레이팅	그릇에 비낀 주재료	삼각지대	단일한 선
소스를 이용해 이런 모양을 만들면 동적인 흐름이 생기고, 이 흐름을 따라 시선이 접시 전체를 훑게 된다.	동일한 재료를 세 가지 다른 방법으로 조리하여 보여줄 때 종종 이런 모양으로 담는다.	주재료를 중심에서 벗어나게 담는 경우, 최대한 식사하는 사람에게 가깝게 담아야 한다.	재료가 삼각형 모양으로 담겨 있는 경우, 식사하는 사람들은 자신에게서 멀리 떨어져 있는 음식을 더 선호한다는 연구 결과가 꾸준히 나오고 있다.	연구에 따르면 직선 요소가 있는 음식의 경우, 사람은 그 음식이 자신을 기준으로 오른쪽 멀리 떨어져 있을 때 가장 식욕을 자극받는다.

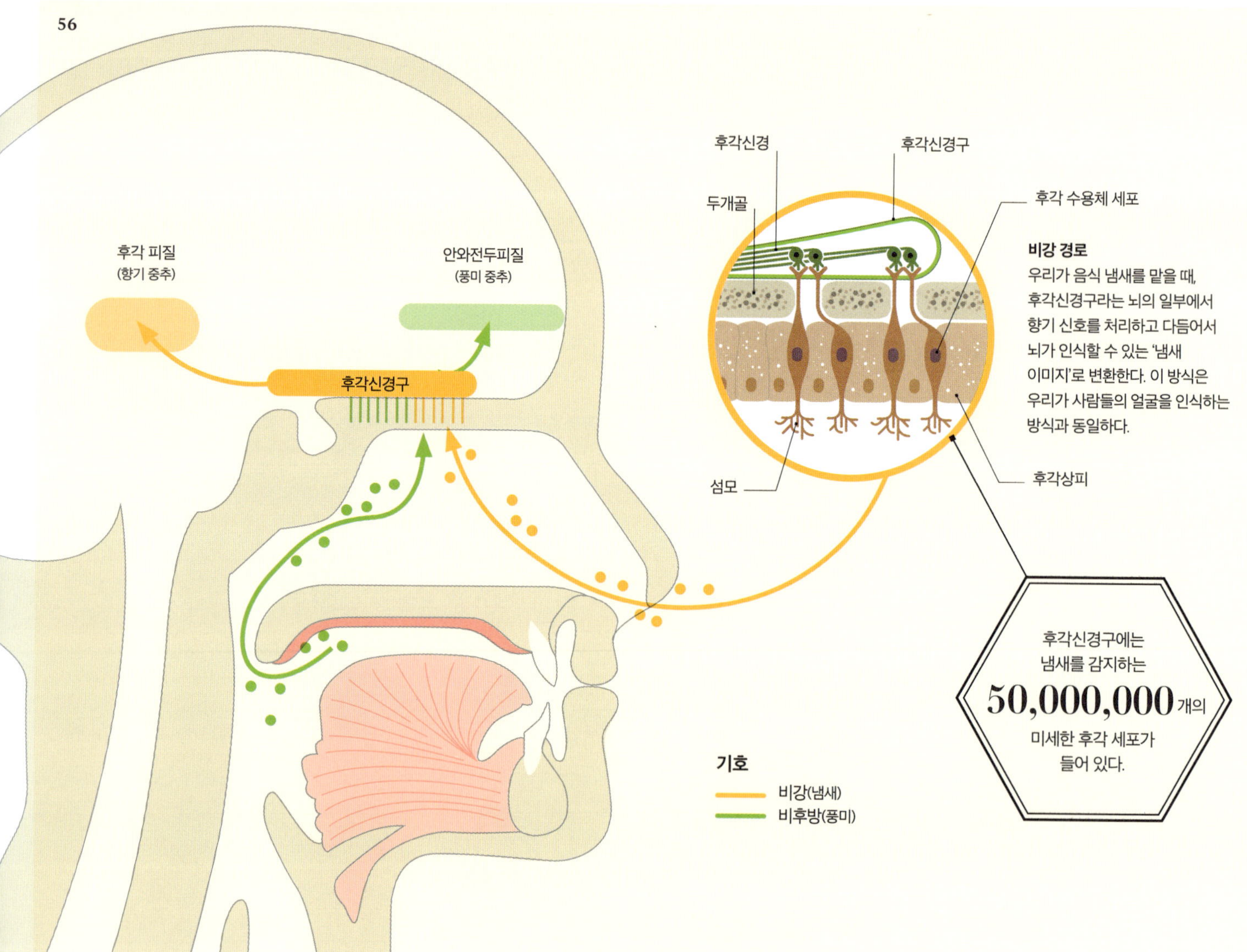

후각은 풍미에
어떤 영향을 미칠까?

조사에 따르면 후각은 우리가 가장 중요하지 않다고 여길 뿐만 아니라 없으면 좋았을 것 같다고 가장 느끼는 감각이기도 하다.
하지만 정말 후각을 잃어버린다면, 우리는 모든 음식을 제한적인 범위 내에서 밋밋한 맛만 느끼게 될 것이다.
과학자들이 이구동성으로 말하길, 음식 풍미의 75~95%가 후각에서 비롯된다고 한다.

인간의 코는 영장류 친척들의 코에 비해 크다. 수천 년에 걸쳐 커진 코는 우리가 숨 쉬는 공기를 이동시키고, 걸러주고, 따듯하고 촉촉하게 만들어준다. 인간은 코로 냄새를 맡는 능력이 포유류만큼 강력하지 않음에도 불구하고 약 1조 가지의 냄새를 구분할 수 있다. 대부분의 동물과 달리, 우리는 음식을 먹을 때 '비후방'으로 냄새를 맡는다. 즉, 풍미를 느낄 때 인간 코의 능력이 진정으로 빛을 발하기 시작한다.

후각과 풍미

코가 막힌 사람이면 누구나 으레 그렇듯이, 냄새를 맡을 수 없는 상태에서 음식은 풍미가 없고 밋밋한 맛이 된다. 풍미는 혀에서 비롯되는 것처럼 보이지만, 이는 환각이다. 우리의 뇌가 음식의 향기를 혀 표면에 '칠해'놓아서, 풍미가 비롯되는 곳이 혀라고 확신시켜주는 것이다.

후각의 작동 원리

코 안쪽 비강 천장에는 후각상피라고 불리는 작은 부위가 있는데, 여기서 냄새가 감지된다. 이 안에는 냄새를 감지하는 5,000만 개의 미세한 후각 세포가 밀집되어 있다. 각 후각 세포는 촉수처럼 늘어진 섬모를 가지고 있으며, 이 섬모는 점액으로 덮여 있다. 이 후각 세포에는 많은 분자 수용체가 여기저기 흩어져 있어서, 지나가는 향기 화합물의 특정 부분을 잡아챌 수 있다. 향기 화합물이란 음식에 향기와 풍미를 부여하는 공기로 운반되는 물질을 말한다(66~67쪽). 이 화합

물이 점액에 걸려들면, 300~400가지 유형 중 하나 혹은 그 이상의 후각 세포들에 감지되어, 전기 신호가 뇌로 발사된다. 활성화된 후각 세포들의 조합은 뇌에 해당 냄새에 대한 고유한 '이미지'로 각인된다. 마치 400개의 서로 다른 건반이 있는 키보드로 하나의 화음이 연주되도록 하는 것과 같다. 그리고 각 화음은 하나의 고유한 향기를 자아낸다.

향기 경로

향기가 지각되어 뇌에 도달하는 경로에는 두 가지가 있다. 코 앞쪽 비강 경로는 향기 화합물이 콧구멍을 통해 비강(코안)으로 들어가는 경우로서 냄새 맡는 경험을 말한다. 똑같은 향기가 입안에 들어 있는 음식에서 비롯되는 경우, 그 향기는 풍미로 전환된다. 이 두 번째 경험은 비강 경로와는 다른 비후방 경로를 통해 뇌로 전달된다. 예를 들어, 효모 향, 토스트 향, 맥아 향은 비후방 경로를 통해 빵 특유의 맛깔스러운 풍미로 전환된다.

향기를 내는 세포
음식의 독특한 풍미는 기본맛들과 결합되어 활성화된 향기 수용체에서 나온다. 단맛과 쓴맛이 어우러지는 용과는 쓴맛이 더 강한 양배추보다 더 복합적인 향기를 지닌다.

한 사람당
300–400개의
향기 수용체 한 벌을 갖고 있다.

다양한 유형의 향기 수용체는
향기 화합물에 의해 활성화되어 풍미를 생성한다.

용과의 활성화된
향기 수용체 표시

적채의 활성화된
향기 수용체 표시

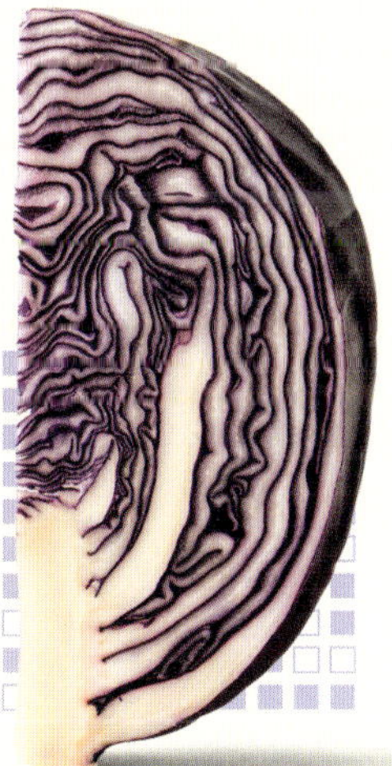

향기 화합물의 테이스팅 노트

우리가 식품과 음료에서 경험하는 냄새들은 그 속에 들어 있는 화학 물질에서 나오는 것이다(66~67쪽). 이 화학 물질들은 다양한 냄새 범주를 나타낸다.

장미 향
알코올류

과실 향
에스테르류

바닐라 향
알데하이드류

버터 향
케톤류

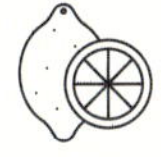
감귤 향
테르펜류

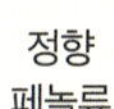
정향
페놀류

구운 향
피라진류

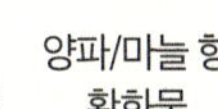
양파/마늘 향
황화물

우리는 왜 그토록 다양한 맛을 가지고 있을까?

내가 아주 좋아하는 음식을 다른 누군가가 너무 싫어해서 또는 그 반대여서 혀를 내두른 적이 있다면,
모든 사람의 풍미 경험이 다르고, 종종 이러한 차이가 극심할 수 있다는 사실도 알 것이다.
이 점을 이해하면 모든 사람의 입맛에 맞춰 음식을 개발하는 데 도움이 된다.

———————

유전 정보에 따라 우리 모두는 똑같은 미각 능력을 가지고 태어나지 않는다. 성인은 2,000~8,000개의 미뢰를 갖고 있는 것으로 추정되는데, 더 많은 미뢰를 가진 사람들은 더 예민한 미각을 타고났다.

연구자들은 인간에게 탁월한 미각 능력을 부여하는 새로운 유전자를 계속해서 발견하고 있다. 다만 인간의 4분의 1 정도가 한계를 넘어선 쓴맛 수용체(TAS2R38)를 유전적으로 물려받은 '초미각자'이다. 이 수용체는 이들이 재료의 미묘한 변화를 더 잘 가려내는 데 갖추어야 할 요소이다. 초미각자는 보통 사람들보다 미뢰가 더 많을 수도 있고 그렇지 않을 수도 있다. 그들에게 단 음식은 더 달게, 짠 음식은 더 짜게, 감칠맛은 더 강렬하게 느껴진다. 이 점은 장점이자 단점이 된다. 방울다다기양배추를 비롯한 잎채소의 쓴맛이 대개 역하게 느껴지고, 커피와 술은 둘 다 삼키기 힘든 쓴맛을 낸다. 고추의 열감과 거품의 활기가 더 강렬하게 느껴진다. '초능력'이 없다면 매력적이었을 짜고 기름진 음식도 이들에게는 매력이 부족하게 느껴진다. 초미각인 아기들은 이유식 먹이기가 더 힘들며 까다로운 식성을 가진 사람으로 클 가능성이 있다.

초미각자에 대한 원리

평균보다 더 뛰어난 미뢰 완전체나 강력한 쓴맛 수용체를 가지고 태어났는지의 여부는 유전적 우연성에 달렸다. 누구나 둘 중 한 유형의 초미각자일 수도 있고 아닐 수도 있다. 이 두 유형의 초미각이 종종 함께 발현된다는 점을 설명하는 2020년도 연구 결과가 오른쪽에 나와 있다.

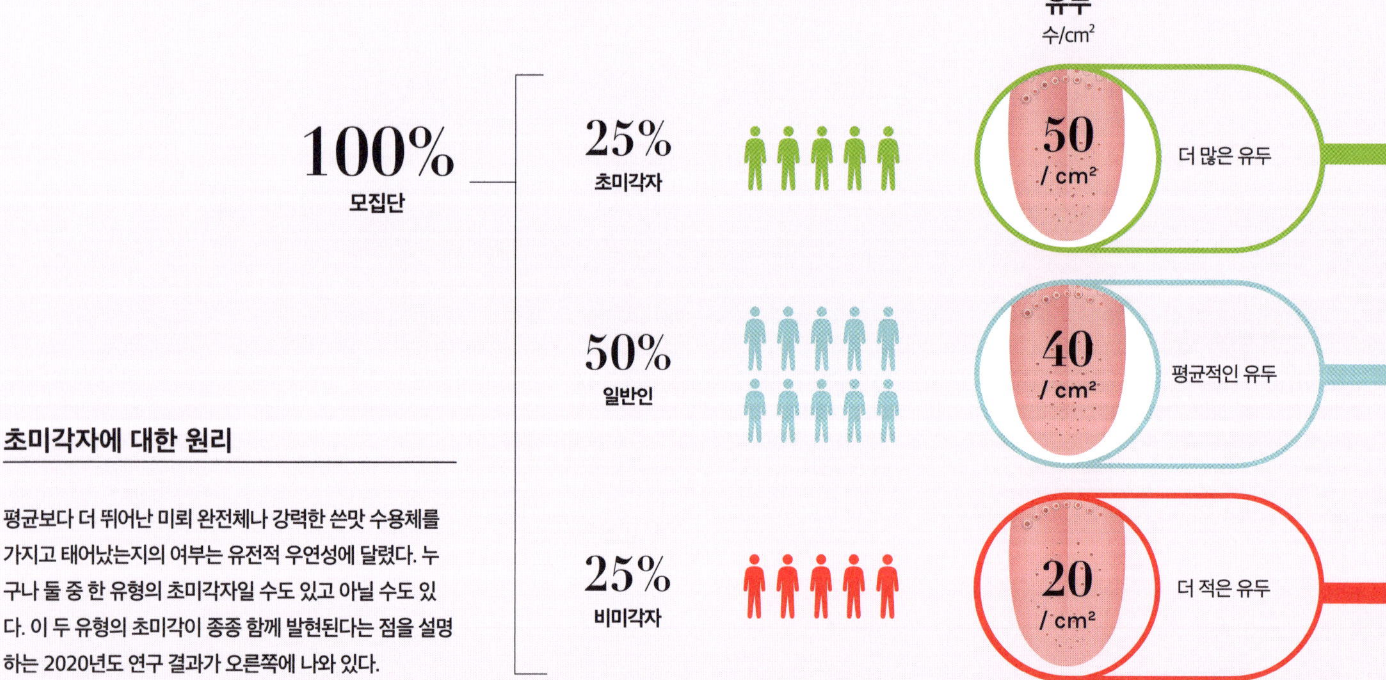

향기

풍미 경험의 가장 큰 부분이 음식의 향기에서 비롯된다. 음식의 향기가 입에서 코 뒤쪽으로 전달되기 때문이다(56~57쪽). 우리 중 그 누구도 향기 수용체를 완벽하게 갖고 태어나지 않는다. 어떤 수용체가 결여되어 있거나 제대로 작동하지 않는 식이다. 마치 사람마다 피아노 한 대를 갖고 태어났는데, 빠진 건반들의 구성이 사람마다 다르며 잘못된 음이 나오는 건반도 몇 개 섞여 있는 것과 같다. 따라서 하나의 풍미가 어떤 사람에게는 교향곡처럼 들리지만, 다른 사람에게는 귀에 거슬릴 수 있다.

400개의 후각 수용체들로 구성된 향기 척도 중 하나인 OR6A2라는 향기 수용체가 정상적으로 작동하지 않으면, (유럽 혈통 사람들 중 최대 17%와 동아시아인 중 21%에서 흔히 그렇듯이) 고수 잎의 기분 좋은 허브 향과 약한 감귤 향의 풍미를 불쾌한 비누 향 풍미로 변이시킨다(188~189쪽). 마찬가지로, 돼지고기에서 땀 냄새나 소변 같은 냄새가 난다고 느끼는 사람들은 아마도 지나치게 민감한 'OR7D4'라는 향기 수용체를 갖고 있을 것이다.

사과의 풍미

사과를 한입 베어 물면 향기 수용체가 다양한 향기를 감지하고 뇌로 메시지를 보낸다. 수용체가 평균보다 더 많이 결여되어 있는 사람들은 사과 풍미들 가운데 더 적은 수를 감지할지도 모른다.

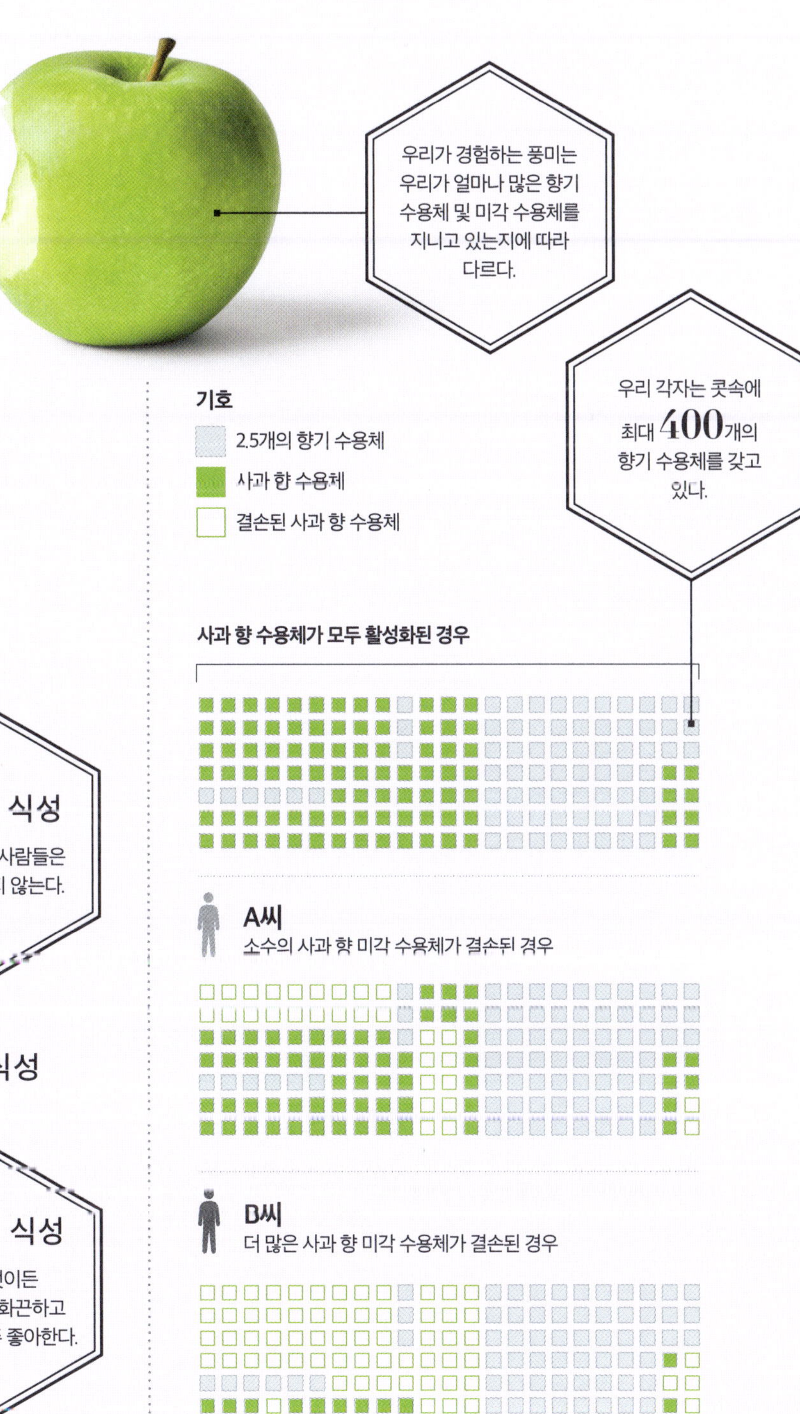

나이에 따라 맛도 변할까?

미뢰 세포는 1~2주마다 재생되지만, 나이가 듦에 따라 전체 세포 수는 줄어든다.
성인이 되면 미뢰의 약 3분의 1을 잃게 된다. 어릴 때 음식이 훨씬 더 생생하게 느껴지고,
고령자들이 종종 음식에 소금을 치는 이유 중 하나가 바로 이것이다.

60대 후반 이후에는 미뢰가 감소할 뿐만 아니라, 비강 천장에 있는 후각 수용체 세포의 수도 급격히 줄어들어 풍미 지각을 더욱 둔화시킨다.

우리의 미각도 뇌의 감정과 기억 중추와의 강한 연관성에 영향을 받는다. 한 차례 나쁜 경험으로 특정 맛에 대한 지속적인 혐오감이 유발될 수도 있다. 젊을 때 그런 경험을 한다면 특별히 더 큰 영향을 줄 수 있다. 젊은 시절에 해산물을 잘못 먹은 경험이 있거나 특정 술을 과음해 탈이 난 적이 있는 사람이라면 누구나 앞으로는 그런 맛을 피하게 될 것이다. 강한 풍미를 익히고 좋아하게 되기까지는 시간이 더 걸리기 마련이지만, 어머니가 임신 중이거나 모유 수유 중에 그런 음식을 먹었다면 그 풍미를 더 일찍 좋아하게 될 수도 있다.

우리는 모두 단 것은 좋아하고 쓴 것은 싫어하도록 타고나지만, 사실상 다른 모든 맛에 대한 선호도는 과거의 어느 시점에 익힌 것이다. 다만 기억하지 못할지도 모른다. 특히나 그 경험이 자궁 속에서 일어났다면 기억나지 않을 것이다.

임신 중에 일부 풍미 화합물들은 태반을 경유하고 모유를 통해 태아에게 전달되면, 뇌에서 이 음식이 안전하다고 각인한다. 연구에 따르면, 향신료가 많이 들어간 음식과 강한 풍미의 음식을 많이 먹는 식습관이 있는 임산부는 식성이 까다로운 아이를 자녀로 둘 가능성이 낮다.

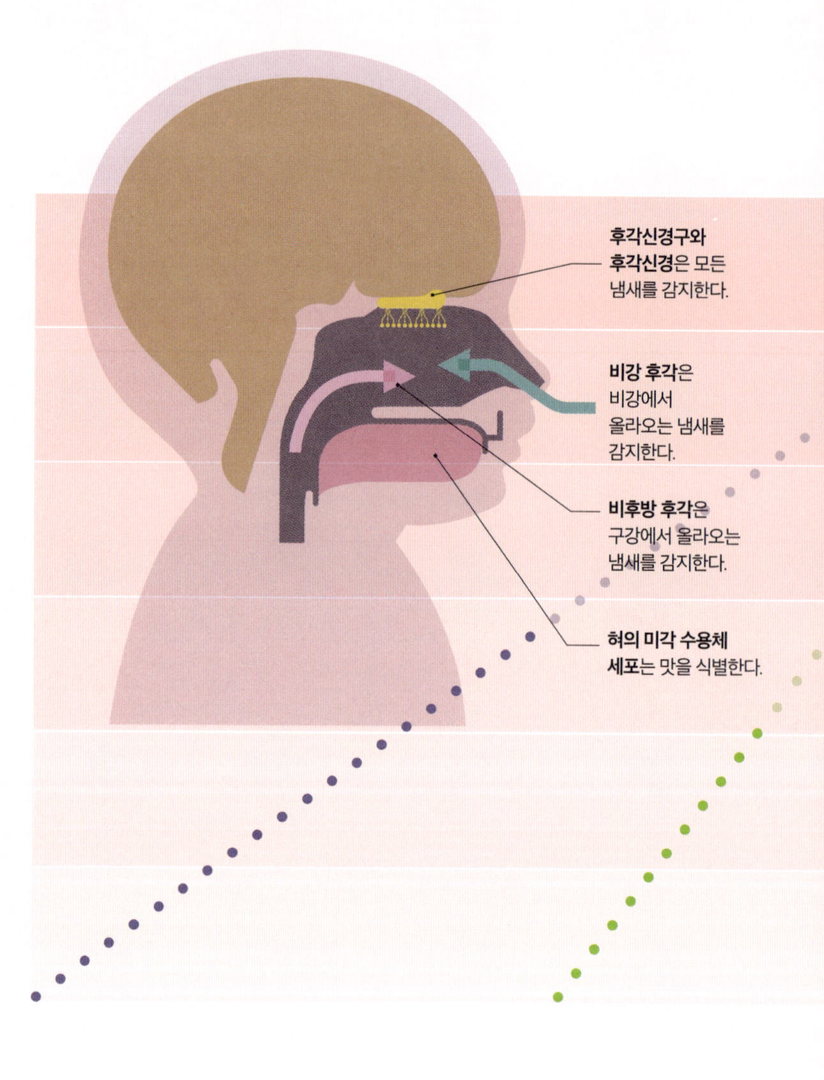

전 생애 향기 지각의 변화

시간이 지남에 따라 우리가 느끼는 맛은 변화하고 발달한다. 이는 우리가 가진 미뢰의 수와 나이와 함께 급격하게 감소하는 후각과 연관된다. 여성은 남성보다 향기 수용체가 더 많기 때문에 일반적으로 더 많은 풍미를 식별할 수 있다.

출생

아기는 성인보다 더 많은 미뢰를 가지고 태어나며 맛에 민감하다. 아기는 생물학적으로 단맛을 선호하고 쓴맛을 몹시 싫어하는 경향이 있다.

유아기

유아는 고형식을 먹기 시작하는 시기에도 여전히 맛에 민감하고 짠맛과 단맛이 나는 풍미를 선호한다.

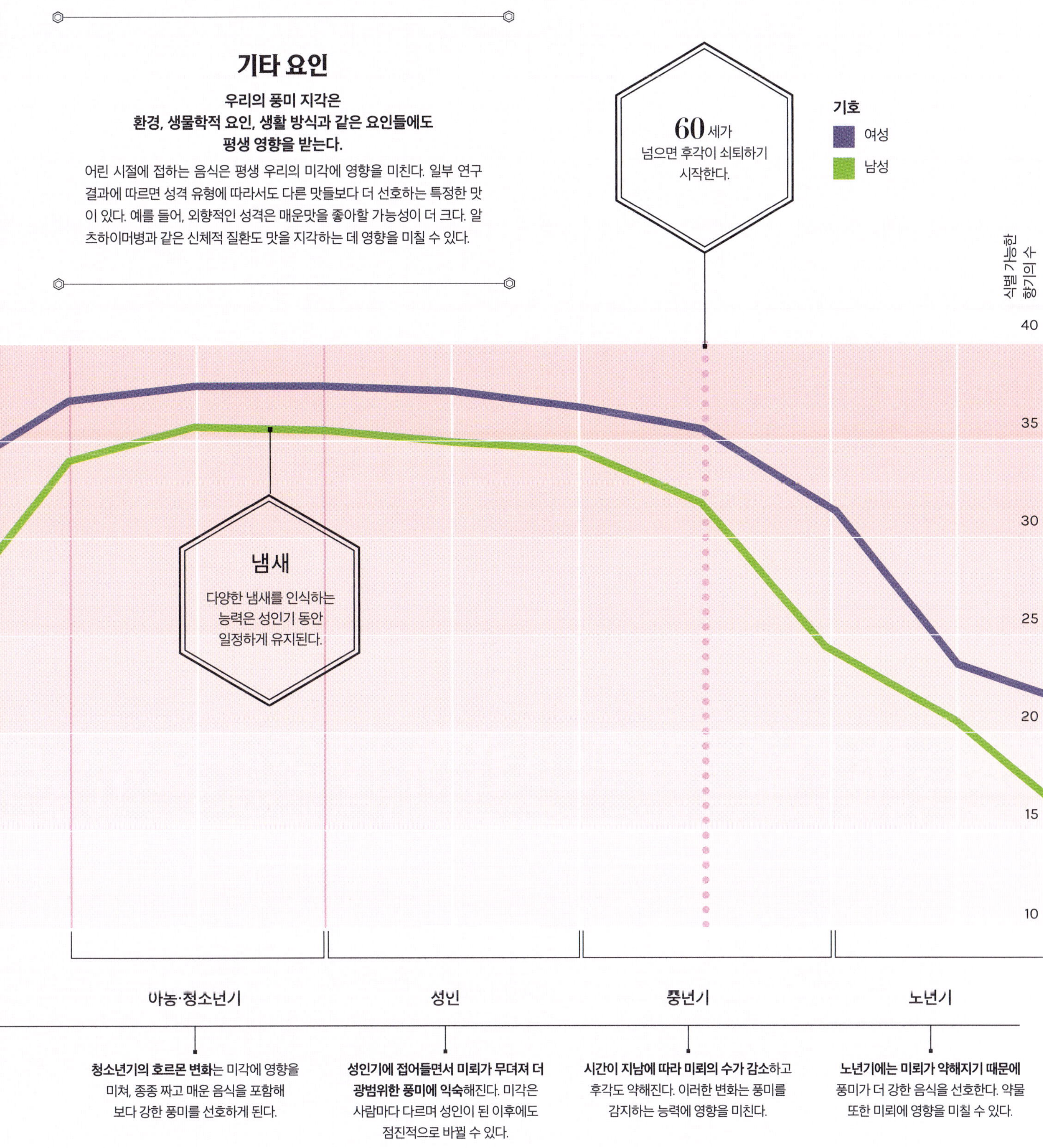
기타 요인

우리의 풍미 지각은
환경, 생물학적 요인, 생활 방식과 같은 요인들에도
평생 영향을 받는다.

어린 시절에 접하는 음식은 평생 우리의 미각에 영향을 미친다. 일부 연구
결과에 따르면 성격 유형에 따라서도 다른 맛들보다 더 선호하는 특정한 맛
이 있다. 예를 들어, 외향적인 성격은 매운맛을 좋아할 가능성이 더 크다. 알
츠하이머병과 같은 신체적 질환도 맛을 지각하는 데 영향을 미칠 수 있다.

60세가
넘으면 후각이 쇠퇴하기
시작한다.

기호
여성
남성

식별 가능한
향기의 수

40

35

30

25

20

15

10

냄새

다양한 냄새를 인식하는
능력은 성인기 동안
일정하게 유지된다.

아동·청소년기

성인

중년기

노년기

청소년기의 호르몬 변화는 미각에 영향을
미쳐, 종종 짜고 매운 음식을 포함해
보다 강한 풍미를 선호하게 된다.

성인기에 접어들면서 미뢰가 무뎌져 더
광범위한 풍미에 익숙해진다. 미각은
사람마다 다르며 성인이 된 이후에도
점진적으로 바뀔 수 있다.

시간이 지남에 따라 미뢰의 수가 감소하고
후각도 약해진다. 이러한 변화는 풍미를
감지하는 능력에 영향을 미친다.

노년기에는 미뢰가 약해지기 때문에
풍미가 더 강한 음식을 선호한다. 약물
또한 미뢰에 영향을 미칠 수 있다.

소리와 풍미는
어떻게 연결되는가?

음식은 입안에서 쉬익 거품을 일으키기도 하고, 질퍽질퍽 혹은 아작아작 씹히기도 하며, 톡톡 터지기도 한다. 어떤 음식을 먹든 간에 음식을 먹을 때 (그리고 먹고 있는 장소에서) 나는 소리는 음식 맛을 좌우한다.

이상하게 들리겠지만, 온전히 들을 수 없다면 맛도 온전히 느낄 수 없다. 연구 결과에 따르면 청각장애인은 비장애인만큼 음식 맛을 생생하게 느끼지 못한다. 풍미는 뇌에서 만들어지는 환상이기 때문에(48쪽), 소리는 앞으로 경험할 음식에 대해 심리적으로 만반의 준비를 갖추게 한다. 풍미에 대한 예기 반응을 고조시키는 것이다. 포장지의 바스락거리는 소리와 감자칩을 먹을 때 요란하게 아작거리는 소리는 감자튀김의 품질과는 상관없이 신선한 맛을 느끼도록 유도한다. 초콜릿은 요란하게 우지끈 부러질 때 초콜릿 맛이 더 진하게 난다. 병을 딸 때 높은 음으로 쉬익 하고 거품이 끓어오르는 소리가 나면 우리는 그 맥주가 고품질이라고 믿는다. 또한 보다 저렴한 프로세코보다는 고급 샴페인을 마시면서 부드럽게 유리잔을 때리는 스파클링 와인의 거품 소리를 떠올린다.

고음역 =
단맛과 신맛

높은 음역대 소리는 단맛과 신맛이 더 잘 느껴지게 한다.

맛을 조율하다
소리는 뇌의 미각 중추에서 시각, 미각 및 후각 자극들과 함께 수렴된다. 청각적인 암시가 맛에 결정적인 영향력을 발휘하는 놀라운 방식들 몇 가지가 연구를 통해 이미 밝혀진 상태이다. 일부 학자들은 이러한 연구 결과가 원초적인 음식 언어를 암시한다고 여긴다. 전 세계 아기들이 단맛에 기뻐하며 '꺅' 소리 지르고 쓴맛에 불만스럽게 '윽' 하는 것처럼 말이다.

저음역 = 쓴맛

낮은 음역대나 귀에 거슬리는 소리는 쓴맛이 강하게 느껴지게 한다.

스타카토 =
아작아작함

아작아작 씹는 소리를 증폭시키면, 신선함이나 바삭함이 더 강렬하게 지각된다.

열정적인 셰프라면 모두 아는 사실이겠지만, 우리는 귀로 음식을 먹을 뿐만 아니라, 요리도 한다. 뜨거운 프라이팬에 올려놓은 생선에서 들리는 간간이 탁탁 튀고 지글지글하는 소리부터 끓어오르는 파스타 냄비의 안정감 느껴지는 보글보글 기포 소리까지, 주방에서 나는 소리는 마치 요리사 전용 내비게이션에서 나오는 음성 안내와 같다. 독특한 소리는 풍미를 더욱 두드러지게 만들 수 있다. 이 점이 완벽하게 들어맞으면 잘 차려진 식사의 재료들이 조화롭게 어울리게 될 것이다.

그릇에 담긴 내용물의 지글지글 탁탁 소리만 중요한 것이 아니다. 주변 소음은 풍미에 깊이 영향을 미치며 심지어 우리가 음식을 잘못 선택하게 만들 수도 있다. 잡음, 윙윙거림, 또는 비행기에서 나는 것처럼 쉭 하는 '백색' 소음은 미각을 무디게 한다. 이 사실로써 기내식이 그토록 밋밋하게 느껴지는 이유가 부분적으로 설명된다(떨어진 맛을 보완하기 위해 종종 소금을 더 넣는다). 아래 그래프는 배경 소음이 맛 지각에 미치는 영향력을 테스트한 실험 결과이다.

소음과 맛의 강도

기호

단맛 지각

짠맛 지각

조용한 곳

더 조용한 환경에서는 음식이 더 짜게 느껴졌지만 살짝 덜 달게 느껴졌다.

시끄러운 곳

배경 소음이 시끄러울수록 음식이 확실히 덜 달고 덜 짜게 느껴진다.

감미로움=크림성

감미롭고 유려한 소리는 크림과 같은 텍스처를 느끼는 감각을 강화한다.

박자에 맞춰 식사하기

**뇌의 전기 활동은 들려오는
모든 음악과 리듬에 맞춰 진동한다.**

따라서 우리가 식사를 하는 속도 역시 음악의 박자에 맞춰지는 경향이 있다. 느린 곡일수록 식사하는 사람들은 음식과 대화를 만끽하며 오랜 시간을 보내게 된다. 반면에 경쾌한 곡일수록 사람들은 서둘러 먹고 급히 장소를 옮기게 된다. 음악의 장르 역시 중요하다. 클래식 음악이 사람들이 먹는 음식의 외관상 품질을 향상시킬 수 있다는 사실이 실험을 통해 거듭 입증되어왔다.

풍미 활성화시키기

풍미 화합물이란 무엇일까?

인간에게 향기는 풍미이다. 인간은 포유류 중에서도 음식이 입안에 있는 동안 냄새를 맡는다는 점에서 독특하다. 이 과정을 '비후방 후각'이라고 한다. 개를 비롯한 다른 많은 동물은 음식을 씹을 때 냄새를 맡지 않는다. 다만 음식에 코를 대고 킁킁거리고 씹어 삼킬 뿐이다.

___

풍미에 결정적인 요소인 향기(냄새)를 전달하는 것은 바로 음식에서 공기로 운반되는 화학 물질, 즉 '화합물'이다. 익숙한 음식에 들어 있는 향기 화합물의 혼합체가 비강으로 흘러 들어오면 우리는 무의식적이고도 자동적으로 그 향기를 단숨에 알아차린다. 이 개별 향기와 그 요소들을 찾아내는 것이 와인 소믈리에나 전문 시음가가 갖춰야 하는 기술이다. 약간의 훈연 향, 풋풋한 풀 향 요소, 복숭아 향내는 각기 다른 향기 화합물에서 나온다.

향기 화합물 분류하기

과학자들은 음식을 먹을 때 콧구멍에서 나오는 공기를 채집하는 장치를 사용해, 우리가 음식을 씹고 삼키는 동안 콧속에서 순환하는 향기 화합물들의 특징을 정확하게 포착할 수 있다. 향기 화합물들의 복잡한 화학명 뒤에는 주위를 환기시키는 위력이 숨어 있다. 바나나의 달콤한 향은 아세트산이소아밀에서, 구운 고기의 깊은 풍미는 4-메르캅토-3-메틸-2-부탄올에서 나온다. 이는 식품 제조자들에게는 귀중한 정보이다. 그들은 이러한 화합물들을 병에 담아 식품 향료로 사용할 수 있기 때문이다.

향기 화합물은 풍미 화합물의 한 종류로서, 음식에서 풍미의 실질적인 본질을 이루는 분자이다. 예를 들어 초콜릿은 약 300가지 풍미 화합물들의 혼합체이다. 알려진 풍미 화합물 분자의 종류는 2만 5,000종이 훨씬 넘는다. 그중 일부는 '미각 물질'이라고 불리며 (설탕과 소금과 같이) 혀에 작용하여 기본맛을 자아낸다.

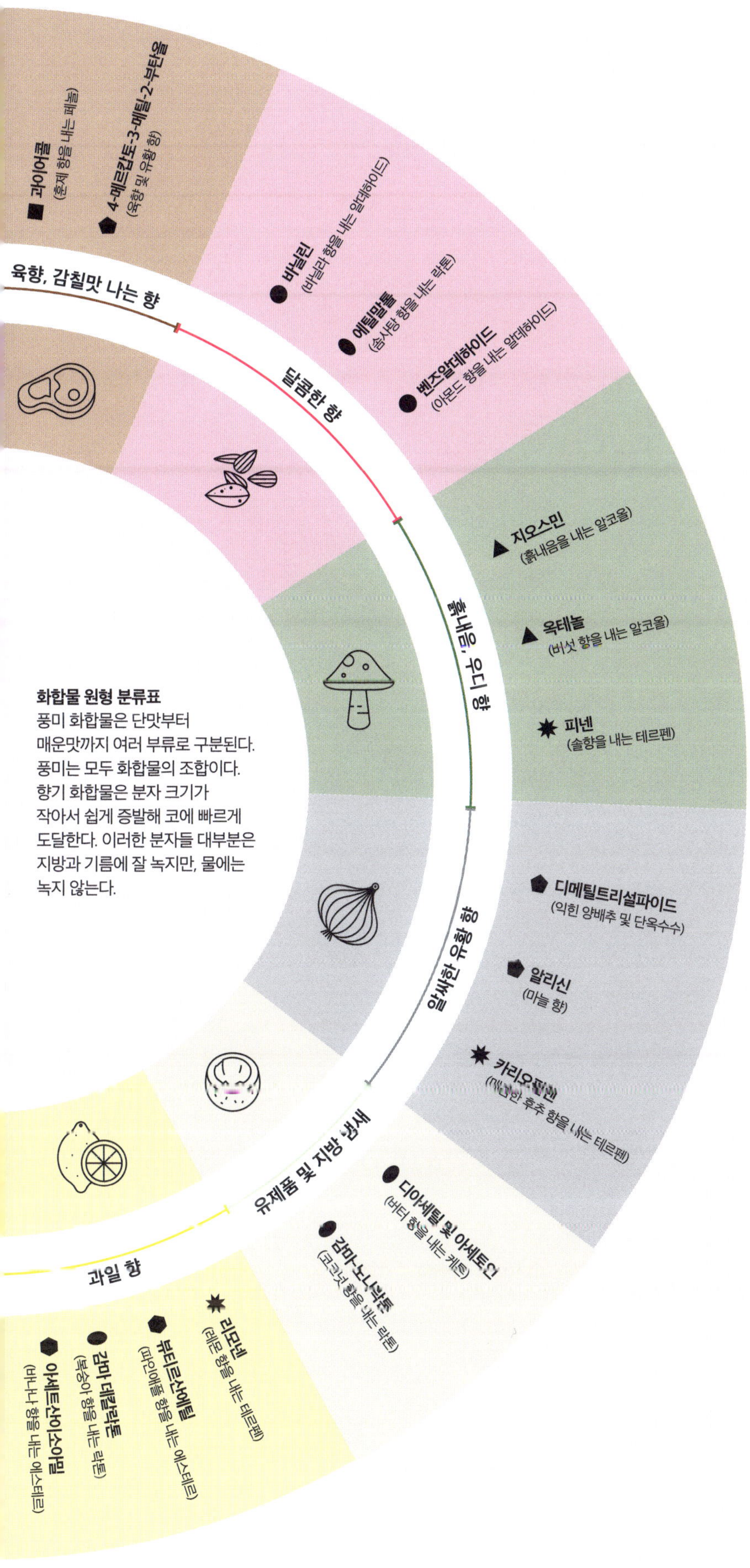

화합물 원형 분류표

풍미 화합물은 단맛부터 매운맛까지 여러 부류로 구분된다. 풍미는 모두 화합물의 조합이다. 향기 화합물은 분자 크기가 작아서 쉽게 증발해 코에 빠르게 도달한다. 이러한 분자들 대부분은 지방과 기름에 잘 녹지만, 물에는 녹지 않는다.

원형 분류표 항목 (왼쪽)

육향, 감칠맛 나는 향
- ■ 과이어콜 (훈제 향을 내는 페놀)
- ⬟ 4-메르캅토-3-메틸-2-부탄올 (육향 및 유황 향)

달콤한 향
- ● 바닐린 (바닐라 향을 내는 알데하이드)
- ● 에틸말톨 (솜사탕 향을 내는 락톤)
- ● 벤즈알데하이드 (아몬드 향을 내는 알데하이드)

흙내음, 우디 향
- ▲ 지오스민 (흙내음을 내는 알코올)
- ▲ 옥테놀 (버섯 향을 내는 알코올)
- ✳ 피넨 (솔향을 내는 테르펜)

알싸한 유황 향
- ⬟ 디메틸트리설파이드 (익힌 양배추 및 단옥수수)
- ⬡ 알리신 (마늘 향)
- ✶ 카리오필렌 (매콤한 후추 향을 내는 테르펜)

유제품 및 지방 냄새
- ● 디아세틸 및 아세토인 (버터 향을 내는 케톤)
- ● 감마-노나락톤 (코코넛 향을 내는 락톤)

과일 향
- ✳ 리모넨 (레몬 향을 내는 테르펜)
- ⬟ 뷰티르산에틸 (파인애플 향을 내는 에스테르)
- ● 감마 데칼락톤 (복숭아 향을 내는 락톤)
- ⬡ 아세트산아이소아밀 (바나나 향을 내는 에스테르)

향기 화합물 부류

알데하이드류

견과류, 과일, 풀 향의 풍미를 낸다.

케톤류 및 락톤류

버터, 크림 및 과일 향 요소로서, 향기 전체에 풍부함을 더해준다.

알코올류

에탄올(213~214쪽)과는 달리 이 화합물들은 복합적인 풍미에 일조하며, 달콤하고 매운 향뿐만 아니라, 심지어 소독약 같은 향을 낼 수도 있다.

페놀류

주로 훈제되거나 그슬린 음식에서 발견되며, 씁쓸하고 떫은 풍미를 낸다.

황 화합물류

알싸함, 감칠맛, 유황 향과 관련된 향기 요소로서, 구운 음식이나 감칠맛이 풍부한 음식에 깊이감을 더한다.

에스테르류

과일 향의 풍미를 낸다.

피라진류

구운 향, 견과류 향, 초콜릿 향 같은 풍미에 관여한다. 마이야르 반응(74~77쪽) 중에 생성된다.

테르펜류

많은 식물에서 발견되며 우디 향, 향신료 향, 감귤 향의 풍미를 만들어낸다.

퓨란류

구운 향, 견과류 향, 캐러멜라이즈된 향 등 그릴 구이와 오븐 요리의 핵심 요소들이다.

푸드 페어링 속 과학적 원리는 무엇일까?

피자 위에 올려진 모차렐라, 토마토, 마조람의 안정적인 조화부터, 생강, 마늘, 간장의 감칠나는 삼위일체까지,
어떤 음식들은 서로 궁합이 잘 맞는다. 하지만 음식이 서로 어울리지 않는다면 어떻게 해야 할까?
그런 경우에도 조화를 만들어내는 방법이 있다.

따지고 보면, 대부분의 푸드 페어링은 그야말로 기괴하다. 어째서 익힌 토마토는 발효 유제품인 모차렐라를 듬뿍 바르면 맛이 더 좋아지고, 그 위에 녹색 잎 마조람을 잘게 썰어 드문드문 뿌리기만 해도 맛이 올라가는 것일까? 지역마다 독특한 푸드 페어링이 있기 마련이며, 이 수수께끼는 오랫동안 미식가와 과학자 모두를 당황시켜왔다.

1990년대, 영국의 셰프 헤스턴 블루멘탈과 풍미 화학자 프랑수아 벤지는 이러한 요리 속 수수께끼를 풀기 위해 연구를 시작했다. 결국 우연히 그들은 '풍미 페어링' 이론을 떠올렸고, 함께 먹으면 맛있는 음식들은 풍미 화합물도 많이 공유한다는 결론에 이르렀다(66~67쪽).

푸드 페어링의 영향력

2011년, 과학자들이 세계 각국의 요리 레시피 5만 6,498개와 함께 그 안에 함유된 풍미 화합물을 분석하여 푸드 페어링 이론을 입증하자 요리업계는 떠들썩해졌다. 풍미 화합물 데이터를 바탕으로 조리사와 셰프들이 기상천외하고 맛 좋은 음식 조합을 만들 수 있다고 내세우는 책, 웹사이트, 그리고 푸드 페어링 관련 스타트업 들이 속속 등장했다. 하지만 푸드 페어링에 환호하는 사람이 있는 만큼, 이를 비판하는 사람도 학계와 요리계 양쪽 진영 모두에 존재한다. 이 이론은 서양 요리에 잘 들어맞는다. 예를 들어 라자냐 레시피에서는 모든 재료가 뛰어난 조화를 이루지만, 이 조합이 다른 요리에서도 항상 통하는 것은 아니다. 또한 어떤 사람들은 이 이론이 재료의 텍스처 및 식감, 상대적인 짠맛, 단맛, 신맛, 감칠맛, 또는 각 재료가 가지고 있는 다양한 풍미 화합물의 양에 대해서는 전혀 다루지 않는다는 점을 분명히 지적한다.

재료의 다양성

같은 재료라도 개체마다 차이가 나기 마련이다. 목초를 먹인 소의 소고기는 곡물을 먹인 소의 소고기와는 미묘하게 다른 풍미 화합물을 함유하고 있다. 각각의 과일은 재배된 토양, 숙성된 정도, 품종뿐만 아니라, 햇볕을 더 잘 받는 식물의 부위에서 자랐는지(그래서 과일의 당도가 더 높아졌는지)의 여부에 따라 저마다 고유한 풍미 화합물을 지닌다. 그럼에도 불구하고 푸드 페어링이 새로운 메뉴를 만들어내는 데 강력한 도구가 될 수도 있다. 4장에서 일반적인 풍미 조합뿐만 아니라 흔치 않은 풍미 조합을 활용하여 창의력을 발휘해보자.

초콜릿과 블루치즈는 적어도
73개의
풍미 화합물을
공유한다.

풍미 연결망

이 그림은 2011년 만들어진 원조 푸드 페어링 연결망의 일부로서, 상당수의 풍미 화합물을 공유하는 재료들을 연결시킨다. 선의 두께는 공유하는 화합물의 수를 가리키며, 재료의 크기는 레시피에서 얼마나 자주 이용되는가를 나타낸다. 고기류와 같이 유사한 재료들은 한데 모여 있는 한편, 몇몇 예상치 못한 새로운 연결들이 드러난다.

기호

- 고기류
- 식물류
- 견과류/종자류/곡식콩류
- 알코올음료
- 생선류

어떻게 하면 풍미의 차이를 줄일 수 있을까?

책과 웹사이트에서 그리고 많은 셰프가 푸드 페어링 이론을 맹신한다고 해서, 그 이론이 완벽한 것은 결코 아니다.
더욱이 서양 요리에만 통한다는 사실이 연구진에 의해 밝혀지면서 푸드 페어링 이론은 난관에 부딪히기 시작했다.
이에 대한 해결책은 정말 의외의 곳에서 나왔다.

푸드 페어링 이론의 모든 성과가 무색하게도, 동남아시아, 인도, 서아프리카, 일부 남유럽 요리에서는 흔히 이 이론과 정반대로 재료를 조합한다. 풍미 화합물을 공유할 가능성이 가장 낮은 재료들을 실제로 결합하는 것이다. 함께 먹으면 서로 어울리지도 않고 거슬릴 법한 음식들인데, 결과적으로 정말 맛이 좋다.

이러한 '역페어링' 문제에 대한 답은 다국적 통신기업 텔레포니카가 한 학자에게 어떤 프로젝트를 의뢰하면서 가능해졌다. 전 세계 요리에서 보이는 불규칙적이고 방대하게 뻗어나가는 풍미의 연결망을 해독하는 일이었다. 이 회사는 그들의 컴퓨팅 네트워크 전문 지식으로 최고의 셰프들이 미식의 새로운 경지를 달성하는 데 사용 가능한 도구를 만들어낼 수 있기를 바랐다.

전 세계적인 차이

세계 각국의 요리들은 음식의 연결고리 및 푸드 페어링에 있어서 각기 다른 요소들을 활용한다.

풍미의 연결고리 만들기

수석 연구원 티아고 시마스는 수치를 분석한 다음, 전설적인 스페인 셰프 페란 아드리아와 협업하여 풍미 화합물을 전혀 공유하지 않는 두 가지 재료더라도 제3의 재료가 두 재료를 '연결'하면 조화롭게 섞일 수 있다는 사실을 발견했다. 이 제3의 재료는 서로 어울리지 않는 두 재료와 각각 짝을 이룸으로써 두 재료를 한데 묶어준다(다음 쪽 그림 참고). 푸드 페어링 이론에서는 코코아, 커피, 치즈와 같은 재료가 가장 중요하지만, 풍미를 연결할 때는 차, 와인, 토마토 등 숱한 덜 친숙한 재료들이 핵심적인 역할을 한다. 이로써, 혼란스럽게 흩어져 있던 방대한 세계 각국의 음식 조합 정보들이 하나의 논리적인 체계로 구체화되었다.

살구

토마토

위스키

페어링하기 혹은 연결하기

살구와 위스키는 공유하는 풍미 화합물이 거의 없기에 같이 먹으면 맛이 좋지 않다. 하지만 살구와
위스키는 모두 토마토와 풍미 화합물을 공유하므로, 토마토를 추가하면 풍미가 잘 조화된다.

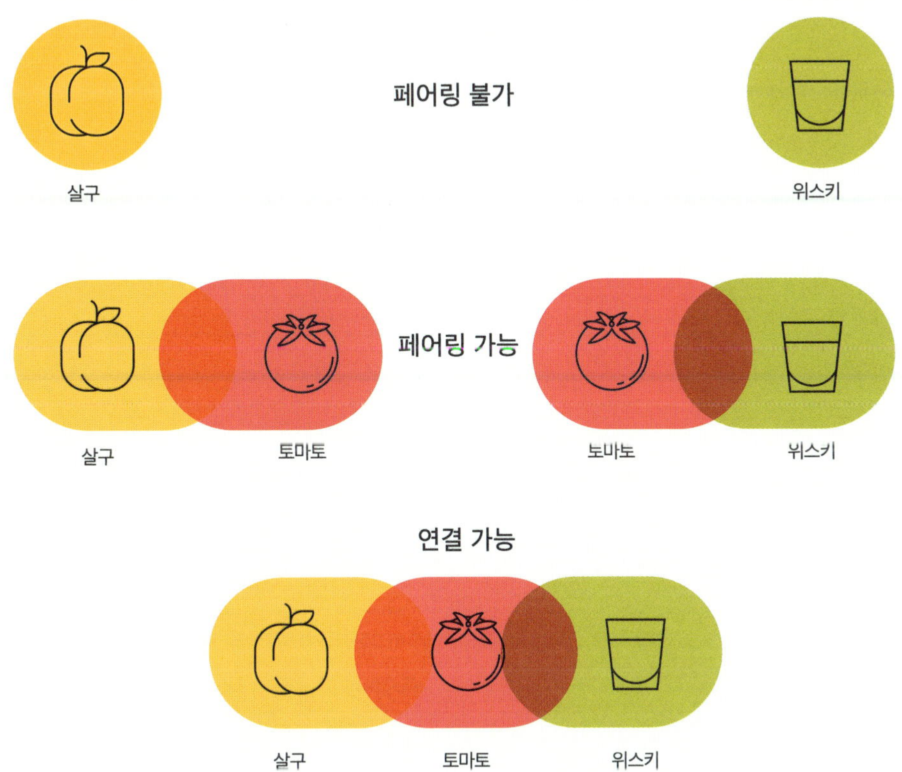

또한 티아고는 훨씬 더 창의적인 레시피를 만들기 위해 음식 재료들을 융합하는 데 유용한 온라인 도구를 개발했다. 자신만의 '음식 연결고리'를 발견하고 싶다면, 풍미 화합물에 초점을 맞춘 온라인 데이터베이스를 참고해보지. 이 데이터베이스들은 주로 몇 가지 푸드 페어링을 제안하여, 다른 경우라면 서로 어울리지 않았을 두 가지 재료를 조화시킬 수 있는 재료 한 가지를 발견할 수 있도록 해준다. 일단 주요 구성 재료들이 정해졌다면, 맛의 텍스처와 깊이를 떠올려보자. 튀기기나 굽기 같은 다양한 조리법을 활용해 각기 다른 텍스처를 보여줄 수도 있다.

나아가 재료의 비율을 조절하여 실험하거나, 다른 풍미를 집어넣어볼 수도 있다. 예를 들어 레몬즙과 같은 산으로 신맛을, 설탕으로 단맛을 내거나 소금으로 간할 수 있다. 마무리 단계에서는 맛을 보완해줄 만한 소스니 기니시를 만들어보는 것도 좋겠다.

많은 연구가 이루어져왔음에도 어전히 데이터베이스로는 해결되지 않는 부분이 존재한다. 한국과 일본의 전통 요리들은 푸드 페어링과 음식의 연결고리 규칙에 들어맞지 않기 일쑤이지만, 절대 어울리지 않을 법한 재료들을 어떻게든 어우러지게 하는 것이다!

서빙 온도는 얼마나 중요한가?

대부분의 레스토랑에서는 절대로 메인 요리를 뜨끈뜨끈하지 않은 채로 내보내지 않을 것이며,
레드와인을 와인 칠러에서 바로 꺼내서 따라주는 것은 꿈도 꾸지 않는다. 서빙 온도는 초미의 관심사는 아닐지 몰라도,
풍미를 살리느냐 망치느냐에 정말 큰 영향을 미친다.

아이스크림이 녹으면 지나치게 달게 느껴지거나, 커피가 식으면 불쾌할 정도로 쓰게 느껴졌던 적이 있다면, 음식의 온도가 맛에 얼마나 영향을 주는지 잘 알고 있을 것이다. 많은 음식이 너무 뜨겁거나 차갑지 않을 때 더 맛있다. 우리의 미뢰는 사람의 체온과 가장 가까운 온도에서 가장 활발하게 작동하기 때문이다. 예를 들어, 이와 같은 이유로 다크 초콜릿, 토마토, 치즈는 실온에서 먹을 때 가장 맛이 좋다. 37℃에서 위나 아래로 1℃만 벗어나도, 각각의 기본맛에 대한 감수성이 둔해진다(그래프 참고).

체온

미뢰는 체온에 가까운 온도,
즉 약 37℃에서
가장 잘 기능한다.

풍미 불러일으키기

과학적으로 미뢰는 미지근한 음식의 맛을 감지할 때 가장 활발하게 기능한다는데, 우리는 왜 음식을 뜨거운 상태로 내려고 고집하는 것일까? 대체로 다음과 같은 이유 때문이다. 따뜻한 빵 한 조각으로 주방이 온통 구수한 향기로 채워지곤 하는데, 식은 빵으로는 그렇지 않다. 음식의 온도가 높을수록 더 많은 향기 화합물이 증발하여 공기 중에 퍼져서 오감을 자극하는 것이다. 뜨거운 음식이 입속에 있으면, 공기로 운반되는 이러한 물질들이 비강으로 몰려들어 풍미를 더욱 강화한다(56~57쪽 참고). 음식을 뜨거운 상태로 내면 맛이 다소 둔감하게 느껴지지만 이러한 향기들이 가져다주는 고양된 풍미 덕분에 얻는 것이 훨씬 더 많다.

또한 일부 음식의 경우 열이 가해지면 완전히 달라진다. 예를 들어 그레이비와 커스터드 소스는 묽어지고, 초콜릿은 녹으며, 지방은 부드러워진다. 이로써 향기 화합물이 더 많이 방출되고 더 많은 맛 분자들이 혀를 훑으며 미뢰를 흠뻑 적시게 된다. 그 결과, 더 풍부하고 촉촉한 식감이 만들어진다. 뜨거운 음식도 먹기 전에 식혀두면 품질이 저하되어 식욕을 떨어뜨리게 된다. 그레이비와 커스터드 소스 표면에는 식욕을 떨어뜨리는 막이 생긴다. 감자튀김과 로스트 베지터블같이 겉면이 바삭한 음식은 흐물흐물해진다. 익힌 전분도 굳어지고, 식거나 냉장된 밥, 파스타, 피자 도우, 플랫브레드는 딱딱하고 질겨진다.

뜨겁게 혹은 차갑게

'적절한' 서빙 온도를 고려할 때는 심리 작용과 기대감이 중요하다. 따뜻한 음식은 집밥과 같은 편안한 기억과 안도감을 떠올리게 한다. 탄산음료는 주로 차갑게 서빙된다. 그래야 우리가 더 크게 활력을 얻고 갈증을 해소할 수 있기 때문이다. 하지만 이것은 일부 사람들에게만 해당되는 것일 수도 있다. 통계 자료에 따르면, 북미 지역 사람들은 식사할 때 얼음이 든 음료를 선호하는 반면, 유럽인들은 실온의 음료를 선호하며, 아시아인들은 뜨거운 물이나 차를 마시는 경향이 있는 것으로 나타난다.

레드와인은 실온으로, 화이트와인은 차갑게 준비된다. 전문가들은 실온일 때 탄닌이 부드러워지고 레드와인의 향기와 복합미가 올라가는(210~211쪽) 반면, 화이트와인은 냉기에 의해 산미와 신선한 과일 풍미가 강조된다고 말한다. 그런데 연구 결과에 따르면, 이는 심리적인 착각일 뿐이다. 어떤 와인이든 서빙 온도가 따듯할수록 향기는 오히려 향상되기 마련인데, 테이스팅 노트상으로는 와인의 서빙 온도(4~23℃)에 따른 차이가 거의 없다.

맛과 향기의 온도

각기 다른 온도에서 섭취한 음식을 느끼는 미각 강도에 관한 연구에 따르면, 체온과 같은 온도일 때 미각이 더 강해지고, 그보다 더 뜨겁거나 차가울 때는 미각이 약해지는 것으로 나타났다.

미각의 최적 온도

미뢰는 미지근한 음식의 맛을 감지할 때 가장 활발하게 기능한다.

향기의 최적 온도

음식이 뜨거울수록 향기 화합물의 움직임이 활발해져서 풍미를 높인다.

기호

- 신맛
- 짠맛
- 쓴맛
- 단맛

37℃
체온

마이야르 반응이란 무엇일까?

1911년, 프랑스 과학자 루이 카미유 마이야르는 플라스크 바닥에서 갈색 액체 방울을 발견했다.
풍미 화학의 주춧돌이 될 현상을 발견한 것이다. 오늘날 '마이야르 반응'이라고 일컬어지는 이 반응은
우리가 가장 좋아하는 음식들 모두가 매우 좋은 맛을 내도록 해주는 신비로운 과정이다.

겉을 그슬린 스테이크, 바삭한 생선 껍질, 향기로운 빵 껍질, 볶은 커피 원두 등 모든 음식의 탁월한 맛은 마이야르 과정 덕분이다. 때때로 '갈변 반응'이라고도 불린다.

화학적 반응

마이야르 반응에서는 연쇄적인 화학 반응이 일어난다. 수백 가지의 풍미 화합물이 쏟아져 나온다. 서너 가지만 예로 들자면, 견과류의 구운 풍미를 내는 피라진류, 크림과 코코넛 향조를 지니는 락톤류, 고기 맛을 내는 황 화합물(티올) 등이 있다.

최적의 조건

중요한 점은, 마이야르의 마법은 음식 표면이 끓는 물(100℃)보다 뜨거워질 때 일어난다는 것이다. 끓이거나 찌는 방식으로는 고온에 구운 고깃덩어리의 바삭한 겉면이나 오븐

에 구운 감자가 아작거리며 부서지는 소리를 절대 얻을 수 없을 것이다. 또한, 겉껍질이 갈색으로 변하기 전에 완전히 건조되어야 한다. 음식 표면을 가볍게 눌러 물기를 제거하고 음식 표면에 소금을 뿌리면 마이야르 반응이 순조롭게 시작될 수 있다.

기름 촉진제

기름은 마이야르 반응뿐만 아니라 조리 속도도 촉진시킨다. 기름이 음식과 조리대 표면 사이에 매우 뜨겁고 미끄러운 액체 다리(열 계면)를 형성해 열이 빠르고 고르게 전달되도록 하기 때문이다. 음식이 너무 뜨거워지면(180℃ 이상) 빠르게 타버리고, 기름이 없는 팬에서는 음식의 밑면 가장자리만 뜨거운 표면에 닿아서 검게 탄 자국이 생긴다.

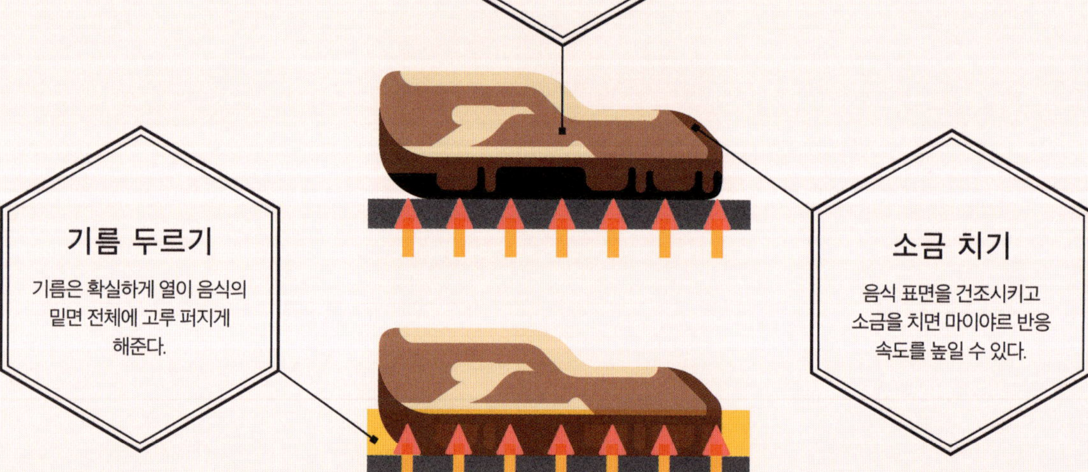

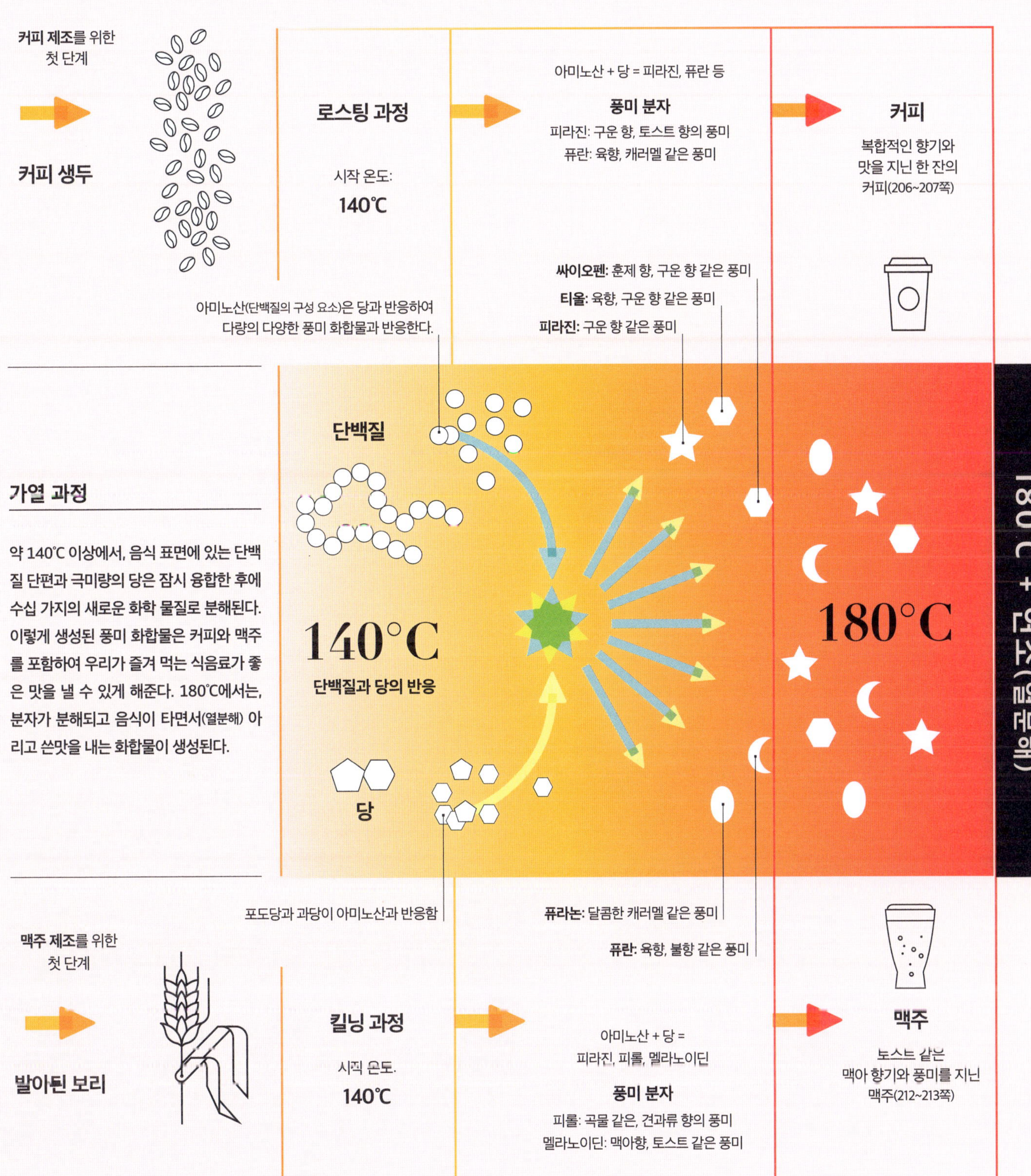
커피 제조를 위한
첫 단계

커피 생두

로스팅 과정

시작 온도:
140℃

아미노산 + 당 = 피라진, 퓨란 등

풍미 분자
피라진: 구운 향, 토스트 향의 풍미
퓨란: 육향, 캐러멜 같은 풍미

커피
복합적인 향기와
맛을 지닌 한 잔의
커피(206~207쪽)

아미노산(단백질의 구성 요소)은 당과 반응하여
다량의 다양한 풍미 화합물과 반응한다.

싸이오펜: 훈제 향, 구운 향 같은 풍미
티올: 육향, 구운 향 같은 풍미
피라진: 구운 향 같은 풍미

단백질

가열 과정

약 140℃ 이상에서, 음식 표면에 있는 단백
질 단편과 극미량의 당은 잠시 융합한 후에
수십 가지의 새로운 화학 물질로 분해된다.
이렇게 생성된 풍미 화합물은 커피와 맥주
를 포함하여 우리가 즐겨 먹는 식음료가 좋
은 맛을 낼 수 있게 해준다. 180℃에서는,
분자가 분해되고 음식이 타면서(열분해) 아
리고 쓴맛을 내는 화합물이 생성된다.

140℃
단백질과 당의 반응

당

180℃

180℃ + 요소(열분해)

포도당과 과당이 아미노산과 반응함

퓨라논: 달콤한 캐러멜 같은 풍미

퓨란: 육향, 불향 같은 풍미

맥주 제조를 위한
첫 단계

발아된 보리

킬닝 과정

시작 온도.
140℃

아미노산 + 당 =
피라진, 피롤, 멜라노이딘

풍미 분자
피롤: 곡물 같은, 견과류 향의 풍미
멜라노이딘: 맥아향, 토스트 같은 풍미

맥주
토스트 같은
맥아 향기와 풍미를 지닌
맥주(212~213쪽)

마이야르 반응은
어떻게 조절할 수 있을까?

약간의 화학적 조작을 통해, 마이야르 반응의 속도를 빠르게 하거나 늦출 수 있다.
불에 기름을 더하면, 매혹적인 흙내음과 견과류 향이 섞인 마이야르 향기를 증폭시킬 수도 있다.

꿀을 마리네이드에 넣어 섞으면 반응이 빨라지고 풍미가 증진된다. 부글부글 끓고 있는 설탕에 크림을 부으면 마이야르 반응에 우유 단백질과 당류(유당)를 공급하게 되어, 캐러멜과 토피 향 같은 풍미가 만들어진다. 페이스트리나 빵에 계란물을 발라서 단백질을 더하면 두꺼운 크러스트 층(빵 껍질)을 만들 수 있다.

산과 알칼리

마이야르 반응은 산도에도 민감하다(32~33쪽). 레몬즙이나 식초를 첨가하면 전체 반응에 제동이 걸리므로, 마리네이드에 산을 첨가하지 않도록 조심해야 한다. 반대로, 베이킹소다와 같은 알칼리를 첨가하면 마이야르 풍미 생성이 빨라진다. 단백질이 풍부한 계란흰자도 약알칼리성이어서 갈변화에 두 배의 효과가 있다.

오븐에 구운 감자를 특별히 더 맛있게 하려면, 감자를 살짝 데칠 때 감자 표면이 알칼리성이 되도록 끓는 물에 베이킹소다를 반 작은술 정도 넣으면 된다. 마찬가지로 고기에 소금을 뿌릴 때에는, 굽기 전에 소금에 베이킹소다를 약간 넣으면(소금과 베이킹소다를 3:1의 비율로) 마이야르 반응이 빨라질 것이다.

갈변 반응을 촉진하는 당류

모든 당류가 마이야르 반응에 관여하는 것은 아니다. 화학자들이 '환원당'이라 칭하는 당만 마이야르 반응에 참여한다. 우리는 모든 당류가 똑같다고 생각하기 쉬운데, 화학적인 관점에서 보면 다양한 종류가 존재한다. 갈변 효과를 내는 당 분자는 과당, 포도당, 유당, 엿당이다(19쪽).

사용되는 당류

다음의 환원당들은 마이야르 반응이 일어나는 데 꼭 필요하며, 다양한 천연 성분에서 발견된다.

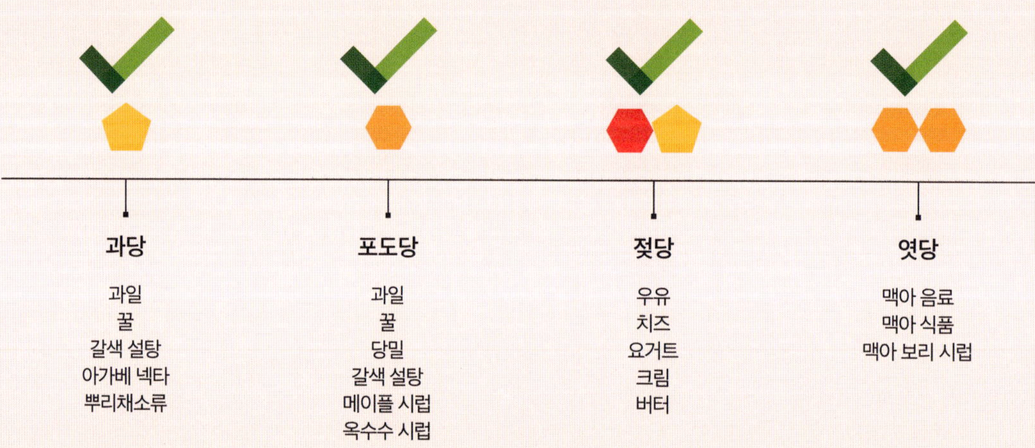

자당과 마이야르 반응

자당은 이당류이다. 이보다 작은 단당류 분자 두 개(과당과 포도당)가 결합되어 있다는 뜻이다.

과당 + 포도당 =
자당

이러한 결합은 아미노산이 반응할 수 있는 화학적 '후크' 혹은 '환원 부위'를 감추어서 마이야르 반응이 일어나지 못하게 한다. 하지만 170℃ 이상으로 가열되면 해당 결합이 끊어지면서 이 반응 부위가 드러나, 마이야르 반응에 참여할 수 있게 된다.

과당   포도당

사용되지 않는 당류

다음의 당류는 마이야르 반응에 관여하지 않는다.

사당

백색 과립형 설탕(사탕수수에서 추출)
갈색 과립형 설탕(사탕수수에서 추출)
캐스터 슈거(사탕수수에서 추출)
아이싱 슈거(사탕수수에서 추출)
사탕무설탕

꿀

이 빵의 짙은 갈색은 꿀에 들어 있는 당에 의해 나온 것이다.

버터

버터에 들어 있는 소량의 단백질과 젖당은 빵이 살짝 갈색이 되는 효과에 기여한다.

계란

계란물을 바르면 계란 속 단백질 함량 때문에 갈변이 촉진된다.

마이야르 반응을 강화하는 글레이즈
이 구운 롤빵들에 각기 다른 마무리 효과를 내기 위해 다양한 종류의 글레이즈(식품에 윤기를 주거나 보호 코팅을 하기 위해 쓰는 물질)가 사용되었다.

글레이즈 바르지 않음

글레이즈를 바르지 않은 빵의 표면은 갈변이 덜 되었다.

캐러멜화 반응이란 무엇인가?

캐러멜화 반응은 열에 의해 설탕이 분해되는 현상이다. 설탕은 일차원적인 무취의 가루이지만,
열이 가해지면 달콤한 호박색 시럽부터 깊고 흙내음이 나는 브리틀까지 다양하고 다채로운 풍미를 지닌 별미로 변할 수 있다.

정제당은 하나의 기본적인 화학 물질(예를 들어, 18~21쪽의 자당)로 만들어진 동일한 크기의 결정들이다. 당은 아주 안정적인 작은 분자로서, 지방, 전분, 단백질이 분해되는 온도보다 훨씬 높은 온도에서도 견딜 수 있다.

하지만 당에도 한계 온도가 존재한다. 이 온도에서는 당을 한데 묶어두는 화학 결합이 끊어져서, 당이 수백 가지의 다양한 모양의 단편과 파편으로 쪼개진다. 이 중 상당수가 향기, 색, 맛을 지니게 된다.

이렇게 당이 분해되는 온도는 당의 종류(자당, 포도당, 과당 등)에 따라 다르지만, 그 과정은 대체로 동일하다. 풍미를 지닌 조각들이 단계적으로 새로운 분자로 재배열되는 것이다. 이 과정에서 시간이 지날수록 풍미에 복합미와 깊이가 더해지고, 마침내 당 잔여물이 합쳐져 크고 짙은 갈색의 쓴맛 나는 화합물이 만들어진다. 계속 열이 가해지면, 이 화합물들이 불쾌하고 잠재적으로 유해한, 탄화된 화학 물질로 분해됨에 따라 뒤이어 매캐한 검은 그을음이 생긴다.

캐러멜화 반응 온도

자당은 고온에 달하면 분해되어 폭넓은 풍미와 색을 만들어낸다.
이 과정은 조절 가능하며 버터스카치부터 캐러멜까지
다양한 제품을 만드는 데 사용될 수 있다.

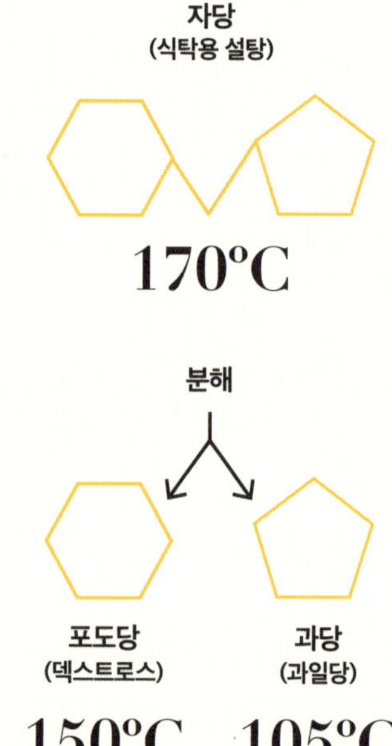

캐러멜화 반응과 마이야르 반응

우유, 크림 또는 버터를 부글부글 끓는 당(130~170℃)에 넣으면 유제품의 단백질이 당 분자와 반응하여 마이야르 반응을 작동시킨다. 그 결과, 토피, 퍼지, 버터스카치 향이 나는 화합물이 무더기로 방출된다.

	우유	크림	버터
지방함량	0.1~3.5%	18~48%	80~82%
단백질함량	3.2~3.4%	2~3%	0.5~1%
용도	묽은 캐러멜 소스, 둘세데레체 (천천히 끓이면 걸쭉한 소스나 잼이 된다.)	진한 캐러멜 소스, 버터스카치 소스 (갈색 설탕과 함께)	토피, 진한 캐러멜 소스, 퍼지 (크림과 함께)

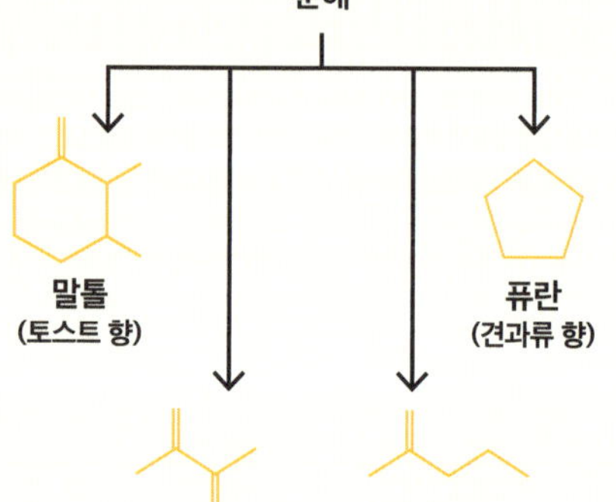

캐러멜화 반응 정리표

온도계가 없다면 시럽을 차가운 물에 조금 떨어뜨려보자. 그러면 시럽은 굳어서 덩어리가 되는데, 그 단
단한 정도로 다양한 캐러멜화 단계를 알 수 있다. 하드 크랙 단계 이후에는 색깔이 가장 좋은 지표이다.

핵심 풍미 화합물	냉수 시험	시럽의 끓는점	당도	용도
아크릴아마이드 강렬한 탄 향, 그슬린 맛으로 도드라지는 쓴맛	단단하고 딱딱함	205°C	>99% (그을린 당)	블랙 캐러멜
알데하이드류 진한 태운 설탕 향, 훈제 요소가 감도는 달콤쌉싸름한 맛	단단하고 딱딱함	188–190°C	>99%	다크 캐러멜
고농도 5-메틸푸르푸랄 달고도 쓴 맛과 균형을 이루는 강렬한 캐러멜 향에 은근한 견과류 향	단단하고 딱딱함	180–182°C	>99%	중간 정도의 캐러멜: 스펀 슈거, 설탕 격자
시클로프로판온류 풍부한 캐러멜 향, 약간의 산미가 포함되고 복합적인 풍미 요소들이 어우러진 달콤한 맛	단단하고 딱딱함	170°C	>99%	토피
고농도 푸르푸랄 풍부하고 달콤하며 약간 쓴맛이 감도는, 캐러멜라이즈한 설탕 향	단단하고 딱딱함	160–168°C	>99%	브리틀, 버터스카치
2-메틸-3-푸란티올 육향, 진한 육수 향	하드 크랙 단계 (유리처럼 부서짐)	149–154°C	98–99%	딱딱한 사탕, 벌집사탕
피라진류 볶은 견과류 향이 살짝 감도는 구운 향	소프트 크랙 단계 (휘면서 부서짐)	132–143°C	95–98%	태피(끈적한 사탕류), 누가
디아세틸 바닐라 향이 살짝 감도는, 마시멜로 향이 섞인 달콤한 버터 향	하드 볼 단계 (단단하게 뭉쳐지며 손으로 누르기 어려움)	121–130°C	91–95%	캐러멜, 캔디류
아이소말톨 달콜하고 솔사탕 같은 향	펌 볼 단계 (단단하게 뭉쳐지며 솔으로 눌림)	118–121°C	88–91%	퐁당, 스위스 머랭, 마시멜로
말톨, 5-메틸푸르푸랄 바닐라 향 요소가 감도는, 달콤한 향, 구운 향, 과일 향, 토스트 향	소프트 볼 단계 (찬물에 떨어뜨리면 말랑한 덩어리로 뭉침)	113–116°C	85–88%	퍼지, 시럽, 프리저브(과일 절임)
푸르푸랄 순한 단맛, 산뜻한 꽃향기	쓰레드 단계 (시럽이 얇은 실처럼 흘러내림)	102–113°C	80–85%	시럽을 만들고 색과 풍미를 내는 데 쓰이는 라이트 캐러멜

풍미 경험에 영향을 미치는 다른 요소는 무엇일까?

우리는 흔히 다섯 가지 기본맛과 매운맛에서 불가피한 열감에 주목하지만,
음식이라는 감각적 경험에는 훨씬 더 미묘한 차이가 존재한다.
다른 요소들은 우리가 음식과 음료를 한입 한입 맛보는 방식에 영향을 미친다.

예를 들어, 멘톨의 상쾌한 청량감이나, 너무 오래 우려낸 차 한 잔에 입안이 마르는 느낌을 떠올려보자. 생기 넘치는 탄산수의 기포 터지는 소리와 목에서 느껴지는 증류주의 쌉쌀함도 있다. 이러한 감각들은 모두 풍미 경험상 중요한 측면들이며 요리에 새로운 요소들을 가져온다.

떫은맛

레드와인과 홍차에 함유된 탄닌은 침 속 단백질들이 뭉쳐지게 해서 침이 거칠게 느껴지도록 만든다. 그런데 새로운 연구 결과에 따르면, 이러한 역겨운 느낌을 유발하는 탄닌 수용체가 입속에 있는 듯하다. 설탕과 산 모두 떫은맛을 줄이는 작용을 하므로, 차에 설탕을 넣으면 효과를 볼 수 있을 것이다.

청량감

치약과 껌에서는 민트 향이 난다. 멘톨이 입안에서 상쾌한 청량감(냉감)을 만들어내는 화학 물질이기 때문이다. 멘톨은 입안에서 냉감을 감지하는 'TRPM8' 신경을 활성화한다. 이 신경은 보통 26℃ 이하에서만 작동하는데, 우리 뇌를 속여서 시원함을 느끼게 한다. TRPM8을 자극하는 다른 물질로는 제라니올(제라늄, 장미오일, 레몬그라스에서 추출)과 리날로올(라벤더와 바질에서 추출)이 있다.

발포감

청량음료의 톡 쏘는 느낌은 터지는 기포들이 입안의 터치 센서를 건드리면서 생긴다. 또한 혀 위에 있는 이산화탄소 감지 시스템이 청량음료에 녹아 있는 이산화탄소를 신맛이 나는 탄산으로 빠르게 전환한다.

금속 맛

살짝 익힌 붉은 고기에서 나는 독특한 금속성의 싸한 맛은 고기에 함유되어 있는 철분에서 나오는 것 같다. 다만, 과학자들은 금속 맛을 감지하는 미각 수용체의 존재 여부를 확인하지 못한 상태이다.

알코올의 열감

독한 증류주를 마셨을 때 목이 타는 듯 따끔거리는 느낌이 발생하는 이유는 도수가 높은 알코올(에탄올)이 고온의 'TRPV1' 통각신경을 흥분시켜(43쪽) 마치 타는 듯한 착각을 일으키기 때문이다. 또한 입과 목의 부드러운 내막을 직접 자극해 붉어지게 하고, 보호 기능이 있는 내막의 얇은 지방층을 벗겨낸다.

고쿠미

일부 미각 연구자들은 '고쿠미'라는 맛이 존재한다고 주장한다. 이 맛은 일본 요리에서 우마미(감칠맛)와 함께 언급된다. 우마미 성분이 풍부한 재료에서 나오는 고쿠미는 장시간 조리된 요리에서 느껴지는 입안 가득 풍부하고 깊은 맛을 말한다.

어떻게 하면 풍미를 지킬 수 있을까?

풍미 및 풍미 화합물은 여러 가지 고대와 현대의 방식으로 보존될 수 있다.
이 방법들은 효과 면에서 차이가 나긴 하지만, 모두 음식의 품질과 풍미를 보존하는 것을 목적으로 한다.

식품의 풍미와 안전성을 유지하기 위해, 우리는 음식의 맛과 외관을 손상시키는 미생물의 증식을 억제한다. 향기 성분을 보존하고 공기와의 반응을 방지하는 것도 매우 중요하다. 이러한 산화 반응은 산패취, 갈변, 부패를 유발할 수 있기 때문이다. 대부분의 보존 방법은 식품의 수분 함량을 줄여 이러한 화학적 및 생물학적 과정을 중단시키는 방식으로 작동한다.

건조

건조는 간단하기 때문에 가장 오래된 방법 중 하나다. 햇빛과 산들바람이면 음식을 건조하기에 충분하다. 통풍과 열기로 인해 건조한 장소에 음식을 두기 때문에, 음식에 포함된 수분이 천천히 증발해 음식을 탈수시킨다. 음식이 건조할수록 그 상태가 더 오래 유지된다. 대부분의 세균, 곰팡이 및 화학적인 반응은 음식의 수분이 15% 미만으로 떨어지면 중단된다. 이로 인해 당, 소금, 산이 농축되어 풍미가 강화된다. 건조 과정 중 일부 향기 화합물이 증발해 풍미의 특징이 약간 달라지게 된다.

오일

오일은 허브와 채소 같은 식품을 보존하는 데 자주 사용된다. 많은 풍미 화합물은 지용성이므로 오일에 직접적으로 스며들 수 있다. 그 결과, 이러한 풍미들이 고정된 오일이 만들어진다.

당

당절임은 식품 속 유효 수분을 줄여서 세균과 곰팡이의 번식을 막는다. 잼, 젤리, 설탕에 절인 과일처럼 당도가 높으면, 미생물이 서식하기 어려운 환경이 조성되는 한편 식품의 단맛과 풍미가 향상된다.

소금절임

소금절임 식품은 소금이 완전히 스며들어 음식이 절여질 때까지

건어물 플레이크

이 별미를 만드는 데에는 수개월이 걸리며 생선을 보존하기 위해 여러 가지 공정을 거친다.

필레 만들기

가다랑어의 뼈를 발라내고 저민 살을 여러 조각으로 자른다.

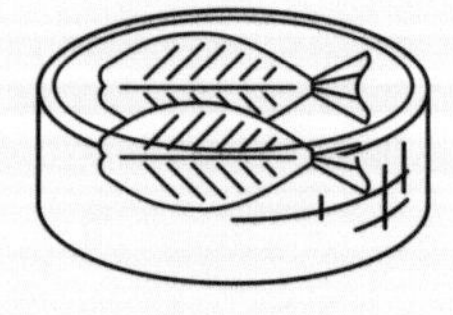

조리하기

과도한 지방을 제거하기 위해 여러 시간 조리한다.

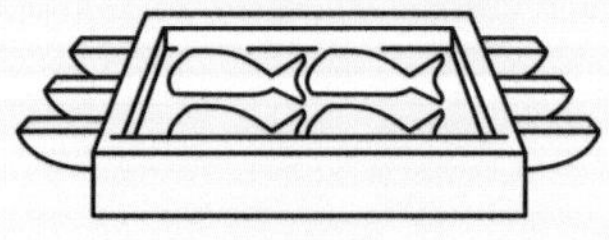

훈제하기

생선이 딱딱해질 때까지 훈제한다. 비늘, 껍질, 염수가 제거된다.

천일건조

식품의 수분 함량이 약 15%에 이르면, 대부분의 미생물이 자랄 수 없으며 부패 반응이 멈춘다.

오일

오일은 음식을 둘러싸고 장벽을 형성해 수분과 산소가 음식에 스며들지 못하게 한다.

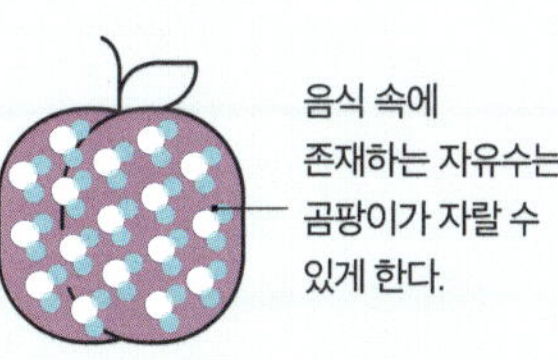

당

당은 물과 결합해 세균과 곰팡이의 성장을 막는다.

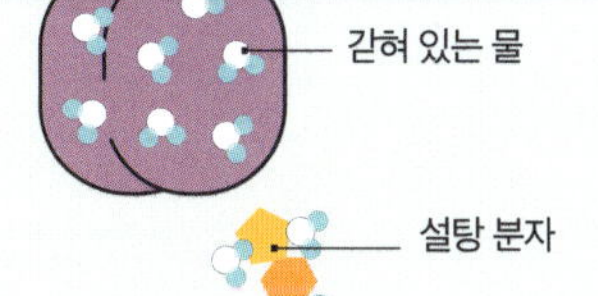

소금

소금은 물을 빠져나오게 해서, 수분을 감소시키고 미생물의 성장을 억제한다.

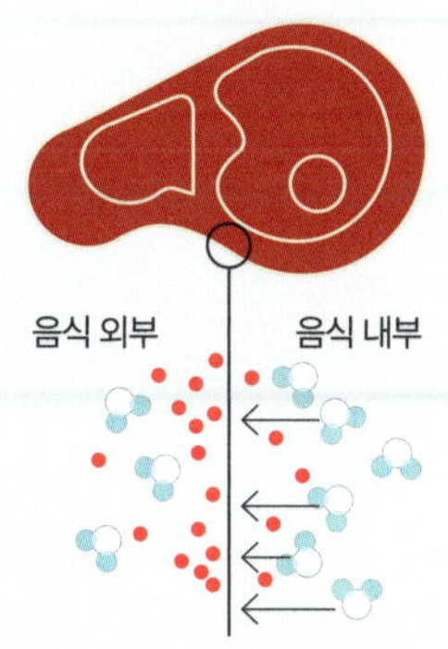

소금으로 문지르거나 염수에 담가둔다. 염장을 하면 수분이 빠져나가고 화합물을 분해해 새로운 화합물을 형성하는 화학 반응이 촉발되어 풍미가 향상된다. 소금에 절인 식품을 훈제할 수도 있다. 훈제하면 보존 효과가 더욱 높아지고 알데하이드 계열의 치즈 향 요소, 황 화합물의 육향과 흙내음 톤, 케톤 계열의 버터나 크림 향 요소와 같은 풍미 화합물이 추가로 생성된다.

건어물 플레이크

가쓰오부시(가다랑어 포)는 이노신산염(IMP) 함량이 높아서 감칠맛을 낸다(28쪽).

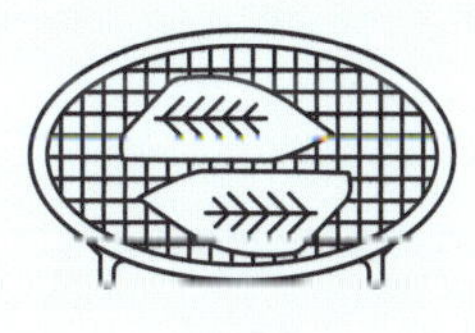

건조하기

생선을 건조시켜 더 많은 수분을 제거한다.

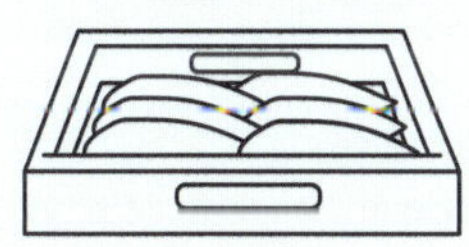

발효하기

단백질을 분해하고 풍미를 향상시키기 위해 필레에 곰팡이를 분무한다.

숙성하기

풍미 화합물들이 형성되도록 생선을 몇 달 동안 숙성시킬 수 있다.

얇게 저미기

훈제, 건조, 발효 과정을 거친 생선을 저며서 사용 가능한 플레이크 형태로 만든다.

발효는 풍미에 어떤 영향을 미칠까?

발효는 수천 년 동안 이용되어온 증거로 보아, 아마도 인류가 가장 오랫동안 써온 보존 방식일 것이다.
발효를 통해 음식을 안전하게 섭취할 수 있으며 음식에 군침을 돌게 하는 갖가지 풍미가 더해진다.

대개 산소가 없는 발효는 유익한 미생물의 성장을 촉진하고 유해한 미생물의 성장은 억제한다. 젖산균과 같은 미생물은 저산소 환경에서 번성하면서 당을 산, 기체 또는 알코올로 분해한다. 식초나 콤부차 같은 일부 발효는 특정한 단계에서 산소를 필요로 한다.

발효 풍미

발효에는 아세트산발효와 젖산발효를 비롯하여 여러 가지 방식이 있다. 아세트산균은 풍미 화합물을 보존하는 한편, 미묘하게 차이 나는 몇 가지 고유한 풍미 화합물도 생성한다. 아세트산에틸의 용제와 같은 향이 살짝 섞인 단내 요소, 아세트알데하이드의 사과 향 요소, 아세트산의 톡 쏘는 맛이 여기에 포함된다.

젖산발효가 진행되는 동안, 젖산뿐만 아니라 아세토인과 디아세틸의 크림과 버터 향과 페닐에틸헥사노에이트의 꿀 향 요소들, p-크레졸의 소독약 같은 향을 비롯해서 다수의 아주 특별한 풍미 화합물이 생성된다.

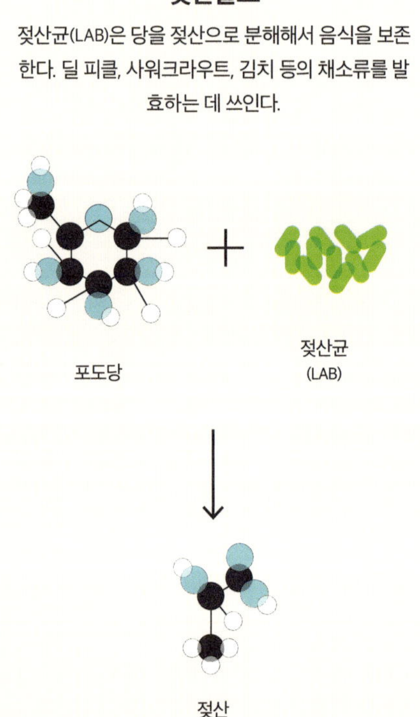

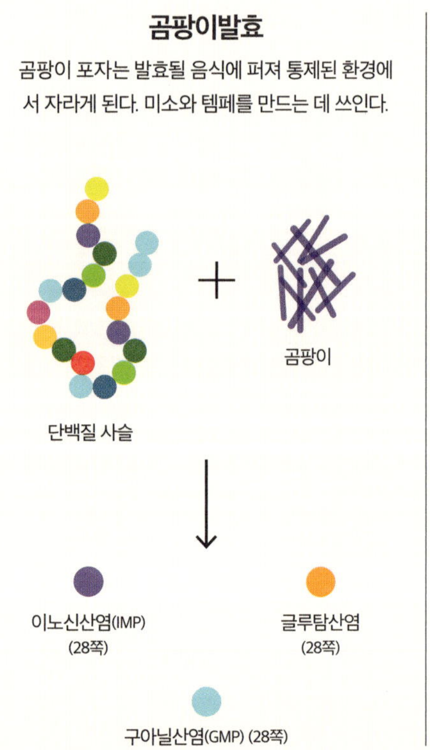

곰팡이의 활용

까망베르, 템페, 미소된장, 간장은 모두 곰팡이발효를 거친다. 그리고 이 과정에서 세계인이 가장 좋아하는 풍미의 일부가 형성된다. 치즈에 함유된 푸른곰팡이와 미소에 함유된 누룩곰팡이처럼 곰팡이의 종류가 다르더라도 발효 과정은 비슷하다. 곰팡이 포자는 자라면서, 음식 속에 균사(뿌리처럼 생긴 가늘고 긴 실 모양의 물질들)를 뻗치고 효소를 분비한다. 이 효소들은 단백질을 아미노산으로 분해해서 감칠맛을 내고, 전분을 당으로 분해해서 단맛을 더한다. 그 결과, 이 음식은 곰팡이에게는 더 소화하기 쉬운 상태가 되며 맛이 더 좋아진다.

알코올발효

균류의 일종인 효모는 당을 알코올과 이산화탄소로 전환하는 역할을 한다. 사워도우, 와인, 맥주를 제조할 때 거치는 이 과정에서 풍부한 풍미 화합물이 생성된다. 다양한 효모 균주와 효모 혼합물은 전문가처럼 작용해 독특하고 다채롭고 폭넓은 풍미 화합물들을 만들어낸다. 아세트알데하이드의 풀 향조, 4-비닐 과이아콜의 훈제 향, 2,3-디메틸피라진의 카카오 향, 벤즈알데하이드의 아몬드 향, 그리고 페네틸알코올의 장미 향 요소 등이 그 예에 해당한다.

풍미 사전

토마토

오늘날 세계적으로 가장 인기 있는 과채류인 토마토는 아즈텍인들이 처음 재배했다. 그리고 당시에 작고 쓴맛이 나던 이 장과 열매를 더 달고 통통한 품종으로 개량했다. 이 품종들은 1500년대에 유럽의 해안국들에 소개되었고 이를 시작으로 전 세계로 퍼져 오늘날 400종이 넘게 되었다.

잘 익은 토마토의 매력적인 맛은 감칠맛을 내는 고함량의 글루탐산염(26~27쪽)에서 나온다. 당분 함량도 3% 정도인데, 이는 대부분의 과일보다 낮은 수준이다. 글루탐산염은 주로 감칠맛을 내는 성분이다. 시트르산은 토마토의 시큼한 맛을 낸다. 토마토에 함유된 400가지 이상의 향기 화합물 중에 단 13개만이 토마토 특유의 풍미를 결정짓는다. 황 함유 화합물들은 고기와 흡사한 특성을 불러일으키며, 토마토를 익히거나 건조하거나 퓌레로 만들면 감칠맛, 향기, 단맛이 강화된다.

대량 판매를 위해 알이 크고 저장성이 좋은 토마토를 재배하게 되면서 토마토의 풍미가 희생되었다. 대부분의 상용 품종은 전통적인 품종(재래종)보다 당분과 산도가 낮고, 주요 풍미 화합물들의 함량이 줄어들었기 때문이다. 단맛을 강화하는 '아포카로티노이드' 향기 화합물, 감귤류 과일과 유사한 향의 설카톤, 그리고 장미 향과 과일 향이 강렬한 풍미를 지닌 제라닐아세톤 등이 여기에 속한다.

토마토 요리

익힌 토마토와 통조림 토마토는 이질적인 감칠맛을 내는 음식들을 합치는 데 있어서 연결고리가 되는 아주 중요한 재료(70~71쪽)이다. 토마토와 공유하는 화합물을 함유하는 식품으로는 감자(메티오날), 버섯(1-옥텐-3-온), 녹색 채소(헥센알)뿐만 아니라 치즈, 구운 음식, 대부분의 허브 및 향신료가 있다.

익힌 토마토는 글루탐산염(감칠맛)이 풍부하고 육류에 들어 있는 화합물과 비슷한 황 함유 풍미 화합물을 방출하기 때문에, 육류와 함께 먹으면 시너지 효과를 발휘하며 채식 요리에서 묵

덩굴에서 혹은 인위적으로 숙성시키기

대부분의 슈퍼마켓 토마토는 녹색일 때 미리 수확되어 운송된 후 창고에서 에틸렌 가스로 인위적으로 숙성된다. 이렇게 숙성된 토마토의 경우 덩굴에 매달려 있을 때 저절로 축적되는 당과 풍미 화합물이 생성되지 못하게 된다.

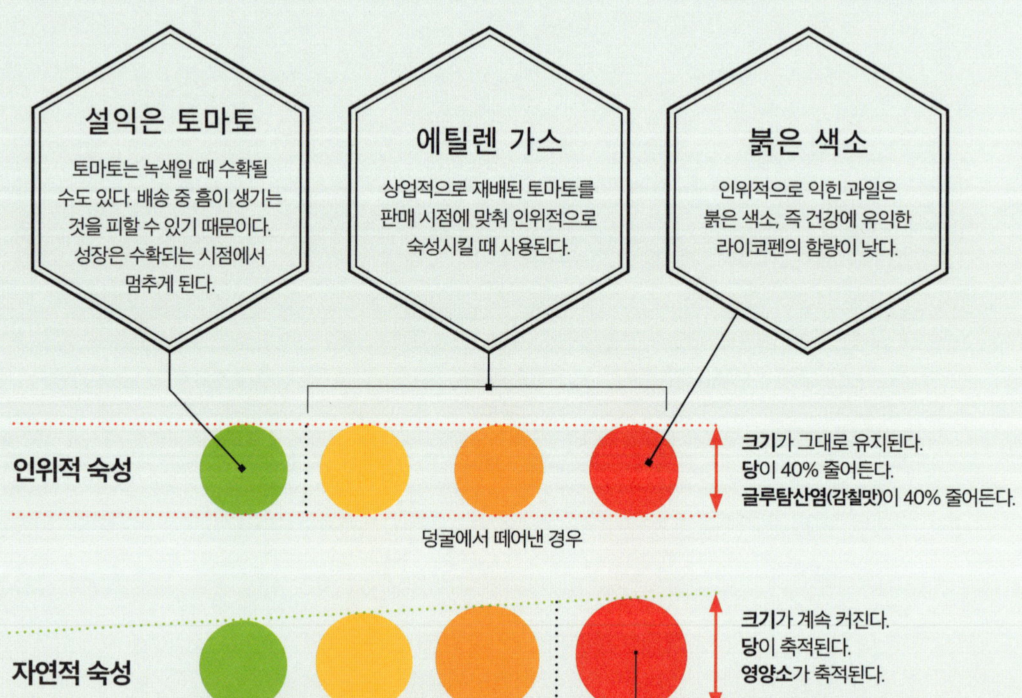

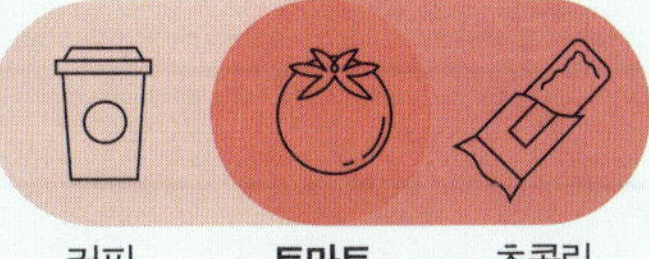

직한 맛을 낸다. 걸쭉한 소스를 만들기 위해 토마토를 푹 익히면 색소가 분해되어 꽃향기 화합물을 비롯한 새로운 풍미들이 등장한다. 다만 칼슘염이 함유된 통조림 토마토는 피해야 한다. 고화제 역할을 하는 칼슘염이 이 과정에 방해가 되기 때문이다. 토마토를 콩류, 건조된 콩류 및 기타 채소와 함께 조리할 때에는 시간을 넉넉하게 잡아야 한다. 토마토의 산성이 채소가 익는 속도를 늦추기 때문이다(32~33쪽).

저장

냉장 보관을 하면 숙성이 늦춰지므로, 냉장고에서 바로 꺼낸 토마토는 맛이 좋지 않다.

토마토의 종류

재래종

브랜디와인: 달콤하고 복합적인 풍미와 고기 같은 텍스처로 유명하다.

체로키 퍼플: 풍부한 훈제 향의 풍미를 제공한다.

그린 제브라: 초록색과 노란색 줄무늬가 있는 톡 쏘고 상큼한 맛을 낸다.

산 마르자노: 수분 함량이 낮아 소스를 만드는 데 적합한 플럼 토마토이다.

블랙 크림: 검은색에 가까운 짙은 색을 띠며, 짭짤하고 묵직한 풍미를 지닌다.

옐로우 페어: 알이 작고 배 모양이며 달콤하다.

핑크 폰데로사: 알이 크고 즙이 많으며, 달콤하고 부드러운 풍미를 지닌다.

대량 생산되는 개량 품종들

원형 또는 둥근 토마토: 슈퍼마켓에서 흔히 볼 수 있는 표준형 토마토로, 다용도로 쓰이지만 보통 풍미가 떨어진다.

로마 또는 플럼 토마토: 길쭉한 모양으로 대개 소스와 페이스트를 만들 때 쓰인다.

체리 토마토: 알이 작고 둥글며 단맛이 나고, 샐러드에 자주 쓰인다.

비프스테이크 토마토: 알이 크고 육질이 고기와 비슷하다.

캄파리 토마토: 체리 토마토보다 약간 더 크며, 달콤하고 즙이 많다.

덩굴 숙성 토마토: 덩굴에서 완숙하는 것은 아니지만, 대부분의 상용 품종보다는 더 익은 상태에서 수확한다.

송이 또는 클러스터 토마토: 덩굴째 판매되며, 다른 상용 품종에 비해 더 풍부한 향이 특징이다.

녹색에서 붉은색으로

피망은 익으면서 풍미 향기가 발달한다. 덜 익은 녹색 피망이 더 익어서 붉은 피망이 되면, 약간
쓰면서 아린 풀 향의 풍미가 더 달콤한 과일 향과 꽃 향으로 변한다.

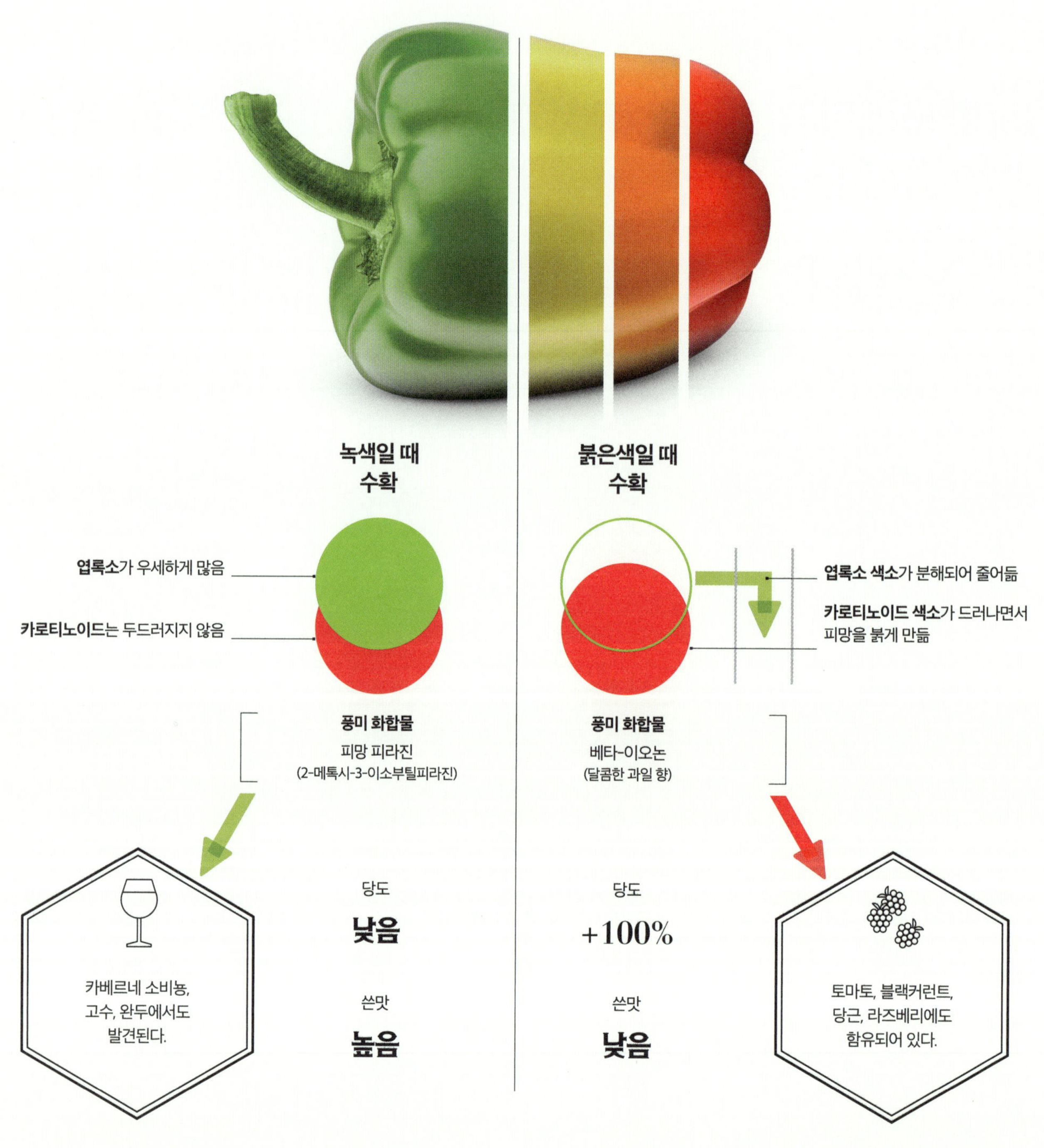

피망

오늘날 우리가 알고 있는 피망은 7,000년의 재배 역사 중 어느 시점에 출현했다. 그 시기에 고추(속명 '캡시쿰') 가운데 입안을 화끈하게 만드는 캡사이신을 생성하지 못하는 돌연변이체 종이 선택되었기 때문이다.

크리스토퍼 콜럼버스는 남아메리카에서 캡시쿰속 식물을 유럽에 들여왔으며, 그 후 이 식물은 오늘날 우리가 즐겨 먹는 달고 맵지 않은 품종으로 개량되었다. 피망은 녹색, 노란색, 주황색, 초콜릿색, 빨간색 등 다채로운 색조를 띠며 색깔에 따라 각기 다른 맛을 지닌다.

피망은 모두 녹색의 미숙과로 열린 후, 자라면서 특정한 색을 띠게 된다. 수확 후에 색이 변하지 않는 '퍼마그린(Permagreen)' 품종이 있긴 하지만, 슈퍼마켓에서 파는 녹색 피망은 일반적으로 익기 전에 수확된 상태이다. 토마토, 바나나, 아보카도, 배처럼 수확 후에도 계속 숙성되는 과일과 달리, 피망은 수확되는 순간 숙성이 멈춘다.

풍미 화합물

피망은 생으로 먹으면 기분 좋게 아삭하고 신선한 맛이 나는데, 조리하면 부드럽고, 캐러멜 향과 카카오 향이 은은하게 곁들여진 진한 과일 향의 풍미로 변한다. 녹색 피망의 독특하고 신선한 '풋풋한' 풍미는 '피망 피라진(2-메톡시-3-이소부틸피라진)'이라는 강력한 풍미 화합물에서 나온다. 이 성분은 일부 카베르네 소비뇽 와인에서도 발견된다.

녹색 피망이 성숙한 정도에 따라 풋풋한 녹색이 사라지고 잎의 엽록소 색소가 싱싱하고 더 밝은 색의 색소로 대체되는 과정에서, 당도는 두 배로 증가하고 쓴맛은 옅어지며 과일 향과 아몬드 향 같은 풍미가 대두된다. 그 이유는 풀 향을 내는 화합물인 헥산올과 헥산알의 함량 수준이 떨어지기 때문이다. 붉은색 피망은 가장 달고 과일 향이 강하며, 노란색, 갈색, 주황색 피망은 보통 그보다 약간 덜하고, 때때로 녹색 피망에서는 쓴맛이 두드러진다.

피망의 종류

놀라울 정도로 다양한 피망 열매들은 과일 맛부터 얼얼한 맛의 피망까지 하나의 맛의 연속체를 이룬다. 아래 나열된 피망 품종들은 모두 500스코빌 열 단위 미만이다(180~181쪽).

코르노 디 토로 페퍼
'황소뿔'이라는 뜻으로, 가느다랗고 약간 휘어져 있다. 노란색, 주황색 또는 빨간색을 띠며, 과육이 두툼하고, 단맛이 나며 과일 향이 풍부하다. 로스팅과 스터핑에 이상적이다.

셰퍼드 페퍼(마르코니 피망)
과육이 두툼하고 단맛이 나는 이 붉은색 피망은 크고 단단하기 때문에 미찬가지로 로스팅과 스터핑에 매우 적합하다.

피멘토(체리 페퍼)
작고 단맛이 나며, 부드러운 텍스처 덕분에 소스를 만들고 올리브 속을 채우는 데 제격이다. 캡사이신 함량 수준이 낮아서 순한 고추라고 불리기도 한다.

립스틱 페퍼
껍질이 두꺼운 피멘토의 일종으로 보다 추운 기후에서 빨리 자라기 때문에 영국과 기타 북유럽 국가들에서 인기가 있다.

바나나 페퍼
(바나나 모양의 단고추)
톡 쏘는 단맛을 내며 이따금 약간 매운맛을 내기도 한다. 이 크고 활기찬 노란색 피망은 완숙일 때 수확되면 은근히 화끈한 맛을 낼 수가 있다.

비조리 시 일반적인 페어링
올리브와 올리브오일은 생피망과 찰떡궁합이다. 피망은 양상추, 오이, 그린빈, 토마토와도 잘 어울린다.

조리 시 일반적인 페어링
구운 붉은 피망과 끓인 피망은 토마토, 양파, 염장육과 소시지, 초콜릿, 헤이즐넛, 감귤류, 꿀, 돼지고기, 베이컨과 잘 어울린다.

가지

본래 열매가 작고 계란형이어서 미국에서는 '에그플랜트'라고 불리는 가지는 기록에 의하면 1,500년 전 중국에서 처음 경작되었으며, 그다음 아랍 상인들에 의해 서쪽으로 전파되었다. 그 후 다양한 색깔의 품종으로 개량되었으며, 오늘날에는 수많은 아시아, 아프리카, 유럽 요리에서 기본이 되는 재료이다.

가지에서는 쓴맛과 함께 순한 단맛과 약간의 견과류 향이 난다. 그리고 이 쓴맛은 조리 과정에서 사라진다. 과일 향이 나는 남미의 근연 식물들(토마토와 고추)과는 달리 가지는 매우 순한 향기 프로파일을 지니는데, 이에 대해서는 아직 과학적으로 제대로 연구되지 않았다. 대신에 가지는 고기

와 유사하거나 크림처럼 부드러운 텍스처로서 혹은 그 외 다른 여러 풍미를 전달하는 매개체로서 높이 평가된다. 풍미 화합물들 중 청엽 알데하이드(헥센알)는 풋풋한 풀 향 요소의 원인이 되며, 헥사논은 달콤한 럼주와 포도 향을 은은하게 내는 한편, 프로피온알데하이드는 흙내음과 견과류 향과 같은 특성의 원인이 된다. 가지를 그릴에 굽거나, 볶거나, 튀기면 피라진과 퓨란(마이야르 과정에서 생성되는 화합물, 74~77쪽)을 통해 훈연 향과 캐러멜라이즈된 복합적인 풍미를 얻게 된다. 라따뚜이와 같이 소스에 넣어 조리된 가지에는 허브, 토마토, 마늘, 향신료의 풍미가 입혀진다. 또한 가지는 무사카 같은 지중해식 요리에서 달콤하고 버터

가지에 소금을 첨가하면

가지의 스펀지 같은 텍스처는 팬에 있는 기름을 흡수해서 요리를 너무 기름지고 무겁게 만든다. 조리하기 전에 소금을 뿌리면 흡수되는 기름의 양을 줄일 수 있다. 조리된 후 가지의 텍스처는 매끈하고 부드러워진다.

쓴맛 화합물

염장으로 물이 빠져나갈 때 쓴맛 화합물도 빠져나가는데, 그중 가장 주된 성분은 클로로겐산이다. 염장 후 물로 씻어내는 방식으로 클로로겐산이 최대 50%까지 추출될 수 있다.

공기가 빠진 공기주머니

소금이 세포에서 물을 빠져나가게 함에 따라 공기주머니는 공기가 빠지고 오그라든다.

큰 공기주머니

가지의 스펀지 같은 내부는 식물 세포들 사이 수백만 개의 작은 공기 틈새 때문이며, 이 공간으로 식용유가 빠르게 흡수된다.

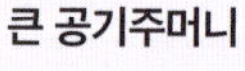

소금 첨가하기

가지를 염장하면 세포가 탈수되어 구조가 쭈글쭈글해지고 과육은 더 단단해진다. 사전 조리는 이와 비슷한 효과가 있으며 전자레인지로 그렇게 만들 수 있다.

절단 시 갈변

클로로겐산은 다양한 페놀성 화합물 중 하나로서 가지가 썰릴 때 응집하여 갈색을 띠는 사슬 모양의 대형 분자(폴리머라고 함)를 이룬다.

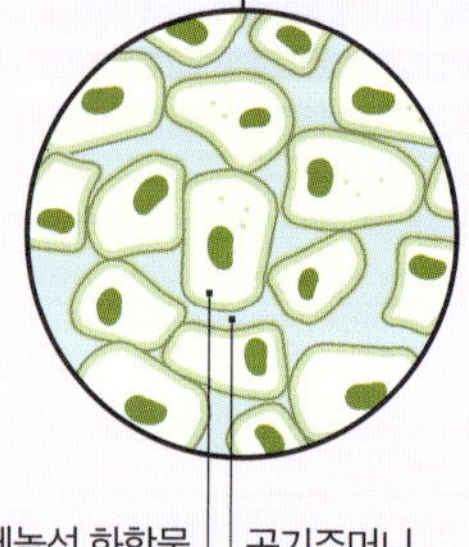

일반적인 페어링
피망과 고추, 특히 치폴레는 오븐이
나 그릴에 굽거나 튀긴 가지와 많은
풍미 화합물을 공유한다.

혼치 않은 페어링
돼지고기 등심은 육류 중에서 풍미
화합물을 가장 많이 공유하는 한편,
체다치즈는 가지와 가장 잘 어울리
는 유제품으로 꼽힌다.

향이 풍부한 풍미를 가미하는 데 쓰인다.

가지의 갈변 현상을 막기 위한 한 가지 방법은 조리 전에 소금을 뿌리는 것이다. 갈변을 막기 위해 가지를 썰고 소금에 절인 후 물로 씻어내면 쓴맛과 떫은맛이 줄어들고 과육이 단단해진다. 소금은 세포 내부의 수분을 끌어내(삼투 현상) 수백만 개의 스펀지 같은 공기주머니를 붕괴시킨다. 게다가 가지를 자를 때에는 물과 함께 갈변을 촉진하면서 쓴맛, 떫은맛을 내는 페놀성 화합물들도 함께 빠져나가므로, 가지의 과육은 더 맛있어지고 밝은 색을 띠게 된다. 가지에 소금을 뿌리면 조리 과정에서 가지에 스며드는 기름의 양을 줄이는 데에도 도움이 된다. 현대의 가지 품종은 쓴맛 화합물을 보다 적게 함유하도록 개량된 것이어서 소금에 절이는 과정은 선택 사항이지만, 흡수되는 기름의 양을 줄이는 데에는 여전히 도움이 된다.

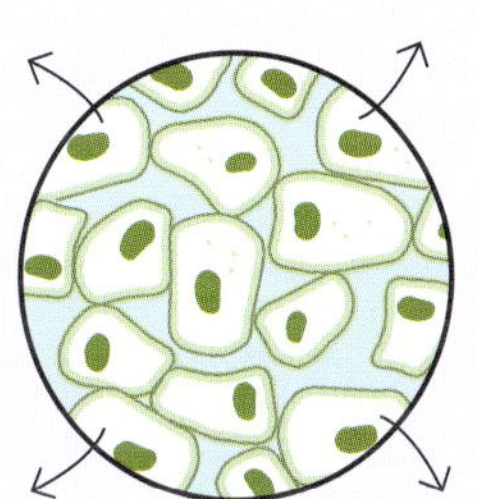

산이 누출됨

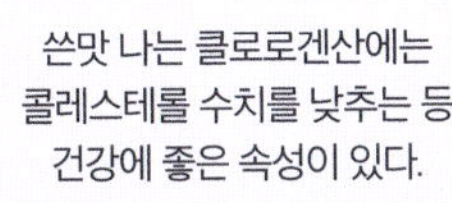

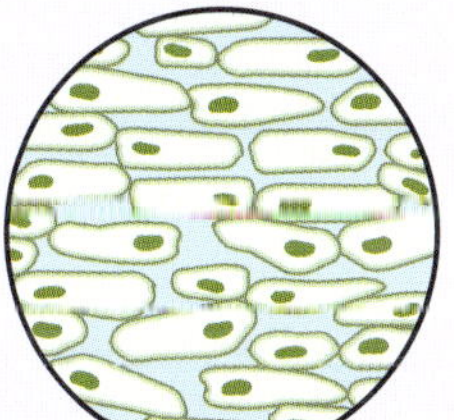

공기주머니에서 공기가 빠짐

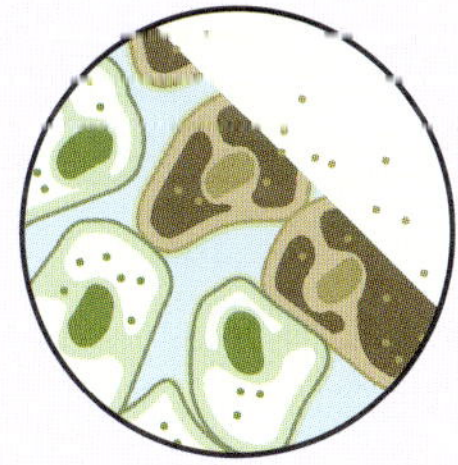

세포가 갈색으로 변함

가지의 종류

아시아

중국 가지
길고 가느다랗고 선명한 보라색. 연한 텍스처와 달콤하고 부드러운 풍미.

일본 가지
중국 가지와 비슷하지만 더 얇다. 섬세한 텍스처와 미묘한 단맛.

타이 가지
작고 둥글며, 녹색에서 흰색까지 다양한 색을 띤다. 약간 쓴맛을 내기도 하며 보통은 커리에 넣는다.

인도 가지(브린잘)
다양한 모양 및 크기, 진한 보라색. 풍부한 풍미, 약가 고기 같은 텍스처.

흰색 가시
보라색 가지보다 풍미가 순하고 흙내음이 덜하다. 섬세한 텍스처, 상대적으로 작은 크기. 유럽 품종도 있다.

유럽

글로브 가지(미국 가지라고도 한다)
크고 통통하게 둥근 모양. 쓴맛이 거의 안 난다. 조밀한 텍스처. 그릴이나 오븐에 구워 먹기 좋다.

이탈리안 가지
글로브 가지보다 작고 달콤하다. 크리미한 텍스처, 부드러운 풍미 가지 파르미자나에 적합한다.

그래피티(줄무늬) 가지
보라색과 흰색 줄무늬, 순한 맛, 스펀지 같은 텍스처.

보사 비양카
이탈리아 재래종. 흰색 줄무늬가 있는 분홍빛 도는 보라 색, 그리미한 텍스처에 섬세한 풍미를 지닌다.

블랙 뷰티
진한 보라색에서 검은색까지 다양한 색상을 띠며, 단맛이 순하게 느껴지는 풍부한 풍미를 지녀서, 집에서 텃밭을 관리하는 사람들 사이에서 인기 있다.

양파

양파(*Allium cepa*) 종의 구근인 양파는 요리할 때 두 번째로 많이 사용하는 채소이다. 양파는 식물의 땅속 저장 기관으로서 충분한 양의 당을 비축하고 있다.

양파 특유의 풍미와 향기는 방어용 황 함유 화합물들의 집합체에서 나온다. 생양파의 아린 맛은 포식자를 막기 위해 진화된 특성으로서, 양파 세포가 짓이겨질 때 발생하는 증기로 인한 것이다. 이 증기는 눈과 코의 습기에 닿으면 고통을 유발하는 술펜산으로 변한다. 양파를 조리하면, 가장 센 트리설파이드(삼황화물)가 보다 순한 단일 황 분자와 이중 황 분자(황화물과 이황화물)로 분해된다. 이 과정에서 자연스러운 단맛이 드러나고, 더욱 복합적인 감칠맛의 풍미가 생기며, 그 외 다른 풍미들이 부각되어 다양한 요리의 기본을 형성한다.

덜 아프려면

썰기 전에 양파를 차게 해놓으면 된다. 그러면 눈을 아프게 하는 화합물이 방출되는 반응이 느려지기 때문이다.

대파　　　리크　　　차이브　　　적양파　　　흰색 양파　　　갈색 양파

일반적인 페어링
양파속 다른 종들은 비슷한 맛의
화합물들을 함유하고 있어서 양파와
궁합이 잘 맞는다. 피망, 양파, 셀러리는
크레올 요리의 '삼위일체'를 이룬다.

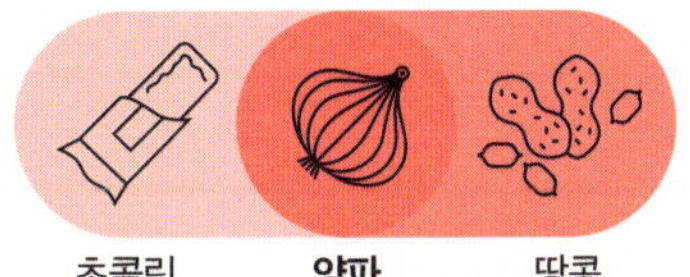

흔치 않은 페어링
초콜릿과 땅콩은 양파만큼이나 풍미
가 많이 겹친다. 초콜릿 케이크에 양
파 가루를 가미하거나, 양파 수프에
다크 초콜릿을 넣어보자.

캐러멜라이징

양파를 기름이나 버터에 천천히 익히는 것이 캐러멜라이징이라
고 부정확하게 알려져 있다(78~79쪽). 부드럽게 익힌 양파가 단맛
이 나는 이유는 알싸한 맛을 내는 황화물이 사라지고 수분이 증
발하여 양파의 천연 당분이 강화되기 때문이다. 마이야르 반응
(74~77쪽)도 양파에 캐러멜과 같은 풍미가 듬뿍 스며들게 한다.

양파 요리

케이준과 크레올 요리에 널리 사용되는 피망, 양파, 셀러리의 '삼
위일체'처럼, 프랑스의 고전적인 조합인 양파, 셀러리, 당근(미르포
아)은 강렬하고 감칠맛 나는 풍미를 자아내는 조합으로서 많은 레
시피의 기본으로 활용된다. 익힌 고기는 황 화합물을 함유하고 있
기 때문에 양파와 잘 어울린다.

　양파로 감칠맛 나는 깊은 향기를 풍기는 양념을 만들기 위해서
는, 오븐에서 가장 낮은 온도로 잘 부서질 때까지 껍질을 말린 다
음 갈아서 가루로 만들면 된다.

양파의 종류

대파(스프링 어니언) 혹은
쪽파(스캘리언, 그린 어니언)

덜 자란 양파로서 풀 향의 부드러운
풍미와 매콤한 후추 향의 킥을 지닌
다. 쪽파의 구근은 양옆이 일직선이고
대파보다 맛이 더 부드럽다. 가늘게
썰어서 가니시로 사용한다.
이소티오시아네이트가 함유되어 있
지만 농도가 낮아서 순한 맛을 낸다.

리크

조리하면 부드럽고 달콤한 버터 향이
난다. 비교적 황 화합물의 농도가 낮
아서 버터 향을 내는 디아세틸이 두드
러지게 된다. 뷰티르산에틸에서 나오
는 사과, 파인애플, 바나나 향이 살짝
느껴진다.

차이브

가니시로 쓰이는 녹색 허브. 알싸함
이 딜하면서, 양파-마늘의 신신한 풍
미를 배출한다.
황 함량이 낮고, 티몰(타임)과 티글린
알데하이드(아니스)와 같은 독특한 풍
미 화합물이 들어 있다.

적양파

달고 순한 맛. 생으로 먹기에 제격이
며, 완성된 요리에 단맛을 추가하거나
샐러드에 색을 더하는 데 적합하다.

안토시아닌에서 붉은색이 나온다. 황
함량이 낮아서 퓨라논이라는 풍미 화
합물에서 나오는 캐러멜 향 요소가
드러난다.

흰색 양파

과육이 단단하고 아삭한 풍미가 있
다. 샐러드에 생으로 넣거나 뜨거운
요리에 소테(센불로 튀기듯 볶은 요리 - 옮
긴이)를 만들기에 제격이다.
황과 산의 함량이 낮아서 부드러운
풍미가 느껴지며, 자연스러운 단맛이
드러난다.

노란색/갈색 양파

캐러멜라이징하면 떫은맛과 단맛이
균형을 이루면서 강한 풍미를 풍긴다.
싸이오황산염 함량이 높아, 알싸하고
매운 풍미가 느껴진다.
생으로 먹으면 맛이 좋지 않다.

샬롯

조리 중에 사용되는 작고 아주 오래
된 품종으로, 육류 유리와 잘 어울린
다.
황과 산의 함량이 낮아서 부드러운
풍미를 준다. 1-펜텐-3-올을 함유하
고 있어서, 서양고추냉이 향이 살짝
섞인 버터 향이 난다.

샬롯

마늘

아마도 역사를 통틀어 가장 유명한 재료인 마늘은 요리를 탈바꿈시키는 힘을 가지고 있을 뿐만 아니라, 여러 가지 건강상 이점들도 갖고 있다. 마늘의 강렬하고 복합적인 풍미는 황을 함유한 알리신이라는 화합물에서 비롯된다. 알리신은 양파를 썰거나 갈거나 씹는 과정에서 세포가 잘리거나 손상되었을 때에만 분출되는 알싸한 맛을 내는 물질이다.

알리신은 통각신경섬유의 TRPA1 수용체에 결합되어(43쪽) 겨자와 같은 따듯함을 불러일으킨다. 알리신의 향기는 구운 고기를 연상시키는 기분 좋은 감칠맛을 지니는데, 그 이유는 알리신이 고기에 들어 있으며 마이야르 반응(74~77쪽)에 관여하는, 황을 함유한 풍미 화합물과 유사하기 때문이다. 시간이 흐르고 조리가 진행됨에 따라 알리신은 분해되어 화학적 연쇄 반응을 거쳐, 각각의 고유한 특성을 지닌 다양한 풍미 화합물들로 변한다. 생마늘에서는 아리고 뒷맛이 오래가는 풍미가 느껴진다. 하지만 마늘을 소테하면 그윽하고 달짝지근한 풍미로, 마늘을 구우면 즉시 감칠맛이 깊고 풍부한 풍미로, 또한 까맣게 될 때까지 숙성하면 당밀, 발사믹 식초, 타마린드와 같은 복합적인 풍미로 발달한다.

마늘 맛의 세기

마늘쪽 하나가 손상되거나 으깨질수록 방어 효소인 알리이나아제가 작용하면서 더 많은 알리신이 생성된다.

통마늘	다진 마늘	압착 마늘	빻은 마늘	마늘 퓌레
통마늘은 보다 부드러운 풍미와 미묘한 향을 지닌다. 더 달짝지근한 풍미를 내기 위해 고온에서 굽거나 낮은 온도로 오븐에 통째로 구워 빵에 발라 먹을 수도 있다.	마늘을 칼로 굵게 다지면 손상을 최소화하여 마늘즙이 거의 빠져나오지 않는다.	갈릭 프레스(마늘을 눌러 짜서 즙 내는 데 쓰는 도구)를 사용하면 통마늘이 잘게 다져지면서 강렬하고 달짝지근한 맛이 생성된다. 조리 시 눌어붙어 타지 않도록 조심해야 한다.	마늘을 절구와 절굿공이로 빻으면 압착하는 것보다 세포가 더 많이 손상되어 풍미의 세기가 더 올라간다.	마늘을 퓌레로 만들면 손상이 최대로 가해져 가장 얼얼한 맛이 나는 상태가 된다. 이 풍미의 세기는 조리 시 급격히 떨어진다.

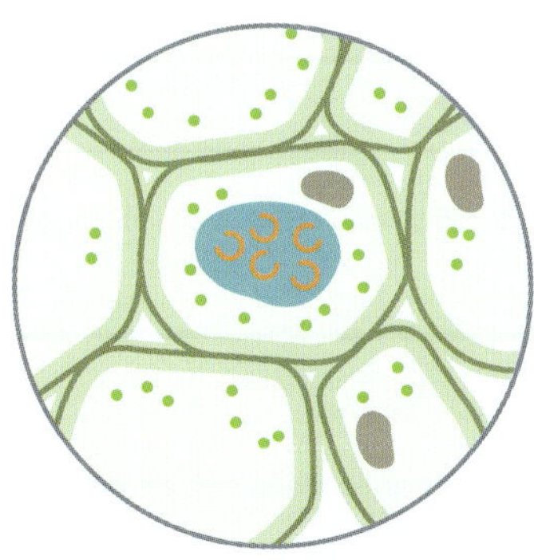
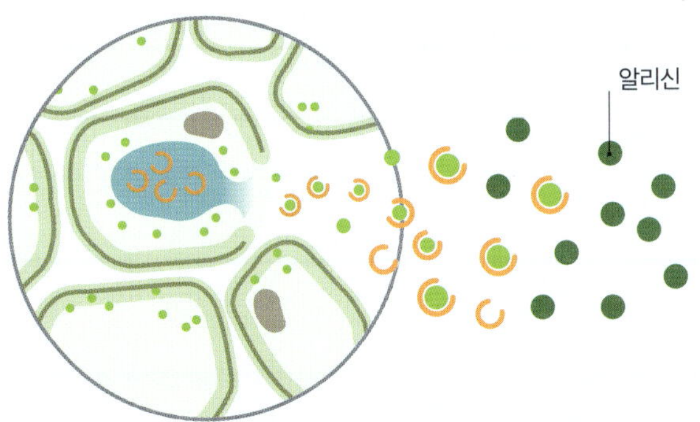

알리신 생성 과정

마늘의 풍미는 마늘쪽이 손상되었을 때 방출되는 알리신에서 나온다. 풍미를 최대한 얻으려면, 마늘을 다진 후 몇 분 정도 기다렸다가 조리한다.

기호

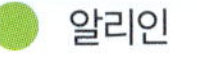 알리인　 알리신+효소

효소　알리신

알리인과 효소의 분리

마늘쪽은 손상되지 않고 온전할 때 알리인을 함유한다. 알리인은 풍미를 일으키지 않는 아미노산으로 알리신으로 전환되는 물질이다.

알리인과 효소의 결합

마늘을 다지거나 으깨면, 알리인은 알리이나아제라는 효소에 의해 알리신으로 전환된다.

알리신 생성

알리신은 방출되면서 강력한 마늘 향기를 내보낸다.

마늘을 으깬 후 재워두면, 알리신의 얼얼한 맛이 60초 동안 최고조에 달한 후 순해지면서 복합적인 풍미로 변한다. 알리신이 매운 향을 내는 이황화디알릴과 마늘 향을 내는 아조엔과 같은 화합물로 분해되고, 감칠맛이 풍부한 향기 요소가 가미되기 때문이다. 60℃ 이상에서 데치는 것처럼, 고온에서 조리하는 방식은 알리신 생성 효소를 비활성화시키므로 보다 순한 맛의 요리에 제격이다.

쓴맛 제거하기

작은 마늘 조각은 대부분의 채소보다 수분 함량이 낮아서 빨리 까맣게 탄다. 이때 매캐하고 쓴맛 나는 화합물이 만들어지는데, 이 화합물은 입안에 오래 남아 요리를 망칠 수도 있다. 이를 방지하려면 오일이나 버터를 충분히 누른 후 마늘을 천천히 익히고, 특히 고온에서 조리할 경우 깍둑썰거나 다진 마늘 조각을 너무 일찍 넣지 않도록 한다.

마늘톨(클러스터) 속에 빽빽하게 들어찬, 한 겹의 건껍질로 둘러싸인 6개 이상의 작은 마늘쪽(클로브)에는 싹을 틔울 수 있는 작은 녹색 식물 배아가 하나씩 들어 있다. 발아하게 두면 어린싹이 자라나 마늘쪽에서 영양분을 빨아들여 마늘이 쪼글쪼글해진다. 한편, 어린싹에는 쓴맛을 내는 방어용 화합물이 축적된다. 마늘의 쓴맛을 줄이려면 녹색 싹을 제거하고 싹이 난 마늘쪽은 골라낸다.

마늘의 종류

소프트넥

보다 따뜻한 기후에서 재배되고 통마늘 심지가 부드러운 이 품종은 순한 맛을 내며, 종이처럼 얇고 건조한 여러 겹의 껍질로 더 많이, 더 빽빽이 둘러싸여 있어 유통기한이 길다. 슈퍼마켓에서 가장 흔히 볼 수 있는 품종이다.

하드넥

보다 추운 기후에서 재배되고 통마늘 심지가 단단하며 마늘쪽이 더 크고 개수는 적다. 이 품종은 빙어용 황 화합물을 더 많이 축적하고 있어서, 더욱 다양하고 강한 마늘 향 풍미를 지닌다.

코끼리 마늘

마늘과 비슷한 풍미를 지닌 이 품종은 실제로는 구근 부추의 일종으로, 샐러드에 넣어 생으로 먹을 수 있다. 사이즈가 크고 진짜 마늘보다는 더 순한 풍미를 지닌다. 고온에서 굽거나 미묘한 마늘 맛이 요구되는 요리에 제격이다.

야생 마늘

재래종 마늘과 근연 관계에 있는, 여러 종류의 잎이 많이 달린 식물들을 통칭하는 용어이다. 긱긱의 식물은 마늘 향과 비슷한 미묘한 풍미를 주는 넓은 녹색 잎들을 갖고 있다.

일반적인 페어링

글루탐산염이 풍부한 마늘은 버섯과 토마토같이 감칠맛이 풍부한 다른 재료들과 잘 맞는다. 또한 이탈리이 요리 레시피의 단골 재료이다.

혼치 않은 페어링

마늘은 꿀, 딸기, 사과, 파인애플 등 몇 가지 단맛 나는 재료와 예상외로 짝을 잘 이룬다. 살사 소스나 샐러드 드레싱에 마늘을 넣어보자.

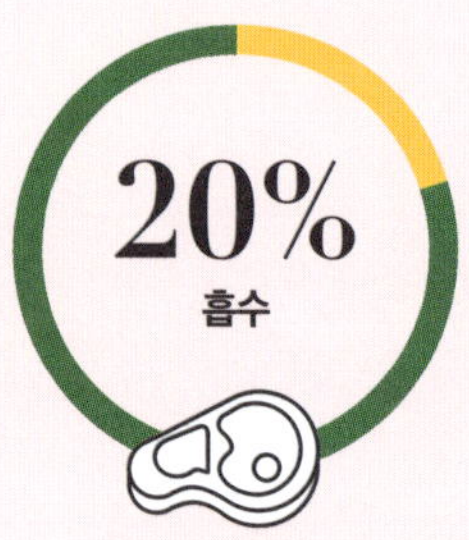

녹색 잎채소

대부분의 현대 농산물은 부피가 크고 단맛이 나는 것이 매력이다. 하지만 오늘날의 잎채소는 그런 특징이 결여되어 있으며, 채집 생활을 했던 우리 조상들이 숲에서 채취했던 식물들처럼 전형적인 쓴맛이 난다. 각 문화권의 녹색 채소류는 비타민이 풍부하며 음식에서 은근한 쓴맛이 깃든 복합적인 흙내음을 낸다.

전 세계의 잎채소가 기원하는 과(부류)와 기후는 각양각색이지만, 대부분의 잎채소는 양파와 양배추처럼 황을 함유한 향기 화합물과 쓴맛과 떫은맛을 내는 화합물의 작용이 우세하게 나타난다. 이러한 풍미는 조리 과정에서 약해지기 마련이지만, 과하게 조리되면 계란의 황화수소와 같은 다른 불쾌한 화합물이 형성되면서 다시 나타날 수도 있다.

근대

청경채

케일

일반적인 페어링

시금치의 자연스러운 쓴맛은 치즈와 가자미를 곁들여서 상쇄시킨다.

일반적인 페어링

케일을 먹을 때 마늘, 레몬, 견과류, 씨앗류, 대문짝넙치 같은 흰살 생선, 그리고 퀴노아 같은 통곡물과 함께 곁들여보자.

아마란스과 채소

아마란스과 녹색 잎채소에는 근대, 사탕무, 시금치 등이 포함된다.

시금치

한때 '페르시아 채소'로 알려져 있었지만 이제는 서양 및 세계 각국의 요리에 흔히 쓰이는 식재료이다. 생시금치의 풋풋한 풀 향의 풍미는 조리하면 팝콘과 건초 향이 살짝 섞이 감자와 비슷한 새로운 풍미가 합쳐진다. 너무 오래 조리하면 이러한 풍미가 황 화합물로 분해되어 시금치의 텍스처가 곤죽처럼 되어버린다.

근대

시금치와 근연식물인 근대는 더 강한 풍미를 지닌다. 매콤한 후추 향을 내는 카리오필렌을 특징으로 하며 텍스처도 더 질기디.

비름 잎

인도, 중국, 동아시아에서 흔히 쓰이는 식재료이다. 텍스처는 시금치와 비슷하지만 매콤한 후추 맛이 더 강하게 난다.

비트 잎

달콤하고 흙내음이 나는 부드러운 풍미를 지닌다.

브라시카과 채소

브라시카과 채소에는 일부 녹색 잎채소뿐만 아니라 양배추와 콜리플라워 같은 다른 식물들도 포함된다(110~113쪽).

케일

브라시카과(110~113쪽)의 진화적 조상으로 고대 지중해가 원산지이다. 영양적 이점 때문에 다시 유행되었다. 질기고 주름진 잎에는 쓴맛을 내고 황을 함유한 화합물들이 가득한데, 주로 글루코시놀레이트이다. 조리 과정에서 이 화합물들은 소화되기 힘든 섬유질의 셀룰로스와 함께 분해되어, 케일은 부드러워지고 구운 향, 달콤한 향, 황과 비슷한 향, 풋풋한 향을 내는 화합물들이 방출된다.

콜라드

미국 남부에서 흔히 쓰이는 식재료이다. 쓴맛은 덜하지만 케일과 비슷한 풍미 프로파일을 지닌다. 어린잎은 생으로 먹어도 좋다.

청경채 / 배추

잎이 부드럽고 줄기가 넓은 이 품종은 조리 방식에 따라 다양한 풍미가 발생한다. 생잎에서는 미묘한 과일 향 풍미가 나는데, 센불에 저어가며 볶으면 점차 녹색으로 변하고 아몬드 향이 나며, 마이야르 반응(74~77쪽)을 거치면 피라진의 견과류 향과 구운 향의 새로운 풍미가 생긴다.

시금치

케일: 쓴맛 빼내기

케일을 다지고 헹구기 전에 조물조물 문대고 잎을 으깨는 마사지 과정은 가죽같이 질긴 잎을 부드럽게 만들고 풍미를 향상시켜주는 좋은 방법이다.

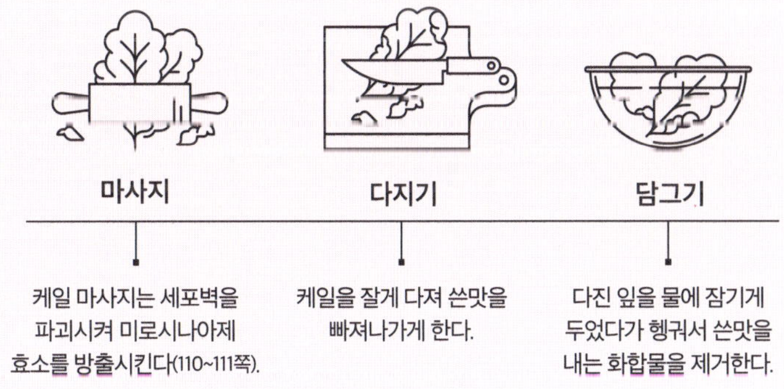

마사지

케일 마사지는 세포벽을 파괴시켜 미로시나아제 효소를 방출시킨다(110~111쪽).

다지기

케일을 잘게 다져 쓴맛을 빠져나가게 한다.

담그기

다진 잎을 물에 잠기게 두었다가 헹궈서 쓴맛을 내는 화합물을 제거한다.

당근의 종류

소형종

소형종 당근(예를 들어 샹트네이 당근)은 크기가 작을수록 더 달다. 이와
는 달리 베이비 당근은 (일반 당근이) 다 자라기 전에 수확한 것뿐이어
서 성숙한 뿌리에서 느껴지는 당분과 맛이 부족하다. '베이비 컷' 당근
은 통 당근을 베이비 당근처럼 작게 깎아낸 것이다.

주황색

주황색 당근은 풍미가 가장 강렬하다. 모두 비슷하게 보일 수도 있지
만, 주황색 당근에는 수십 가지 품종이 있다. 이 품종들은 풍미와 맛
이 다양하며, 향기 화합물의 레퍼토리가 서로 다르다. '토네이도',
'노팅엄', 그리고 '볼레로'는 가장 달콤한 품종에 속한다.

보라색/검은색

보라색 당근은 쓴맛이나 불쾌한 뒷맛이 거의 없고 기분 좋은
견과류 향이 나지만, 배릿한 단맛이 느껴질 수도 있다.

노란색/흰색

노란색과 흰색 당근은 당분과 풍미 화합물을 가장 적게 함유하고 있
어서 가장 밍밍하고 쓴맛도 가장 약하다.

빨간색

당분이 거의 없고 풋풋한 향이 강하게 나는 빨간색 당근은 당근 특유
의 진한 풍미가 부족하고 대부분의 품종보다 훨씬 더 씁쓸하다. 빨간
색 당근의 빛깔은 토마토의 색소인 라이코펜에서 나온다(88~89쪽).

주황색 당근의 밝은
색은 베타카로틴
(비타민 A)에서 나온다.

흰색 품종은 색소가
없지만 영양소와
섬유질을 제공한다.

보라색 당근은
안토시아닌 색소 함량이
높고 달콤한 풍미를
지닌다.

노란색 당근에는
눈 건강에 중요한
루테인이 함유되어 있다.

색깔 이야기

애국심이 강한 네덜란드
사람들은 최초의 주황색
당근을 길렀다고 주장한다.

네덜란드의 독립 영웅인
오렌지 공 윌리엄을
기리기 위해 주황색 당근이
재배된 것으로 보인다. 주황색
당근은 북유럽의 습한 날씨를
잘 견딘다.

당근 사탕

전시 영국에는 당근이 풍부해서 아이스크림
대용으로 당근 막대사탕이 유명하게 팔렸다.

일반적인 페어링
당근은 여러 식재료와 잘 맞는데, 달콤한 풍미를 지닌 식재료들과 특히 더 잘 맞는다. 버터, 꿀, 생강, 커민, 오렌지와 함께 먹어보자.

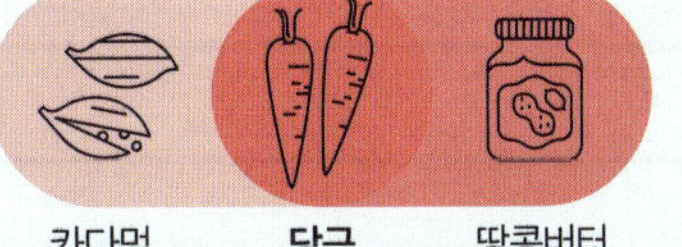

흔치 않은 페어링
미소와 당근은 예상치 못한 풍미의 조합이다. 당근은 당근 케이크와 스무디에서는 카다멈과, 볶음 요리에서는 땅콩버터와 의외로 어울린다.

당근

세계에서 가장 사랑받는 이 주황색 채소는 비옥한 초승달 지대(현대의 이란·아프가니스탄)에서 유래되었으며 많은 요리에 주요 식재료로 이용된다. 예전에는 색이 옅고 앙상해서 깃털 같은 잎만 먹었는데, 오늘날의 주황색 품종은 단단하고 두꺼운 뿌리를 내리고 있다.

영양가 있고 달콤하며 기분 좋게 오도독한 당근은 토마토(2~3%)보다도 당분(4~5%, 대부분이 자당)을 더 많이 갖고 있으며 오랫동안 음식에 단맛을 내는 데 사용되어왔다. 자연스러운 단맛은 건강에 이롭다고 알려진 페놀 화합물의 미미한 쓴맛과 균형을 이룬다. 통 정향의 쓴맛은 페놀 화합물 중 하나(오이게닌)에서 나온다.

이 소박한 뿌리채소의 익숙한 풍미는 100가지가 넘는 놀라울 정도로 풍부한 범위의 풍미 화합물에서 나온다. 피라진 계열 쑴미 화합물인 2-메톡시-3-세컨드-부틸피라진은 뚜렷한 곰팡내와 은근한 흙내음을 내놓는다. 이 풍미 화합물은 매우 강력해서 올림픽 수영장 크기의 방 안에 증기 한 방울만 있어도 그 냄새를 맡을 수 있을 정도이다. 이 풍미는 풀 향, 솔 향, 과일 향, 그리고 매콤한 후추 향을 내는 풍미 화합물들이 배경이 되어 나온다. 이 중에서 우디 향의 테르피놀렌과 매콤한 후추 향의 미르센이 가장 중요한 화합물들인데, 우연히도 둘 다 대마초 향에서 두드러지는 성분들이다.

딩근 관리

우리가 구매한 당근은 땅에서 뽑힌 상태여도 조리에 쓰이기 전까지 싱싱함을 유지한다. 달콤하고 맛있는 당근이 되느냐 아니면 쓰고 싱거운 뿌리가 되느냐의 차이는 수확 전후로 어떻게 처리되었는지에 달렸다. 그 요인에는 토양, 날씨, 보관 방법, 심지어 기계 세척 여부까지(기계 세척 시 쓴맛이 더 강해진다) 포함된다. 잎이 달린 채로 팔리는 당근은 유통기한이 더 짧기 때문에 구매 시 더 신선하고 맛있을 가능성이 높다.

야간 시력

당근을 먹으면 어둠 속에서 잘 볼 수 있게 된다는 통념은 근거 없는 믿음이다. 주황색 당근에는 야간 시력에 필수적인 베타카로틴(비타민 A)이 풍부하다. 다만, 대부분의 사람들이 이미 충분한 양을 섭취하고 있어서 더 많이 먹는다고 시력이 좋아지는 것은 아니다.

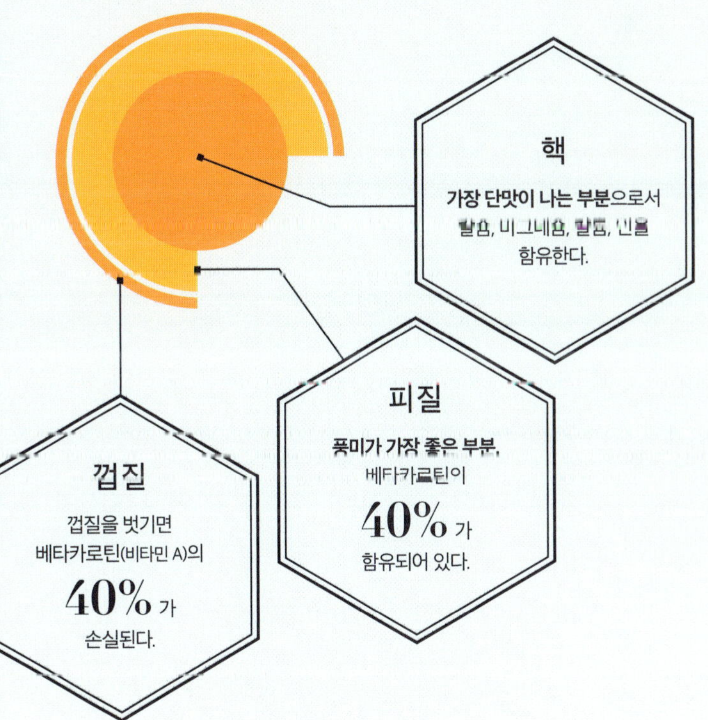

샐러드 속 과학

여러 가지 신선한 재료, 일반적으로는 잎채소를 양념된 드레싱에 버무린 샐러드는 사람들이 수 세기 동안 먹어왔다.
'샐러드'라는 단어는 소금을 뜻하는 라틴어 '샐(sal)'에서 유래한다.
간이 잘 되어 있고 식욕을 돋우는 샐러드의 특징과 매력을 생각하면 고개가 끄덕여진다.

원래 샐러드는 신선한 허브와 잎으로 만들어졌으며, 그 맛뿐만 아니라 약효 성분으로 인해 가치 있게 여겨졌다. 요즘은 흔히 풍미와 텍스처를 보완하기 위해 선택한 다양한 재료를 섞어서 만들며, 짜릿한 맛의 드레싱과 함께 버무린다.

샐러드의 필수 요소

- **복합적인 재료:** 상호 보완적인 특징을 지닌 다양한 재료를 보통 적어도 세 가지 넣는다.
- **작은 크기의 조각:** 재료는 한입 크기 또는 더 작은 크기로 조심스럽게 잘라서 포크로 한 번 집을 때마다 다양한 맛과 텍스처를 느낄 수 있도록 한다.
- **대비되는 텍스처:** 아삭함, 쫄깃함, 오도독함, 부드러움 등 다양한 텍스처는 우리가 샐러드를 먹을 때 만족감을 느끼게 해준다.
- **대비되는 풍미:** 다양한 풍미 프로파일은 단맛, 짠맛, 신맛, 쓴맛, 감칠맛 사이에서 대비 효과를 만들어낸다.
- **드레싱:** 오일과 식초를 기본으로 양념을 세게 넣어 만든 드레싱과 재료를 섞거나 버무려서 풍부한 식감과 산미를 더한다. 소금을 함께 넣으면 서로 다른 풍미들이 모두 뚜렷하게 느껴진다.

샐러드 드레싱

대부분의 샐러드 드레싱은 오일, 식초나 레몬즙, 유화제,

팟투시

이 샐러드의 명칭은 아랍어로 '부스러기'를 뜻하는 단어인 '파타흐(fatteh)'에서 유래한다.

단맛

석류 씨를 흩뿌리면 산미와 단맛이 터져 나오고 포인트컬러가 생기게 된다.

아린 맛과 짭짤한 맛

레몬즙, 엑스트라 버진 올리브오일, 석류 당밀, 소금으로 만든 유화된 드레싱은 샐러드 재료들과 균형을 맞춰 맛의 조화를 이루어낸다.

아작함

아작거리는 텍스처를 살리기 위해 튀긴 플랫브레드나 피타 빵을 추가한다.

향기

잘게 썬 생민트는 청량감을 주는 멘톨 화합물로 상쾌한 향기를 더한다.

그리고 재료의 맛을 보완해기 위해 고른 기타 식품 향료로 구성된다. 드레싱은 음식을 내기 직전에 넣는 것이 가장 좋다. 이렇게 하면 드레싱의 산과 소금이 잎의 세포 구조를 파괴하여 액체가 빠져나오는 것을 막을 수 있다. 런틸콩, 파스타, 감자, 쌀과 같이 조리된 재료로 만든 샐러드는 온기가 남아 있을 때 드레싱하는 것이 가장 좋다. 온기로 부드러워진 전분질이 드레싱의 풍미를 흡수할 수 있도록 하기 위해서이다.

유화

오일과 식초는 자연적으로 섞기지 않기 때문에 겨자, 요구르트, 계란노른자, 혹은 꿀과 같은 유화제 역할을 하는 재료가 필요하다. 유화제에는 수용성 부분과 지용성 부분을 지닌 분자가 들어 있다. 유화제의 지용성 부분이 식초 속의 작은 기름방울을 붙잡으면서 유화액이 만들어진다. 분리되지 않는 걸쭉한 액체 상태가 만들어지는 것이다. 부드러운 드레싱을 만들기 위해 기름방울을 고르게 분산시키는 데, 오일과 식초에 유화제를 넣고 휘젓는 것이 도움이 된다.

완벽한 샐러드

중동의 '팟투시'에는 엑스트라 버진 올리브오일과 레몬즙으로 만든 간단한 드레싱이 곁들여진다. 가끔 석류 당밀이 살짝 추가되기도 한다. 석류 당밀은 새콤달콤한 맛을 더할 뿐만 아니라 유화제 역할도 한다.

신맛

'수마크'라는 붉은 향신료는 옻나무과 식물의 말린 열매에서 추출된다. 수마크에 들어 있는 사과산의 톡 쏘는 신맛은 드레싱에서 은은한 단맛과 시트러스의 쌉싸름함이 조화를 이루게 한다.

신선함

아작거리는 오이의 청량감, 토마토의 새콤달콤한 산뜻함, 아삭한 무의 매콤한 후추 맛과 톡 쏘는 맛처럼 과일과 채소는 신선함을 돋운다.

아삭함

로메인 상추나 리틀 잼과 같은 아삭한 식감의 녹색 상추를 아래에 깔고, 부드러우면서 매콤한 후추 맛과 쓴맛이 나는 연한 쇠비름이나 물냉이를 곁들인다.

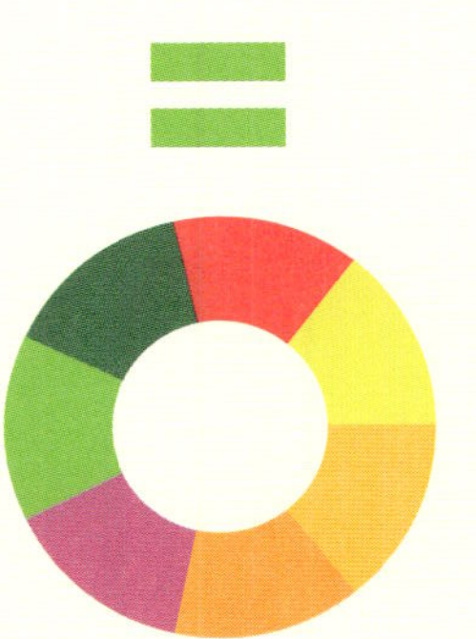

감자

1만 년 동안 경작되어온 감자는 가장 초기에 재배된 채소 중 하나였다. 감자는 1500년대에 스페인 사람들에 의해 원산지인 남미에서 유럽으로 처음 들어왔다. 하지만 독성 물질에 대한 우려 때문에, 감자가 인기 있는 주요 식재료가 되기까지는 2세기가 넘게 걸렸다.

다른 뿌리채소와 마찬가지로 감자는 땅속에서 자라며 향이 거의 나지 않는다. 그러므로 익히지 않은 감자는 풍미가 거의 없다. 감자를 끓이거나 찌면 갇혀 있던 향기 화합물이 방출되고 화학 반응을 통해 수십 가지의 향기 화합물이 더 생성된다. 오븐에 익히고, 고온에 굽고, 튀기면 풍미가 새로운 차원으로 올라간다. 향기 화합물의 종류가 두 배 이상 늘어나는데, 주로 마이야르 반응(74~77쪽)을 통해서일 뿐만 아니라, 고온에서 당분이 캐러멜라이징되고 지방이 '산화'되어 맥아 향과 버터 향의 풍미가 나오기 때문이다.

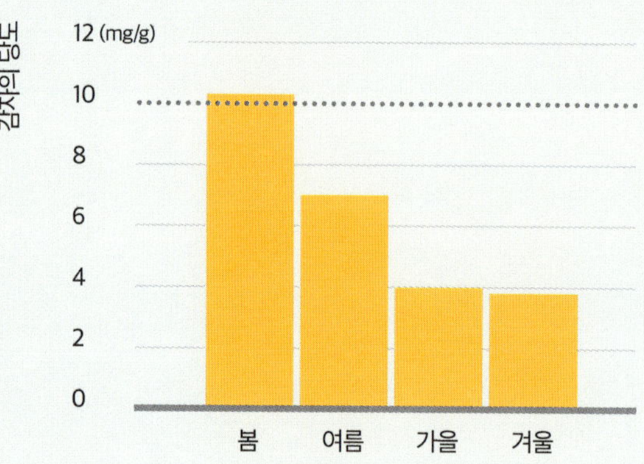

당도

연초에 수확된 감자는 당도가 더 높다. 이러한 높은 당도는 과도한 마이야르 갈변을 유발하여 감자튀김과 감자칩이 탁하고 진한 갈색을 띠게 된다.

붉은 감자

샤를로트

마리스 파이퍼

유콘 골드

감자 요리

완벽한 감자튀김 만들기는 일종의 과학이다. 완벽한 감자튀김은 전분 함량이 높은 감자에서 시작된다. 적합한 품종을 고르는 것부터 제대로 조리하는 것까지, 완벽한 으깬 감자나 구운 감자를 만들 때에도 마찬가지로 세심한 주의를 기울여야 한다.

전 세계 어느 곳에서 자라든, 감자 식물은 원산지인 페루의 혹독한 겨울을 대비하는 데에 맞춰 자란다. 여름 햇빛으로 얻은 에너지 중 쓰고 남은 양을 모두 땅속 연료 저장소(덩이줄기라고 함)에 전분으로 저장하는데, 이 연료 저장소가 바로 우리가 먹는 채소이다. 전분이 저장됨으로써 봄과 여름에 수확되는 '햇감자'는 나중에 수확되는 작물보다 더 달다. 나중에 수확된 감자들은 당분이 전분으로 충분히 전환되지 않았기 때문이다(그래프 참고).

감자를 익히면, 각 세포 내부에 갇혀 있는 미세한 전분 과립들이 물을 흡수하면서 부풀어 올라, 텍스처를 부드럽게 만들어(호화) 감자가 더 맛있어진다. 전분이 많은 감자일수록 조리 시 잘 부서진다.

최고의 매시드 포테이토

부드럽고 폭신한 매시드 포테이토를 만들려면 분질 감자, 감자 라이서, 그리고 충분한 지방이 필요하다. 익힌 감자 덩어리를 힘차게 내리치지 말고 라이서에 통과시킨다. 라이서를 사용하면 끈적임을 유발할 수 있는 전분이 지나치게 많이 방출되는 것을 막고, 공기를 머금게 할 수 있기 때문이다. 아주 부드러운 프랑스식 감자 퓌레를 만들기 위해서는, 점질 감자를 라이서로 으깬 후 힘껏 치대서 전분을 방출시키고 응집시킨다. 그다음 버터와 크림을 듬뿍 넣는다. 감자 덩어리가 씹히는 매시드 포테이토를 만들 때나 껍질을 벗기지 않은 감자를 사용할 때에는 매셔를 사용한다. 플라스틱 주걱으로 부드러운 버터를 전분에 넣어 바른 후, 우유나 크림을 조금씩 넣으면서 섞는다. 너무 많이 휘저으면 전분이 응집해서 페이스트 상태가 되어버린다. 반면, 물을 필요 이상으로 부으면 수프처럼 변한다.

매시드 포테이토 만들기의 과학적 원리

조리 전 감자에 함유되어 있는 전분은 안정적인 상태이다. 끓는 물을 넣으면 전분의 상태는 변한다. 전분 과립들이 부풀고 터지면서 전분이 방출되고 감자의 텍스처가 변한다.

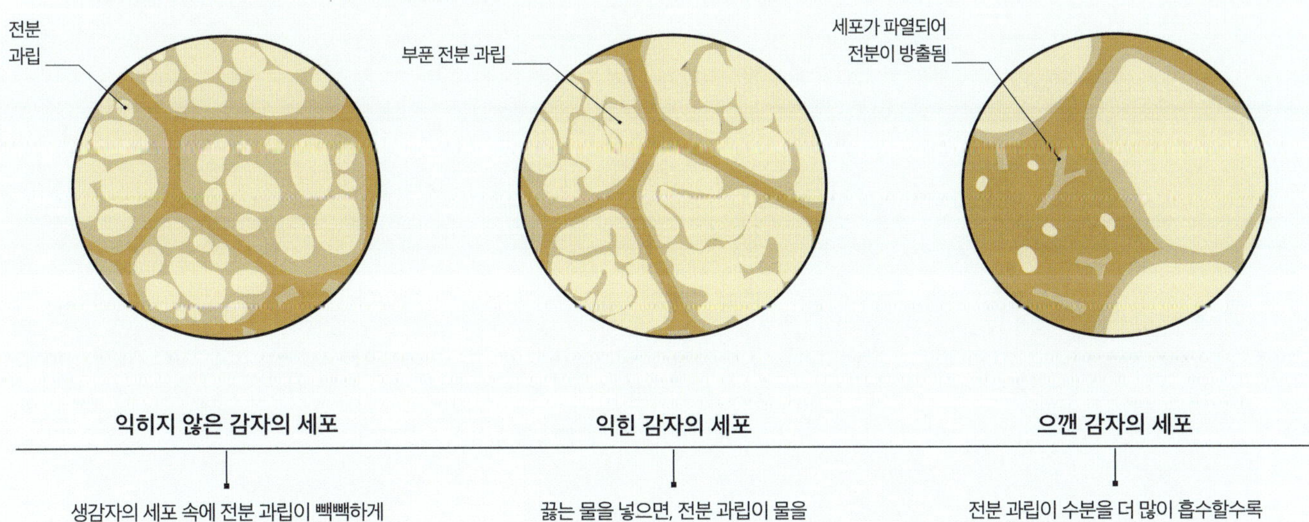

익히지 않은 감자의 세포	익힌 감자의 세포	으깬 감자의 세포
생감자의 세포 속에 전분 과립이 빽빽하게 들어차 있다. 감자를 익히지 않는 한 전분은 안정적인 상태로 유지된다.	끓는 물을 넣으면, 전분 과립이 물을 흡수해서 부풀기 시작한다(호화).	전분 과립이 수분을 더 많이 흡수할수록 전분의 호화가 계속되면서 감자는 더 부드럽고 포슬포슬해진다.

조리 방법에 따른 페어링 및 향기 화합물의 수

삶은 감자는 향기 화합물이 가장 적으며 풍미가 순하다. 구운 통감자는 견과류, 캐러멜 향의 풍미와 함께 더욱 복합적이고 강렬한 향기를 내는 한편, 튀긴 감자는 향기 화합물이 가장 많고 캐러멜과 구운 향의 풍미를 낸다.

일반적인 페어링
올리브오일, 베이컨, 버섯, 흰송로버섯, 녹차

올리브오일　**삶은 감자**　버섯　　　　순한 풍미

흔치 않은 페어링
크랜베리, 구운 호두, 겨자 씨

 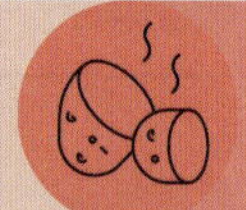 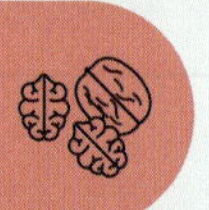

180
가지
화합물

크랜베리　**삶은 감자**　호두

일반적인 페어링
소고기, 토마토, 치폴레, 된장

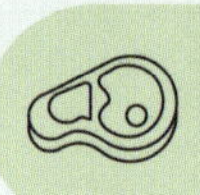   

소고기　**구운 통감자**　토마토　　복합적 풍미

흔치 않은 페어링
다크 초콜릿, 칠리 플레이크, 염소 치즈

380
가지

다크 초콜릿　**구운 통감자**　염소 치즈　　가지 화합물

일반적인 페어링
소고기, 베이컨, 화이트 트러플, 꿀

베이컨　**튀긴 감자**　꿀　　가장 풍부한 풍미

흔치 않은 페어링
헤이즐넛, 땅콩, 화이트 초콜릿

520
가지

헤이즐넛　**튀긴 감자**　땅콩　　화합물

완벽한 감자튀김(프렌치프라이)

북미에서 가장 좋아하는 채소인 감자의 인기는 감자튀김 덕분이다. 완벽한 감자튀김을 만드는 일은 엄연한 과학의 영역이다. 수분이 너무 많으면 감자튀김이 눅눅해지고, 당도가 높으면 감자튀김이 갈색으로 변한다. 겉은 황금빛으로 아작아작하면서 속은 포슬포슬함을 보장하기 위해, 최고의 레스토랑에서는 전분과 당분을 면밀하게 검사한다. 따라서 가을에 수확되는 러셋 감자처럼 전분 함량이 높은 감자가 이상적이다. 산성화된 뜨거운 물에 데치면 식물의 천연 접착제인 펙틴을 강화하는 효소가 활성화되는 반면, 연화 효소는 비활성화된다. 산은 펙틴을 더욱 고형화시키며, 두 번 튀기게 되면 완벽한 황금빛 감자튀김이 완성된다.

최고의 로스트 포테이토

감자튀김처럼 훌륭한 로스트 포테이토는 바삭한 겉면이 핵심이다. 거부할 수 없는 맛을 얻으려면, 마리스 파이퍼, 유콘 골드, 러셋 감자처럼 전분 함량이 보다 높은 분질 품종들로 조리를 시작해야 한다. 껍질을 벗기고 큼직하게 자른 후, 먹을 수 있을 만큼 부드러워질 때까지 익히고, 특별히 파삭함을 원하면 베이킹소다를 한 꼬집 집어넣는다. 물기를 뺀 후, 뚜껑을 덮은 채 팬에 살살 흔들어 표면을 거칠게 만든다. 200℃로 예열된 기름에 구우면서, 완벽한 바삭함을 위해 감자가 반쯤 익었을 때 감자를 휘젓거나 뒤집어주어 마이야르 반응(74~77쪽)을 극대화한다. 겉을 바삭하게 구운 감자는 조리에 쓰인 양념, 허브, 그리고 올리브오일과 버터와 같은 지방의 풍미를 흡수한다.

감자의 종류

점질 감자

붉은 감자
전분 함량:
중간(16%)
조리 후 텍스처:
밀랍 같은 단단함
풍미:
달콤하면서 미묘한 흙
내음
용도:
샐러드, 삶기, 로스팅

핑거링
전분 함량:
높음(20%)
조리 후 텍스처:
밀랍 같은 단단함
풍미:
견과류 및 버터 향
용도:
로스팅, 샐러드, 팬프
라잉

샤를로트
전분 함량:
낮음(13~14%)
조리 후 텍스처:
밀랍 같은 단단함
풍미:
담백함, 견과류 향
용도:
샐러드, 삶기, 찌기, 로
스팅, 그라탱

분질 감자

유콘 골드
전분 함량:
중간(16~18%)
조리 후 텍스처:
매끄러움
풍미:
달콤함, 버터 향
용도:
로스팅, 으깨기, 튀기기/
감자튀김

마리스 파이퍼
전분 함량:
중간(15~19%)
조리 후 텍스처:
부드럽고 포슬포슬함
풍미:
진함, 흙내음, 약간의 견
과류 향
용도:
으깨기, 로스팅, 통구이

러셋
전분 함량:
높음(20% 이상)
조리 후 텍스처:
퍽퍽하고 포슬포슬함
풍미:
흙내음, 순함
용도:
통구이, 로스팅, 으깨기,
튀기기/감자튀김

감자와 비슷한 열대지방 뿌리채소와 덩이줄기

이 채소들은 전 세계적으로 인기가 많으며, 종종 감자와 비슷한 방식으로 조리되어 섭취된다. 감자의 풍미적 특성을 공통적으로 지니기 때문이다.

일반적인 페어링

카사바(유카, 마니옥)

이 덩이줄기의 뿌리는 전분을 함유하고, 익지 않은 상태에서 독성이 있다. 하지만 익히고 나면, 약간 달면서 흙내음과 견과류 향이 나는 풍미를 발달시킨다. 카사바는 과이어콜에서 비롯되는 온기와 훈제 향 및 바닐라 향의 풍미를 지닌다.

토마토　　**카사바**　　버섯

토란(에도, 다신)

전분 함량이 높은 이 뿌리채소는 카리브해, 아프리카, 동남아시아 요리의 주요 식재료이다. 미묘하게 달고, 감자와 밤 사이의 맛이 난다.

코코넛밀크　　**토란**　　마늘

고구마

주요 향기 화합물인 말톨은 캐러멜과 같은 풍미를 부여한다. 반면에 주황색 카로티노이드 색소는 조리되고 나면 호박과 비슷한 맛을 내는 풍미 화합물로 분해된다.

베이컨　　**고구마**　　꿀

마(푸나, 우베)

아프리카와 태평양 주변 지역에서 인기 있는 마는 표면이 나무껍질 같고 과육도 단단하다. 삶거나 튀기거나 구우면 팝콘 향과 코코아 향, 아몬드 향의 풍미 화합물이 방출된다.

셀러리악　　**마**　　로즈마리

뿌리채소

구대륙의 뿌리채소는 역사적으로 많은 사람들의 식단에서 기본 재료를 형성해왔다. 뿌리채소는 여러 풍미와 텍스처가 풍부하게 어우러져 있다.

파스닙

파스닙은 단맛으로 유명하다. 파스닙을 굽거나 튀길 때 높은 당도는 마이야르 반응(74~77쪽)을 신속하게 일으켜, 캐러멜라이즈된 풍부한 풍미로 이어진다. 삶거나 스튜, 수프, 카술레에 넣으면 단맛과 약간의 아몬드 맛을 낸다. 아몬드 맛은 미리스티신(육두구에서 발견됨)에서 나오고 솔향 요소는 테르피놀렌(커민과 사과에도 있음)에서 나온다. 생파스닙은 아삭하고 흙내음이 나며 약간 쓴맛이 약해서 샐러드나 가니시로 이상적이다.

순무

생순무는 다른 브라시카과 채소와 마찬가지로 글루코시놀레이트(111쪽)로 인해 쓴맛과 알싸한 맛이 난다. 생순무를 장시간 저온에서 조리하면 이 성분이 파괴되어 단맛, 흙내음, 그리고 견과류 맛이 드러난다. 순무의 잎은 매콤한 후추 맛을 내며 다른 잎채소처럼 쓰일 수 있다(98~99쪽). 생순무를 얇게 썰어 샐러드에 넣으면 맵고 쓴 맛과 아작함이 가미된다. 참고로, 베이비 순무는 딥소스와 잘 어울린다. 아시아식 절임 음식이나 양념된 볶음 요리에서 그러하듯이, 생순무를 삶거나 굽거나 으깨거나 서양 요리의 수프·스튜에 넣으면, 조리 과정에서 조직이 성기어져서 풍미가 흡수된다.

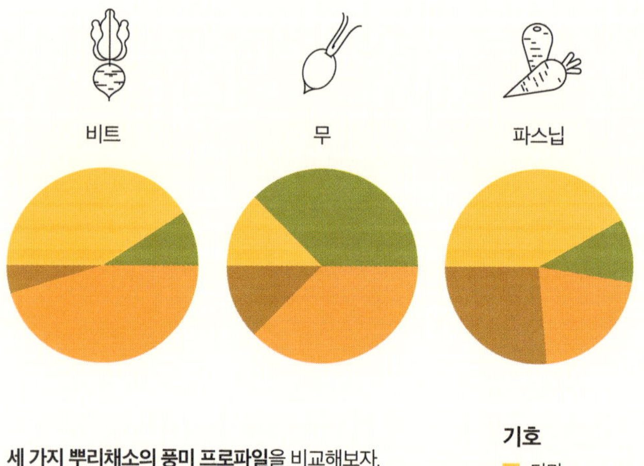

비트   무   파스닙

세 가지 뿌리채소의 풍미 프로파일을 비교해보자. 이 원그래프를 이용하면 요리사가 요리에 가장 잘 어울리는 채소를 선택할 때 도움을 받을 수 있다. 비트와 파스닙은 가장 달다. 반면 무는 가장 씁쓸하다.

기호

- 단맛
- 쓴맛
- 흙내음
- 견과류 맛

지중해 연안이 원산지인 비트는 고대 로마인과 그리스인 들이 잎을 얻기 위해 재배한 식물이다. 1500년경에는 뿌리가 큰 품종이 인기였다.

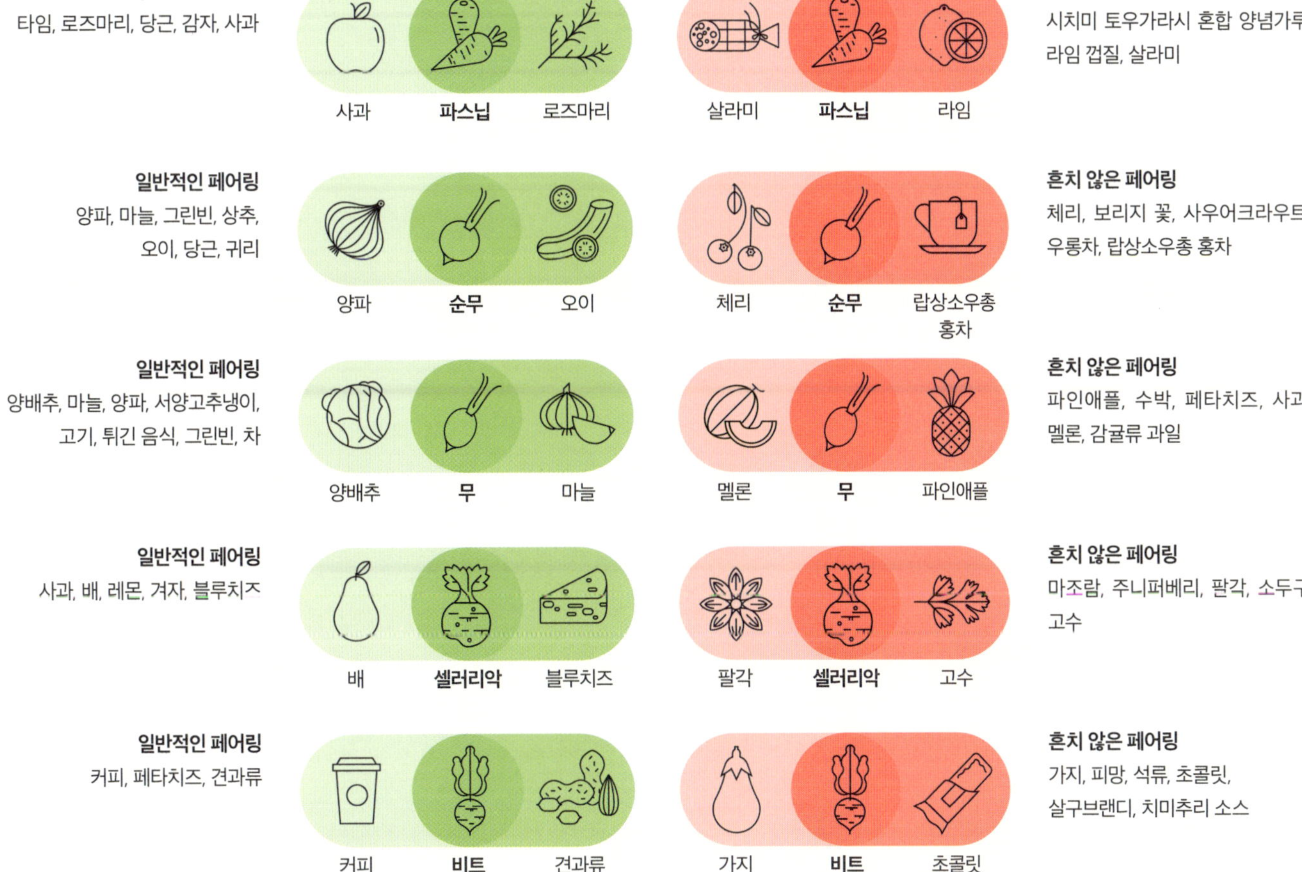

무

무는 모두 매콤한 후추 향을 내는 황 기반의 화합물을 함유한다. 이런 화합물은 양배추·겨자과 채소에 전형적으로 들어 있는 성분이다. 무는 대부분 생으로 먹거나 얇게 썰어 먹는다. 후추같이 매콤하고 알싸한 맛은 풋풋하기만 한 샐러드의 풍미를 올려준다.

셀러리악

셀러리악의 상아색 과육은 강렬한 셀러리 맛과 은근한 흙내음 및 견과류 향을 낸다. 셀러리악의 풍미는 리모넨(감귤 향조)과 카리오필렌(나무 및 향신료 향)과 함께, 프탈라이드라는 화합물에서 비롯된다. 회향과 비슷한 향이 나고 아작아작한 셀러리악은 샐러드에 넣어 먹거나, 레몬즙을 뿌린 후 머스터드 마요네즈로 만든 소스인 레물라드를 곁들여 먹는다. 전분 함량이 낮고 수분 함량이 높은 셀러리악은 굽기보다는 흔히 삶거나 조린다. 익으면 헤이즐넛 및 회향의 향이 살짝 깃든 단맛으로 변한다.

비트

비트는 지오스민(여름에 비가 내린 후 공기 중에 떠다니는 화합물)에서 비롯된 흙내음과 함께 단맛이 난다. 뭉근하게 끓이거나, 삶거나, 찔이거나, 굽거나, 칩으로 만들 수도 있다. 강판에 간 비트를 샐러드에 넣으면 아작함과 단맛이 더해진다. 비트의 쓴맛은 잎, 견과류, 그리고 페타치즈처럼 톡 쏘는 신맛이 나는 치즈와 잘 어울린다. 조리 과정에서 쓴맛을 내는 화합물이 분해되어 쓴맛이 줄어든다. 끓이면 풍미가 희석되는 반면, 구우면 풍미가 강화된다. 즉, 감칠맛이 풍부한 재료들과 짝을 이루는 육향과 마이야르 풍미가 입혀진다.

브로콜리와 콜리플라워

브라시카 품종에는 브로콜리와 콜리플라워처럼 친숙한 채소가 많이 포함된다. 이 채소들은 모두 같은 식물 종(브라시카 올레라케아)에 속하며, 수 세기 동안 거대한 잎, 기형적인 꽃이나 잎눈, 또는 부풀어 오른 아랫줄기가 개량되어왔다.

브로콜리

곱슬곱슬한 브로콜리 머리는 아직 개화되지 않은 꽃봉오리 한 무더기로 이루어져 있다. 이 꽃봉오리들은 녹색을 띠고 조밀하게 붙어 있으며 생식 능력이 없다. 그렇지만 당분과 쓴맛을 내는 글루코시놀레이트, 그리고 풍미 화합물들을 비축한다. 브로콜리 머리는 표면적이 넓어서 겉면 그슬리기, 튀김옷 입히기, 그리고 오일, 비네그레트, 그 외 소스류에 적시기에 적합하다. 브로콜리를 씹으면 미로시나아제가 활성화되어, 전구체인 글루코시놀레이트를 무의 알싸한 맛을 내는 설포라판으로 전환시킨다. 찌거나 데칠 때처럼 부드러운 조리 과정에서도 세포 구조는 손상되어서, 절단된 무의 쓴맛과 흡사한 맛이 난다. 이 과정에서 생채소일 때의 쓴맛은 완화된다. 즉, 생채소 향기 화합물이 33개에서 겨우 9개로 줄어들게 되는 것이다. 황 화합물에서 나오는 생채소의 알싸하고 마늘 같은 풍미는 사라지고 다른 풍미들이 모습을 드러낸다. 흙내음과 '녹두' 향을 나르는 피라진과 함께, 제라늄 향기를 동반하는 케톤 계열 풍미 화합물이 나타난다.

콜리플라워

콜리플라워의 달콤하고 양배추 같은 구수한 향기는 황 화합물 중 하나인 디메틸설파이드에서 비롯된다. 여기에 신선하고 풋풋한 풀 향을 내는 향기 화합물 삼총사, 데카디에날, 2-옥테날, 그리고 헥산알이 더해지는데, 이 중 헥산알은 잎에 특별히 풍부하게 들어 있다. 콜리플라워의 잎과 줄기는 잘 구워지며, 볶음 요리, 튀김 요리, 샐러드, 수프, 육수로 만들어도 맛이 좋다. 적색과 녹색 품종은 일반적으로 쓴맛 화합물이 적고 더 고소한 풍미를 낸다.

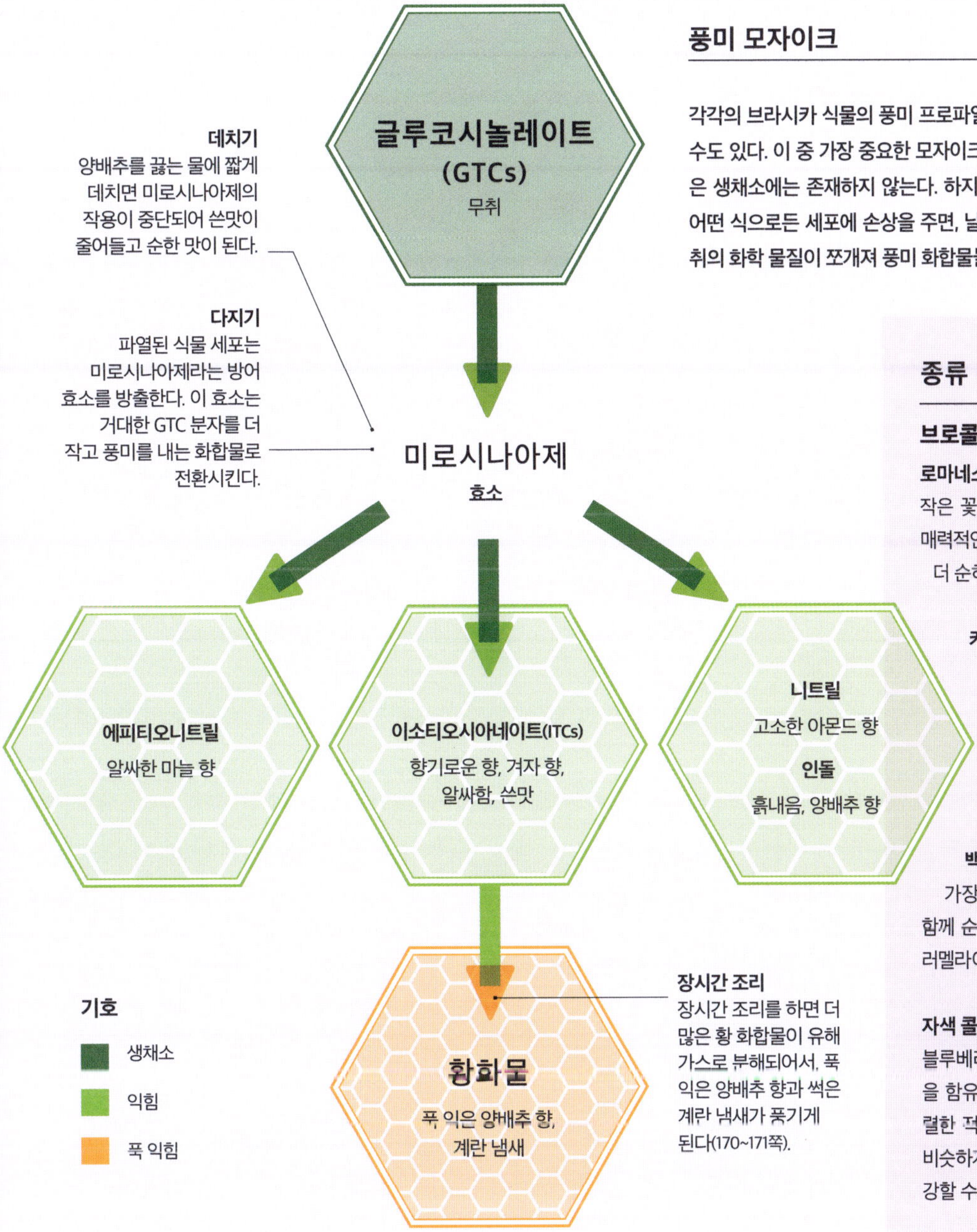

풍미 모자이크

각각의 브라시카 식물의 풍미 프로파일은 여러 풍미 화합물들을 이어 붙인 모자이크로 볼 수도 있다. 이 중 가장 중요한 모자이크 조각에 황이 들어간다. 이러한 방향성 황 화합물들은 생채소에는 존재하지 않는다. 하지만 채소를 다지거나, 으깨거나, 부드럽게 익히는 등 어떤 식으로든 세포에 손상을 주면, 날것 상태의 물질, 즉 글루코시놀레이트(GTCs)라는 무취의 화학 물질이 쪼개져 풍미 화합물들이 만들어진다.

글루코시놀레이트 (GTCs)

무취

데치기
양배추를 끓는 물에 짧게 데치면 미로시나아제의 작용이 중단되어 쓴맛이 줄어들고 순한 맛이 된다.

다지기
파열된 식물 세포는 미로시나아제라는 방어 효소를 방출한다. 이 효소는 거대한 GTC 분자를 더 작고 풍미를 내는 화합물로 전환시킨다.

미로시나아제

효소

에피티오니트릴
알싸한 마늘 향

이소티오시아네이트(ITCs)
향기로운 향, 겨자 향, 알싸함, 쓴맛

니트릴
고소한 아몬드 향

인돌
흙내음, 양배추 향

황화물
푹 익은 양배추 향, 계란 냄새

장시간 조리
장시간 조리를 하면 더 많은 황 화합물이 유해 가스로 분해되어서, 푹 익은 양배추 향과 썩은 계란 냄새가 풍기게 된다(170~171쪽).

기호

■ 생채소
■ 익힘
■ 푹 익힘

종류

브로콜리

로마네스코
작은 꽃들이 나선형으로 배열되어 있는 브로콜리의 이 매력적인 품종은 다른 브로콜리나 콜리플라워 품종보다 더 순하고 고소한 풍미를 지닌다.

카라브레제
작은 꽃들이 빽빽하게 뭉쳐져 거대하고 조밀한 머리가 인상적인 카라브레제는 씁쓸한 흙내 음의 풍미를 지닌다.

콜리플라워

백색 콜리플라워
가장 흔한 콜리플라워 품종으로서, 은은한 흙내음과 함께 순하면서도 약간 고소한 풍미를 지닌다. 구우면 캐러멜라이징된 풍미가 가미될 수도 있다.

자색 콜리플라워
블루베리와 적양배추에 발견된 항산화제인 안토시아닌을 함유한 다채로운 품종이다. 안토시아닌은 식품이 강렬한 적자 색을 띠게 만든다. 풍미는 백색 콜리플라워와 비슷하게 부드럽고 섬세하지만 달콤하고 고소한 향은 더 강할 수도 있다. 구우면 풍미가 더욱 강화된다.

일반적인 페어링
치즈, 견과류, 마늘, 양파, 머스터드, 서양고추냉이, 토마토, 레몬은 모두 콜리플라워의 고소한 향과 잘 이울린다.

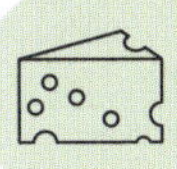
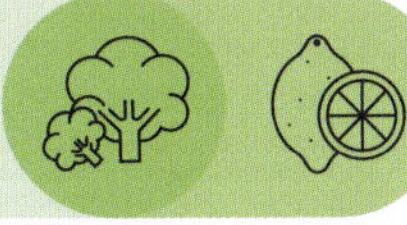
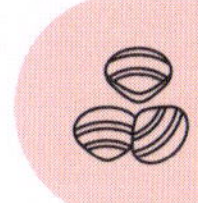

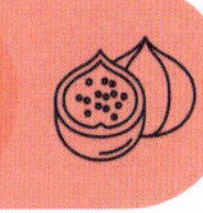

흔치 않은 페어링
코인트로 리큐어, 조개, 흑미, 무화과, 코코넛워터

양배추와 방울다다기양배추

양배추와 방울다다기양배추는 모두 브라시카과에 속하지만 외형, 텍스처, 풍미가 다르다. 둘 다 영양소가 풍부하며 본래의 씁쓸한 풍미를 향상시키기 위해 다양한 방법으로 조리된다.

양배추

2,500년 이상 경작되어온 유럽산 양배추는 가장 오래 재배되어온 브라시카 품종 중 하나이다. 모든 종류의 양배추가 다용도로 쓰이며, 찌거나 굽거나 버터에 조리하면 그 풍미가 돋보인다. 천연 산과 당분 덕분에 양배추는 쉽게 발효된다. 양배추 식물의 세포벽은 열에 붕괴되어, 미로시나아제에 의해 풍미가 빠르게 생성되고 부드러워져 다른 풍미를 흡수하게 된다.

연구에 따르면 24가지 풍미 화합물이 양배추의 고유한 풍미 프로파일을 구성한다. 그리고 이 프로파일에는 풋풋함, 알싸함, 과일 향, 지방 향, 꽃향기, 구운 향으로 구성된 자질들이 각 품종마다 고유하게 균형을 이루고 있다. 양배추의 주요 향기를 내는 이소티오시아네이트는 방울다다기양배추의 향기만큼 우세하지는 않아서, '잎채소의 풋풋한' 향을 내는 향기 화합물뿐만 아니라 한때 수술용 마취제로 사용되었던 가스인 디메틸에테르의 달콤하고 여린 향으로 상쇄된다. 적색과 자색 양배추는 붉은색 안토시아닌 색소가 충분하며, 더욱 다양하고 과일 향이 풍부한 풍미 프로파일 덕분에 건과일처럼 달콤한 음식과 잘 매치된다. 아시아산과 몇몇 유럽산 흰 양배추는 리모넨에서 나오는 레몬 향 요소를 지니는 반면, 순한 맛을 내는 사보이양배추와 고깔양배추는 속을 채우는 요리(스터핑), 겉을 바삭하게 굽는 요리(로스팅), 직화 구이(그릴링), 조림 요리(브레이징)에 제격이다.

방울다다기양배추

미니 양배추를 닮은 방울다다기양배추에는 잎눈이 빽빽하게 나 있다. 그리고 이 잎눈은 다른 어떤 브라시카과 식물보다 높은 수준으로 황 화합물을 풍부하게 함유하고 있다. 유전적으로 쓴맛에 민감한 사람들(22~23쪽)에게 방울다다기양배추는 역할 정도로 쓰다. 생야채 속 글루코시놀레이트와 조리된 후 생성된 이소티오시아네이트 모두 쓴맛을 내기 때문에, 조리 과정은 쓴맛을 더 악화시킨다. 특히 끓는 물에 너무 오래 익히면 더욱 악화될 것이다. 튀기기나 굽기와 같은 조리법으로 마이야르 반응을 유발하여 쓴맛을 상쇄하고 보완하는 고소한 풍미를 만들어낼 수 있다. 산미, 소금, 단맛으로 맛을 더하면 풍미가 더욱 향상될 수 있다.

양파속 식물, 그 외 다른 브라시카 식물, 간장, 고기, 감자, 콩, 사과, 사과주(혹은 사과주스)

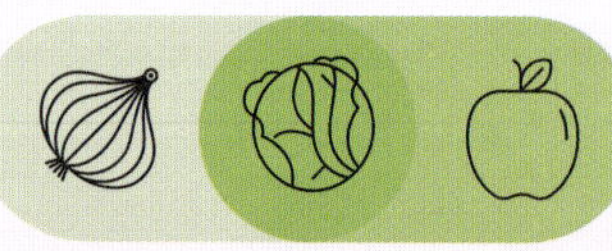

흔치 않은 페어링
안초비, 체리, 히비스커스 꽃, 커피, 에멘탈치즈, 모차렐라치즈

적양배추

후추 향이 나는 적양배추는 쓴맛을 내는 성분과 황 성분을 더 많이 지니고, 이들이 적양배추의 알싸한 풍미를 만들어낸다.

종류

양배추

녹색 양배추

전 세계에서 재배되는 녹색 양배추는 순하고 약간 달콤한 풍미를 지닌다. 톡 쏘는 맛을 내는 복합적인 풍미는 발효를 통해 얻을 수 있다(84~85쪽).

적양배추(적채)

적양배추의 풍미는 녹색 양배추 품종보다 약간 더 달다. 이 식물의 색깔은 안토시아닌에서 나온다. 조리고, 소금에 절이고, 소테하면 단맛이 더 강렬해진다.

사보이양배추

사보이양배추는 달콤하면서 흙내음이 나는 미묘한 풍미가 특징이다. 이 **품종**은 **녹색** 양배추보다 알싸한 맛이 덜하다.

나파배추

아작아작한 텍스처와 달콤한 풍미로 아시아 요리에서 인기 있다.

고깔양배추

원뿔 모양으로 끝이 뾰족한 고깔양배추는 순하고 달콤한 풍미를 지니며 샐러드 재료로 자주 사용된다.

방울다다기양배추

스탠더드

가장 흔한 품종으로, 고소하고 흙내음 같은 풍미를 지닌다.

루비레드(Red Rubine)

자색과 적색을 띤 품종으로 견과류 향의 고소한 풍미를 지닌다

롱아일랜드 개량종

단맛에 견과류 향의 고소하고 순한 풍미가 곁들여진다.

디아블로

단맛이 나는 품종으로서 서리에 닿으면 더 달콤해진다.

일반적인 페어링

메이플 시럽, 훈제 아몬드, 고추, 참깨, 레몬, 페코리노치즈, 사과, 위스키

사과　　방울다다기 양배추　　레몬

흔치 않은 페어링

배, 커리 가루, 잼, 헤이즐넛

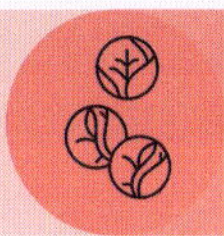

배　　방울다다기 양배추　　잼

콩과 식물

대두

대부분의 콩류와 마찬가지로, 대두는 먹기 전에 반드시 익혀야 한다. 대두 속의 천연 독소를 파괴해야 하기 때문이다.

누에콩, 대두, 완두콩, 검은콩, 버터콩, 강낭콩, 핀토콩을 포함한 흔한 **콩과 식물들의 모음**

생강낭콩

생강낭콩에는 구토와 설사를 유발하는 독소인 **피토헤마글루티닌**이 함유되어 있다.

콩과 식물은 꼬투리 안에서 자라는 식용 씨앗을 갖고 있는 채소류를 말한다. 콩류는 이 콩과 식물에 속한 한 부류로서, 콩, 완두콩, 병아리콩, 렌틸콩이 여기에 속하며, '곡식콩(pulse)'이라고도 통용된다.

인류 문명은 콩과 식물을 기반으로 세워졌다고 해도 과언이 아니다. 콩과 식물은 곡물과 다른 채소에는 부족한, 생명에 필수적인 단백질을 제공할 뿐만 아니라, 사람이 살 수 있는 모든 대륙에서 토착화되어 빠르게 생장하기 때문이다. 또한 콩과 식물은 토양에 질소를 공급하므로, 농부들이 비료나 거름 없이도 이 식물을 제한 없이 땅에서 키울 수 있다.

콩과 식물의 독특하고 친숙한 풍미는 주로 풀 향을 내는 향기 화합물인 헥산올과 헥산알(토마토, 대황, 키위, 사과에도 들어 있다)에서 비롯된다. 이와 함께, 피망 피라진(90~91쪽)과 버섯 향을 내는 옥테놀(142~143쪽)도 관련된다. 이 향기들은 콩이 손상을 입을 때 가장 강하다. 콩이 손상을 입으면 리폭시게나제라는 효소가 활성화되어 지방 분자를 작은 분자로 분해하기 때문이다. 또한 익힌 콩은 락톤과 퓨란이라는 화합물로 인해 은은한 단맛을 풍긴다. 하지만 너무 오래 보관하면 지방, 당, 단백질이 분해되어 식욕을 자극하는 향기가 약해지고 더 쓴맛을 내는 화합물이 생겨나 풍미가 탁하고 퀴퀴해진다.

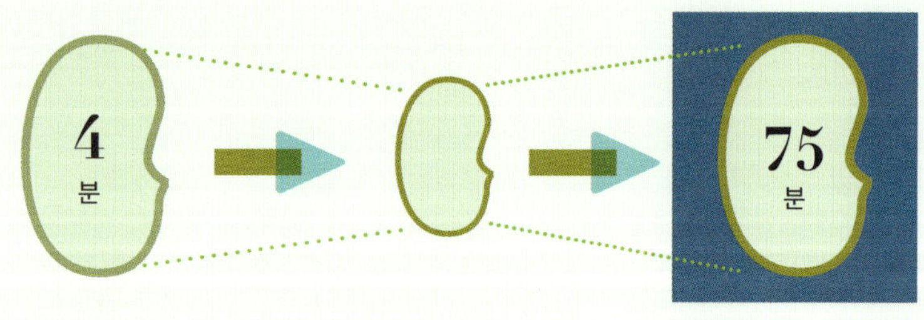

콩 요리

씨껍질(종피) 속 식물성 접착제(펙틴)는 소금물이나 베이킹소다에 담그는 것처럼 다양한 요인에 의해 손상되거나 강해질 수 있다. 누에콩을 조리하는 데 걸리는 시간은 다음과 같다.

날콩

날콩은 마른 콩보다 수분 함량이 더 많고 더 연해서, 빠르게 익으면서 '풋풋한' 풍미를 지닌다.

건조

콩은 **건조**되면 종피가 딱딱해지고 남아 있는 수분이 없게 된다. 다시 수분을 공급해서 종피를 부드럽게 만드는 데는 시간이 걸린다.

물에 불리기

마른 콩을 물에 최대 12시간 불리면 조리 시간이 단축되고 소화되지 않는 당분이 줄어들어 소화율이 높아진다.

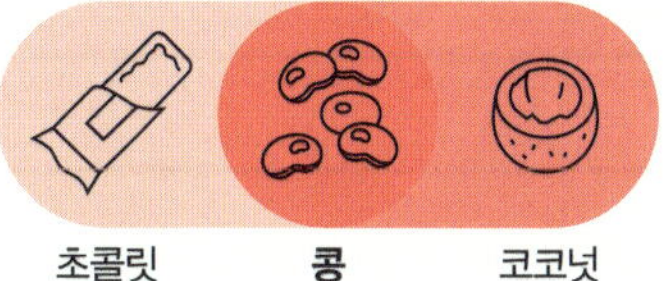

렌틸콩, 완두콩, 병아리콩

렌틸콩은 아마도 가장 오래 재배되어온 콩과 식물일 것이다. 렌틸콩은 작은 씨앗으로서 빨리 익으며 인도 아대륙의 주요 작물이다. 녹색, 갈색, 검은색, 주황색, 빨간색 등 다양한 색의 렌틸콩이 나와 있다. 색이 어두운 품종일수록 흙내음과 구운 향을 내는 피라진을 함유하며, 곰팡내 같은 풍미를 지닌다. 반면 주황색과 빨간색 품종에서는 버터스카치 향과 꽃향기가 희미하게 느껴진다.

완두콩은 독특하게도 달콤한 풍미를 지니는데, 이 단맛은 수확 후 빠르게 변질된다. 완두콩은 헥산알과 녹색 완두콩 피라진과 같은 '풋풋한' 풍미 화합물의 함량이 높다.

병아리콩 중에 가장 흔한 종류는 크고 노란 카불리 병아리콩이다. 향기 화합물인 헥산산 덕분에 고소하고 크리미한 풍미를 지닌다. 더 작고 더 어두운 데시 병아리콩은 흙내음이 더 진하고 인도의 주요 작물이기도 하다. 인도에서는 이 콩을 갈아 병아리콩 가루를 만든다.

50
분

소금물에 블리기

소금이 콩의 세포벽 속 미네랄을 대체하면, 세포벽이 부드러워지고 물이 더 쉽게 스며들어 요리 속도가 빨라진다.

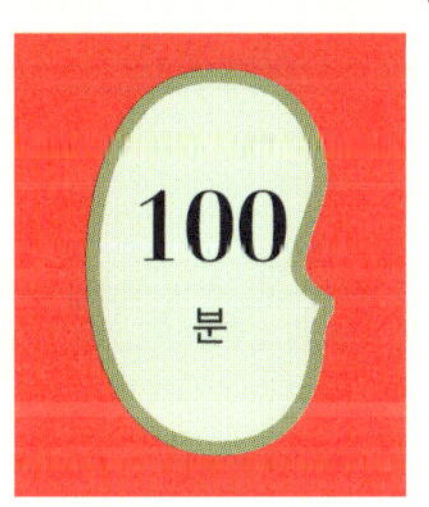

35
분

베이킹소다에 블리기

물에 **베이킹소다를** 넣으면 식물성 접착제가 불안정해져서 요리 속도가 빨라지지만 맛에 영향을 줄 수도 있다.

100
분

토마토 소스에서 익히기

가령 토마토 같은 산성 소스에서 **익힌 콩**은 부드러워지는 데 더 오래 걸린다.

콩의 종류

누에콩

크고 납작한 누에콩의 딱딱한 겉껍질을 벗겨내야 연한 씨앗이 나온다. 이 씨앗은 육수 같으면서 맛에 약간 단맛이 느껴지는 독특한 풍미를 지닌다.

동부콩

6,000년 동안 서아프리카에서 경작되었고 오늘날에는 미국 요리에 깊숙이 자리 잡은 동부콩은 흙내음이 나는 풍미로 유명하다. 아몬드와 체리의 은은한 향은 메틸에틸벤즈알데하이드라고 불리는 화합물에서 나온다.

핀토콩

약간 크고 껍질이 얇으며 얼룩덜룩한 길색 콩으로서, 순하면서 약간 고소한 풍미와 부드러운 텍스처는 멕시코의 프리홀레스 레프리토스(리프라이드 빈)와 잘 어울린다.

강낭콩

약간 날콤하면서 신한 쑹미와 고기 같은 텍스처를 지닌다. 이러한 특성 덕분에 강낭콩은 미국 전역에서 인기가 많다. 텍사스 외곽 지역의 요리인 칠리 콘 카르네에 강낭콩이 들어간다 북인도에서 인기 있다(라즈마 커리에도 들어간다). 메티오닐은 육향과 익힌 양파 향을 낸다.

카넬리니콩

크고 하얗고 단단한 텍스처와 고소한 풍미를 지니는 콩으로, 매우 다용도로 이용되는 식재료이며 미네스트로네 및 리볼리타 스튜와 같은 여러 이탈리아 요리에 필수적이다.

흰 강낭콩(네이비콩)

작고 부드러운 흰색 콩으로 매우 순한 풍미를 지닌다. 전통적으로 미 해군에서 인기가 많았으며 보스턴 베이크드 빈과 달콤한 돼지고기 스튜에 사용된다. 베이크드 빈 통조림의 원조이다.

리마콩(버터빈)

조밀하고 녹말이 많은 텍스처의 흰콩으로, 순한 풍미를 지녀 수프와 스튜에 널리 사용된다.

러너콩

갓 생긴 꼬투리 접체를 썰어 먹는다. 일반적으로 채소처럼 삶거나, 씨거나, 튀겨서 먹는나. 헥센알과 같은 '풋풋한' 풍미 화합물이 풍부하여 마늘 및 레몬과 잘 어울린다.

대두

생으로 먹으면 독이 되고, 익히면 맛이 없을 정도로 밍밍한 대두는 요리계의 뜻밖의 영웅이다. 대두는 간장, 미소된장, 두부, 템페 등 수십 가지 독특하고 맛있는 재료의 기본을 이룬다.

풋콩(에다마메)을 부드러워질 때까지 소금물에 삶으면 (헥센알에서 유래하는) 풀 향과 약간의 버터 향의 완두콩 같은 기분 좋은 풍미가 생긴다. 반대로, 다 자란 흰 대두는 단백질 함

량이 높아(다른 콩과 식물의 두 배) 익히면 왁스처럼 질기고 단단해진다. 대두에서는 쓴맛과 떫은 맛이 나며, 손상을 입으면 대두의 풍부한 기름 성분이 효소와 반응하여 판자, 페인트, 그리고 산패한 기름을 연상시키는 강한 콩 냄새 향기 화합물로 파편화된다.

템페

육향이 더 강한, 두부의 대체식품인 템페는 대두를 통째로 익히고 발효시킨 후 살아 있는 균류로 뭉쳐 만든다.

두부

두부는 응고시킨 두유를 압착해서 만든 콩 응어리로, 향기 화합물이 대부분 없어 풍미도 거의 없다.

간장 만들기

오늘날의 간장은 대두를 삶아 으깨어 두 번 발효시킨 육수이다. 종종 볶은 밀을 넣기도 한다.

미소된장 만들기

미소된장은 으깬 대두를 오랜 시간 발효시켜 만든 걸쭉하고 강렬한 풍미를 지닌 페이스트로, 달콤하고 구운 향이 은은하게 난다.

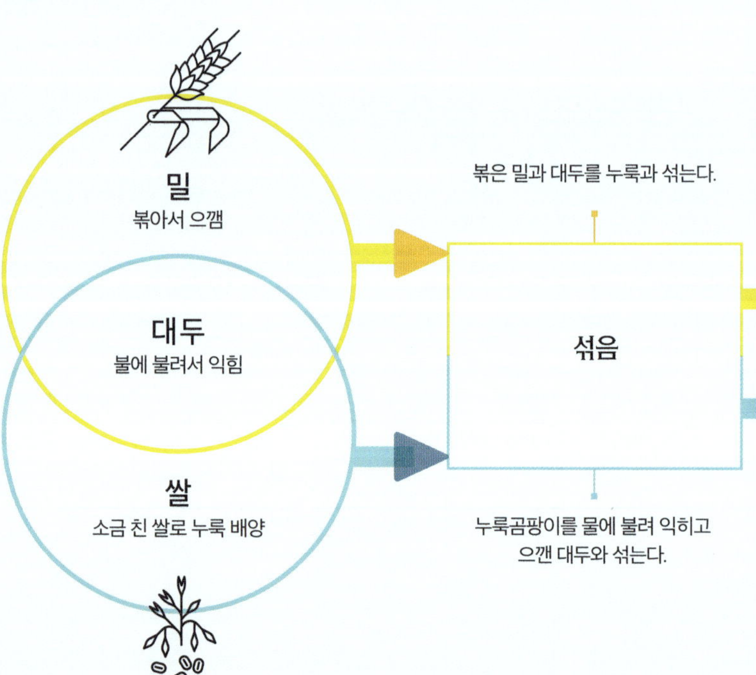

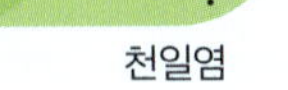

일반적인 페어링
풋콩에 천일염과 마늘을 살짝 뿌려 풍미를 더해보자. 고춧가루는 어린 콩에 따뜻한 맛을 더하기에 효과적인 재료이다.

마늘　**풋콩**　천일염

해초　**미소된장**　생강

일반적인 페어링
전통적으로 미소된장은 두부 및 해초를 곁들여 먹으며, 마늘·생강과 함께 마리네이드 소스와 드레싱에 사용된다.

간장

간장은 누룩곰팡이의 종균을 사용하여 발효시켜 만든다. 짠맛이 나는 슬러리는 몇 달에 걸쳐 산미, 캐러멜 같은 단맛, 은은한 버터 향, 와인 같은 향기 등 100가지가 넘는 복합적인 풍미를 발달시켜 감칠맛을 더해준다. 3-메틸부탄알이라는 강력한 향기 화합물은 간장의 트레이드마크인 초콜릿과 맥아 향의 풍미를 책임진다.

두부와 템페

두부는 부드럽고 치즈 같은 굳기를 보이지만 다른 풍미를 흡수하지 않는다. 양념이 몇 mm 침투하는 정도이다. 튀겨서 화려한 껍질을 만들 수도 있다. 발효된 두부의 표면은 사용된 다양한 곰팡이들, 추가 재료, 그리고 숙성 기간에 따라, 달콤하고 향기로운 것부터 알싸한 치즈 향이 나는 것까지 다양한 범주의 풍미를 낸다. 템페는 두부보다 육향이 더 강한 대체식품으로 은은한 견과류 향과 흙내음을 풍긴다.

간장과 미소된장의 종류

일본 간장 VS 중국 간장

원래는 중국에서 먼저 만들어졌지만, 서양에서 판매되는 많은 간장은 일본식으로, 밀과 대두의 함유량이 같다. 이는 짠맛이 강한 중국식 간장보다 단맛이 더 강하고 대두의 풍미가 더 부드럽다.

연간장 VS 진간장

더 짧은 기간 발효된 '연간장'은 일반적인 용도로 사용되며 풍미 증진제로 사용된다. '진간장'은 걸쭉하고 단맛이 나며 마리네이드 소스, 조림 요리, 국물 요리에 제격이다.

타마리

밀이 들어가지 않고 더 걸쭉한 일본식 간장 '타마리'는 국물 요리와 볶음 요리에 묵직한 맛을 더하는 데 사용된다.

시로 미소(백된장)

발효된 대두와 누룩으로, 주로 단기간 발효시켜 가장 밝은 색과 가장 순한 풍미를 낸다. 수프나 드레싱 같은 섬세한 요리에 적합하다.

아카 미소(적된장)

대두를 더 많이 쓰고 발효 기간을 늘린 결과 진한 붉은색, 강렬한 짠맛, 탄탄한 감칠맛이 난다. 국물 요리나 마리네이드 소스처럼 진한 맛을 내는 요리에 적합하다.

아와세 미소(혼합 된장)

백된장과 적된장을 결합하여 균형 잡힌 풍미 프로파일을 완성한다. 백된장에서는 달콤하고 고소한 맛이, 적된장에서는 풍부하고 짠 맛이 나온다. 다양한 요리에 다목적으로 활용된다.

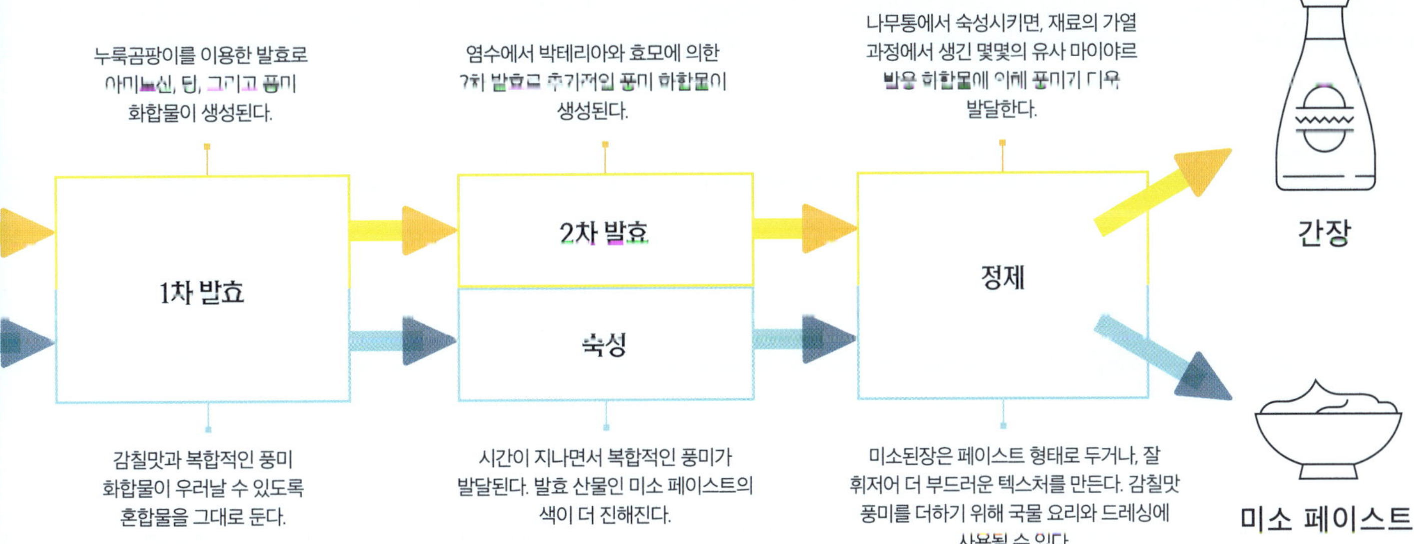

스터-프라잉의 원리

스터-프라잉은 고대 중국식 조리법으로, 전통적으로 화력이 강한 실외 화덕에 옆면이 높은 웍으로 행해졌다.
제한된 연료로 조리하는 매우 효율적인 방식이어서, 아시아 전역에서 대단히 인기가 많은 조리법이다.

'스터-프라잉'은 '차오(chǎo)'의 부정확한 표현이다. 중국 레스토랑 주방에서는 휘저을 일이 거의 없다. 그 대신 셰프들은 가끔씩 불꽃이 솟아오르는 뜨겁게 데운 웍에서 밥과 자잘한 채소를 열정적으로 공중에 띄운다. 이러한 극단적으로 높은 온도로 튀기듯 볶는 조리법을 '바오(bào)'라고 한다. 이때 재료가 순식간에 시어링되면서 '웍 헤이(웍의 숨결)'라 불리는 '불맛'이 나온다. 가정집에서는 도달하기 어려운 조리 단계이다.

'불맛' 반응은 기름을 두른 팬이 260℃ 이상으로 지속적으로 유지될 때에만 일어난다. 이 온도에서 기름은 연기가 잘 나고 불이 쉽게 붙는다. 신속한 마이야르 반응(74~77쪽)과 어우러지는 분해된 기름 조각들이 바로 이 형용할 수 없는 풍미를 만들어내는 것이다.

계속 움직여라

불맛을 내고 싶다면 발연점이 높은 기름(40쪽)이 필수적이다. 팬에 기름을 얇게 코팅하고 연기가 나기 시작할 때만 조리를 시작해야 한다. 연기가 나는 즉시 기름과 재료를 넣는다. 미리 썰어둔 한입 크기의 재료를 팬 안에서 계속 움직이게 해야 재료들이 그슬리지 않고 전체적으로 고르게 갈색으로 조리된다. 실험 결과에 따르면, 재료를 빠르게 저어주고 띄워주면 신속하게 조리된다. 공중에 뜬 재료들은 팬에서 올라오는 뜨거운 수증기 기둥을 통과하면서 익기 때문이다.

짠맛

연간장은 짠맛, 감칠맛, 산미, 미묘한 대두의 풍미와 색깔을 더한다. 쌀술은 감칠맛, 단맛, 그리고 좋은 향을 야기한다.

쫄깃함

면은 요리에 만족스러운 쫄깃한 텍스처를 더하고 간장의 풍미를 잘 흡수한다.

아작함

피망과 깍지완두는 색깔, 단맛, 그리고 상쾌함을 더한다.

텍스처

닭가슴살은 다른 재료와 대비되는 부드러운 텍스처와 순하고 감칠맛 나는 풍미를 지닌다.

식히기

수분이 가득한 소량의 재료가 뜨거운 금속에 닿을 때마다 팬의 온도는 급격히 떨어진다. 팬에 재료를 너무 빨리 많이 넣으면 음식 겉면기 갈색으로 시어링되지 않고, 재료 본연의 즙으로 익게 된다. 그온을 유지하려면 신선한 재료를 조금씩 넣거나 잠시 팬을 화구에서 들어 올린다. 가정집에서 불맛을 내려면, 재료를 한 회분씩 조리하고 옮겨놓고 마지 막에 합친다.

'바오' 없는 '차오'

중불에서 스터-프라잉을 하면 힘이 덜 들고 고기나 채소를 더 두껍게 썰어서 더 오래 조리할 수 있다. 아직 단단한 채소나 더 큰 고기 조각은 뚜껑을 덮고 팬에 부은 액체(쌀술, 간장, 물)의 증기 에 의해 익도록 노-두는 방식으로 조리가 완성될 수도 있다.

완벽한 풍미의 스터-프라잉 요리

프랑스 요리와 그 외 다른 서양 요리는 일반적으로 핵심적인 풍미를 소스와 그레이비에 집중시 키는 반면, 아시아 전통 요리는 어떤 한 가지 요소가 나머지 요소들보다 우세하지 않고, 재료의 균형과 조화를 추구한다.

감칠맛

표고버섯은 입안 가득 깊은 감칠맛을 불어넣는다.

열감

얇게 썬 대파, 붉은 고추, 생강은 얼얼한 열감과 과일 향을 탑 노트(첫 향)로 제공한다.

향기

마늘은 황 화합물과 글루탐산염(26~29쪽)에서 비롯되는 육향의 원천이다.

마이야르 반응

땅콩유는 발연점이 높고 담백한 풍미를 지닌다. 또한 닭고기와 버섯을 신속하게 갈변시킬 수 있는 고온 조리를 가능하게 해준다.

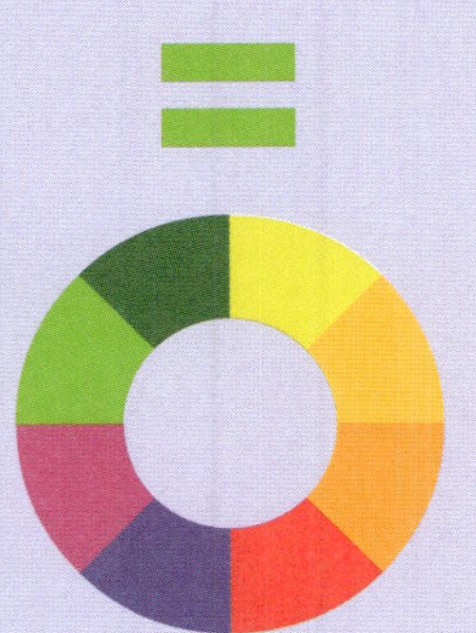

**완벽한 구성의
스터-프라잉 요리**

감귤류

한때 사치스러운 겨울철 별미였던 감귤류 과일은 이제 너무 흔한 과일이 되어버렸다. 그래서 감귤류가 요리용 과일 중 가장 중요한 과일이라는 사실을 잊곤 한다. 이토록 방대하고 복잡한 부류인 감귤류는 단맛, 산미, 감칠맛, 쓴맛뿐만 아니라 젤을 만들 때 쓰이는 필요한 펙틴까지 제공해준다.

완숙 감귤류의 조각에는 각각 소시지 모양의 작은 즙 알갱이가 빽빽하게 차 있다. 이 작은 주머니 혹은 '소낭'이라 불리는 알갱이는 하나같이 물로 불룩하게 채워져 있다. 이 물에는 당분(주로 자당), 풍미가 풍부한 기름방울, 감칠맛을 내는 글루탐산염이 다량 함유되어 있다. 특히나 오렌지와 자몽에는 글루탐산염이 상당량 들어 있다. 왜 오렌지는 가금육과 그토록 잘 어울리며, 왜 자몽은 마리네이드 소스의 풍미를 맹렬히 올리는지가 이 숨겨진 감칠맛 한 방으로 설명된다. 감귤류의 과피 혹은 껍질은 대개 버려지지만, 과일 풍미의 대부분은 사실 껍질에 들어 있다. 껍질의 가장 바깥쪽에는 제스트(또는 플라베도)라고 알려진 유색의 얇은 층이 있다. 제스트 안쪽 기름샘에는 수백만 개의 향기 성분을 지닌 기름방울들이 들어 있다.

감귤류의 풍미

과육에서 당과 산의 균형을 기준으로, 감귤류는 우리가 즐겨 먹는 감귤류(귤, 오렌지, 자몽)와 요리할 때 쓰는 감귤류(레몬, 라임)로 나눌 수 있다. 오렌지처럼 단맛이 강한 품종은 산보다 당이 10배 더 많은 반면, 당과 아세트산의 함량이 거의 같은 라임은 눈물이 날 정도로 신맛이 강하기 때문에 다른 요리에 풍미를 내는 용도로 쓰는 것이 가장 좋다.

풍미 조합

감귤 제스트의 황을 함유하는 화합물은 사향 냄새를 내며 감칠맛 나는 요리와 조화를 이룬다. 한편, 새콤달콤한 감귤 과즙과 과육은 샐러드와 디저트에 과일의 산뜻함을 더한다.

기호

☐ 당 △ 산

오렌지

가장 인기 있는 감귤류 과일인 오렌지는 더 작은 만다린에서 유래한 것이다. 리모넨과 시트랄을 동시에 아우르는 200가지 이상의 화합물 덕분에 더욱 풍부한 풍미를 지닌다. 즙이 제스트보다 과일 향이 더 강하게 나며, 오렌지 제스트는 베이킹에 가장 잘 쓰이는 재료이다.

10:1 스위트/네이블오렌지   **9:1** 만다린   **7:1** 블러드오렌지

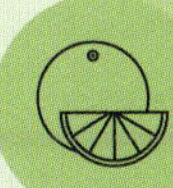

오리고기   **오렌지**   아몬드

자몽

이 카리브해 과일은 의외로 풍미 프로파일의 특징으로 쓴맛을 지닌다. 자몽의 쓴맛은 나린진이라는 물질 때문인데, 이 성분은 과일이 익으면서 줄어들며, 자몽의 쓴맛은 소금이나 설탕으로 누를 수 있다.

6:1 자몽

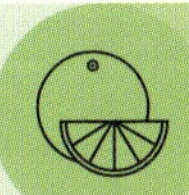

로즈마리   **자몽**   생강

레몬과 라임

신맛을 내는 시트르산뿐만 아니라, 테르펜 계열의 풍미 화합물이 우세하다. 산뜻하고 신선하면서 강렬한 감귤 향을 내는 리모넨과 더불어 레몬사탕 같은 향을 내는 시트랄이 그 예이다. 과육을 짜내면 이 두 화합물은 곧바로 분해되어 우디 향으로 대체된다.

2:1 레몬   **1:1** 라임

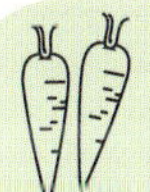

당근   **레몬**   꾀꼬리버섯

고수   **라임**   육두구

사과와 배

사과와 배는 인과류 과일에 속한다. 인과류란 섬유질의 중심부에 씨가 들어 있고 바깥층이 더 두꺼운 다육과를 말한다. 다육과는 즙이 많으면서 아삭거리는 독특한 풍미를 공통적으로 갖고 있다. 팽팽하고 수분이 가득한 식물 세포가 입안에서 터지면서 향으로 가득 찬 시큼하고 달콤한 과즙이 방출된다.

사과의 풍미는 향을 내는 에스테르 계열의 향기 화합물(66~67쪽)에서 비롯되는데, 이는 감귤류의 톡 쏘는 맛을 내는 테르펜 계열 화합물과 수박의 섬세한 꽃향기를 내는 알데하이드 계열 화합물과는 대조적이다. 촘촘하게 뭉쳐진 세포들은 펙틴 성분으로 서로 붙어 있으면서 맛 좋은 아작함을 선사한다. 과일은 다 익으면 펙틴이 효소에 의해 소화되면서 부드러워지고 맛 성분이 없는 전분과 신맛 나는 산은 단당으로 분해된다. 사과의 풍미는 사과 같은 과일 향을 내는 '사과 에스테르(에틸 2-메틸부티레이트)'와, 바나나 향과 약간의 배 향을 내는 부틸아세테이트, 그리고 갈라 사과의 배 향과 비슷한 붉은 과일 향을 내는 헥실아세테이트에서 비롯된다.

사과의 종류

식사/디저트용

갈라(뉴질랜드)
당-산 비율: 40:1
풍미: 달콤하면서도 순한 풍미와 은은한 바닐라 향이 난다.

허니크리스프(미국)
당-산 비율: 27:1
풍미: 아삭하고 즙이 많으며 기분 좋은 시큼한 맛이 난다.

후지(일본)
당-산 비율: 대량 생산 품종 중 가장 높다. 최대 60:1
풍미: 매우 아삭하고 청량하지만 향이 약하다.

요리용

그래니 스미스(호주)
당-산 비율: 12:1
풍미: 시큼하고 톡 쏘는 맛에 풋풋한 향이 은은하게 난다.

브램리(영국)
당-산 비율: 7:1
풍미: 매우 시큼하고, 조리 시 퓨레로 만들면 단맛이 더해지며 부드러워진다.

다용도

브레이번(뉴질랜드)
당-산 비율: 16:1
풍미: 바삭하고 향긋하며 계피 향과 향신료의 향이 살짝 느껴진다.

조나골드(미국)
당-산 비율: 14:1
풍미: 달콤하고, 꿀 향과 시큼함이 살짝 느껴지며, 즙이 많다.

사과

배보다 과육이 더 아삭하고 조밀하며 세포가 더 촘촘하게 뭉쳐 있다.

일반적인 페어링

사과는 포도와 배 등 수많은 다른 과일들과 함께 먹을 수 있는 다용도 과일이다. 샴페인과 사과주와 함께 즐길 수도 있다.

포도 　사과 　샴페인

흔치 않은 페어링

사과의 단맛은 토끼고기뿐만 아니라 오리고기, 양고기 등 다른 고기의 맛을 보완한다. 고르곤졸라 같은 크리미한 치즈와도 함께 먹을 수 있다.

토끼고기 　사과 　고르곤졸라 치즈

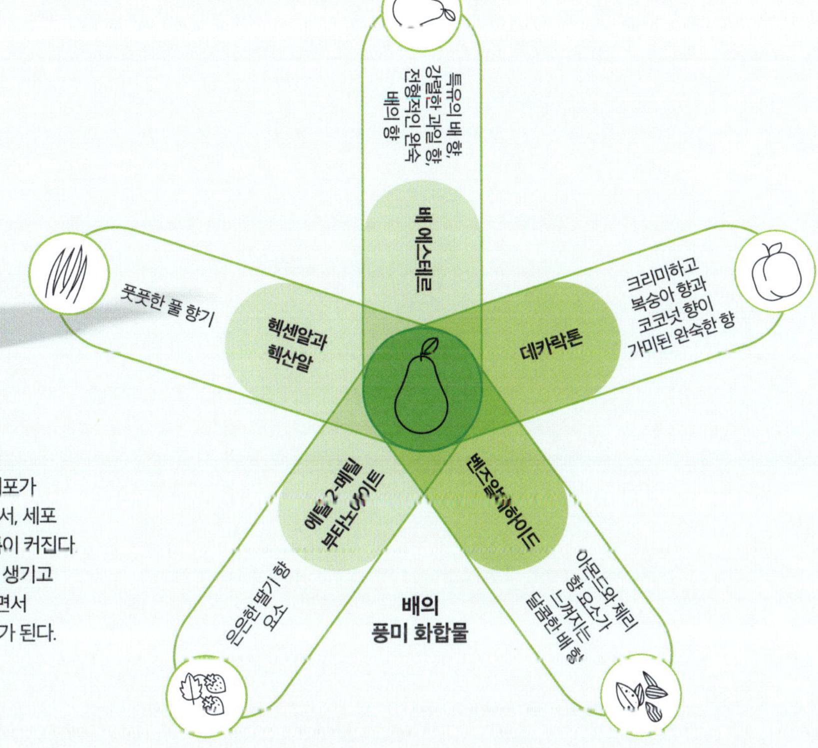

시큼한 맛

사과와 배의 활기 넘치게 톡 쏘는 맛은 산, 주로 사과산에서 비롯되며, 과당의 단맛과 균형을 이룬다. 재배자들은 점점 더 달콤한 농산물을 개량 중이지만, 균형 잡힌 식사를 하는 사람들이 섭취하는 식품의 당–산 비율은 약 16:1이다. 2,000종이 넘는 다양한 사과 품종은 크게 디저트 또는 식용 사과, 요리용 사과, 다용도 사과, 그리고 사과주용 사과로 나눌 수 있다. 당도가 중간 수준이며 산도가 높고 탄닌이 풍부한 사과 품종은 사과주를 만드는 데 사용된다.

배는 용도에 따라 디저트/식사용 배(윌리엄스/바틀렛, 안주, 컨퍼런스, 코미스), 요리용 배(보스크처럼 단맛이 적고 과육이 단단한 배), 통조림용 배(윌리엄스/바틀렛처럼 통조림의 열과 압력을 견뎌내는 배), 그리고 발효하여 배 사이다로 만드는 고탄닌 페리용 배(버트, 헨드레 허프캡, 쏜) 등으로 분류된다.

시간이 지남에 따라 세포가 수축하며 수분을 잃어서, 세포 사이이 **미세한 공기 틀**이 커진다 결국 해면처럼 구멍이 생기고 결과적으로 부드러우면서 가루와 흡사한 텍스처가 된다.

일반적인 페어링

배는 바나나와 딸기를 포함한 다른 여러 과일과 잘 어울린다. 아몬드 같은 견과류와 염소 치즈를 포함한 치즈를 곁들일 수도 있다.

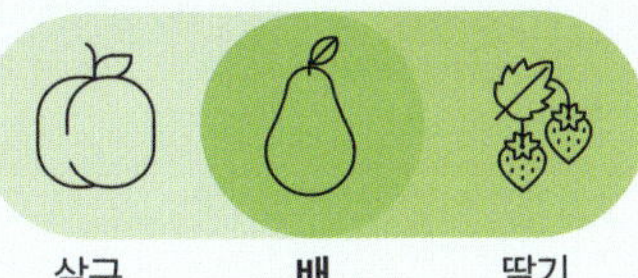

흔치 않은 페어링

대두의 풍미와 궁합이 잘 맞는다. 달콤한 미소된장과 콜리플라워나 아보카도를 함께 곁들여보자. 배의 달콤함과 아름답게 대비된다.

핵과류

까망베르치즈 · **살구** · 생강

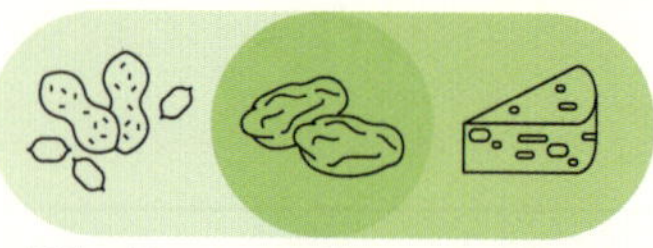

코코넛 · **자두** · 오리고기

볶은 땅콩 · **프룬** · 연질의 블루치즈

돼지고기 · **스위트체리** · 버섯

초콜릿 · **사워체리** · 계피

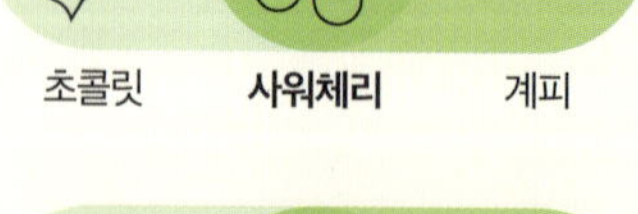

요거트 · **망고** · 레몬그라스

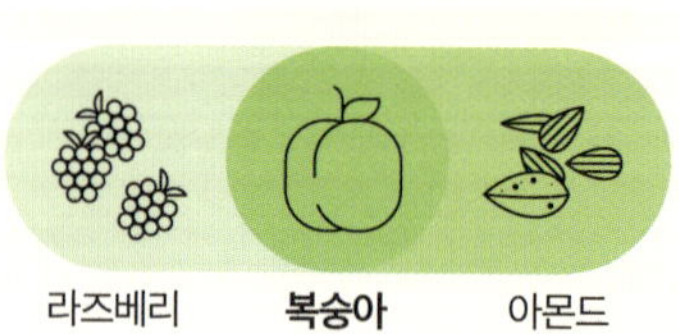

라즈베리 · **복숭아** · 아몬드

베이컨 · **망고** · 파르메산치즈

베르가못 오렌지 즙 · **복숭아** · 다질링차

일반적인 페어링
공통적인 풍미 성분들 덕분에 이 재료들은 핵과류와 양립할 수 있다.

흔치 않은 페어링
복숭아와 망고에 대한 몇 가지 의외의 조합을 소개한다. 바질과 민트 같은 허브도 두 과일과 잘 어울린다.

망고에서 느껴지는 열대과일의 강렬함부터 즙이 많은 자두의 정겨운 달콤함까지, 큰 사랑을 받는 이 다양한 과일들은 모두 단 하나의 단단한 씨, 즉 '과심'을 발달시켜왔다. 과심은 과일 향의 풍미가 터져 나오는 과육으로 둘러싸여 있다.

망고

'과일의 왕'으로 불리는 망고는 전 세계적으로 가장 인기 있는 핵과류이다. 비교할 수 없는 단맛, 호화로운 풍미, 풍부하고 매끄러운 텍스처 덕분에, 3월에 시작되는 '망고 시즌'은 망고의 원산지인 인도 아대륙에서 연례행사처럼 되어버렸다. 알폰소 망고와 같이 가장 풍미 있는 망고 품종은 270가지가 넘는 다양한 풍미 화합물을 자랑하며, 시럽처럼 달콤하고 크리미한 과육은 강렬한 열대과일의 맛과 블랙커런트 사탕 맛에 복숭아, 라임, 캐러멜 향의 여운을 결합시킨다. 과일 하나당 45g(11작은스푼)의 당(모든 요리용 과일 중 당 함유량이 가장 많음)과 시트르산과 사과산의 톡 쏘는 맛 외에도, 망고의 풍부하고 복합적인 풍미는 솔향과 감귤 향이 나는 테르펜류, 과일 향의 에스테르류, 열대지방의 락톤류에서 비롯된다.

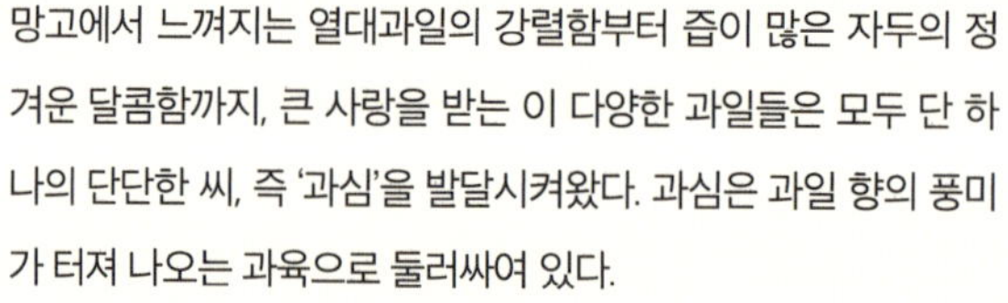

망고
망고는 사탕부터 캐러멜까지 다양한 풍미를 지니는 300종 이상의 품종이 존재한다.

망고

복숭아, 천도복숭아, 살구

복숭아, 천도복숭아, 살구는 모두 온대지방인 중국에 그 뿌리가 있다. 복숭아와 천도복숭아는 본질적으로 같은 과일이다. 2,000여 년 전에 유전적 변이로 복숭아의 보송보송한 솜털이 사라지고 껍질이 매끄러워져, 베어 물 때 더 단단한 느낌이 나게 되었던 것이다. 살구는 복숭아와 유연관계가 가까운 과일로서 복숭아보다 작고 더 달콤하면서 시큼하지만, 더 섬세하고 복합적인 풍미를 지닌다. 두 과일의 유연성을 뒷받침하는, 크림처럼 부드럽고 복숭아 같은 풍미는 락톤류에서 비롯된다. 복숭아와 살구에서 미묘하게 열대 과일이 연상되는 이유는 락톤류 때문이다. 복숭아 및 천도복숭아 통조림은 생과일보다 더 달고 부드러우며 맛이 더 단순하다. 그리고 산과 여러 풋풋한 향기 화합물들이 결여되어 있어서, 오븐에 구운 음식이나 소스류에 더 잘 어울린다. 또한 살구는 아몬드 향의 풍미를 만들어내는 벤즈알데하이드를 갖고 있으며(172~173쪽), 강한 꽃 향을 특징으로 한다. 그리고 이 향기는 두 개의 테르펜 계열 화합물, 즉 라벤더와 흡사한 향을 내는 리날로올과 장미 향을 내는 제라니올에서 나온다.

자두와 체리

자두와 체리는 복숭아, 살구와 유연관계가 멀다. 자두와 체리는 같은 고대 핵과류의 조상에서 유래했지만, 서로 뚜렷이 다른 과일 향의 풍미를 특징으로 한다. 크고 즙이 많은 일본산 품종뿐만 아니라 더 작고 부드러운 유럽산 품종도 있다. 체리도 크고 단맛 나는 품종과 작고 신맛 나는 품종으로 나뉜다.

복숭아와 살구가 지닌 락톤의 아주 매끄러우면서 달콤한 향이 자두와 체리에는 거의 결여되어 있다. 자두는 강력한 과일 향(에스테르류)을 바탕으로 테르펜류에서 유래하는 꽃향기와 솔향을 특징으로 한다. 매우 달콤하고 부드러운 껍질을 가진 유럽 자두는 완전히 익었을 때 딴 후 건조시켜 '프룬'으로 만든다. 자두가 건조되는 과정에서 당이 농축되고 캐러멜 풍미와 '로즈 케톤'으로 알려진 장미와 비슷한 강렬한 향이 발달된다.

체리는 살구처럼 아몬드 향이 두드러지며 단맛 나는 식용 체리와 산도 높은 신맛 체리(타르트 체리) 품종들이 시중에 나와 있다.

체리
신맛 체리의 씁쓸한 풍미는 조리되면서 부드러워질 수도 있다.

천도복숭아
천도복숭아의 풍미 화합물에는 벤즈알데하이드, 리날로올, 제라니올이 포함된다.

체리

자두

살구

천도복숭아

베리류(장과)

달콤하고 촉촉한 딸기부터 축제용 소스로 완벽한 톡 쏘는 신맛의 크랜베리까지, 이 작은 과일들이 전부 장과류인 것은 아니지만, 모두 맛있다.

블루베리

톡 쏘는 신맛을 지니는 블루베리의 향기 프로파일 대부분은 테르펜류와 알데하이드류(66~67쪽)에서 나오는 향기들로 채워진다. 리날로올은 기분 좋은 꽃 향을, 피넨과 리모넨은 소나무와 레몬 향을 살짝 풍기고, 미르센에서는 흙내음과 흡사한 향신료 향의 풍미가 나온다. 블루베리를 한입 베어 물었을 때 포도처럼 과일 향이 분출되어 입안을 한가득 채울 수 있는 이유는 진한 과일 향을 내는 에스테르류가 과육 안에 풍성하게 들어 있기 때문이다.

포도

200가지가 넘는 포도의 풍미 화합물에서, 아삭하고 풋풋한 청포도인 '톰슨' 품종, 잼같이 농축된 단맛과 머스크 향의 풍부함을 선사하는 자두 빛깔의 '콩코드' 품종, 그리고 과자 향을 지닌 '코튼 캔디'라는 이색 품종이 만들어진다. 포도의 향기는 감지하기 힘들지만 입안에서는 풍미가 폭발한다. 껍질에 감귤, 꽃, 허브 향의 은은한 향긋함을 만들어내는 테르펜류가 농축돼 있는 한편, 과육에는 과일 향을 내는 에스테르류가 더 풍부하기 때문이다. 에스테르류는 희미한 사과, 배, 바나나, 파인애플 향을 전달한다.

포도의 종류

톰슨 씨드리스('설타나')
상쾌하면서 약간 시큼하고 아삭하고, 풋풋한 맛의 과일 과육에 꽃 향이 살짝 깃들어 있다. 건포도와 설타나를 만드는 데 가장 많이 사용되는 품종이다.

레드 글로브
크고 과육이 단단하며 매우 달콤하다. 비교적 중성적이며 풋풋한 풍미에 꽃과 감귤 향이 살짝 깃들어 있다.

콩코드
포도 주스와 디저트 와인에 사용되는 품종. 잼같이 농축된 단맛과 강렬하고 풍부한 풍미를 지닌다. 독특하게도 살짝 딸기 향이 나고 메틸안트라닐산 함량이 높다. 강한 향을 풍기는 이 '여우' 화합물은 사향 향을 특징으로 하며 음료와 과자류에 흔히 첨가되는 포도 향료로 종종 사용된다.

딸기

딸기는 380가지를 웃도는 풍미 화합물들을 지닌다. 다른 많은 과일과 마찬가지로 딸기의 과일 향은 에스테르류에서 비롯되며, 여름에 어울리는 상쾌함은 풋사과 향을 내는 헥센알에 의해 전달된다. 하지만 딸기를 차별화시키는 화합물은 달콤한 캐러멜 향을 은은하게 감돌게 하는 퓨라논(퓨라네올)이다. 게다가 강렬한 버터 향을 내는 디아세틸(166~167쪽)이 더해져 딸기의 풍부한 맛(크림과 잘 어울리는 이유)을 더한다.

라즈베리

라즈베리는 장미과에 속하며 사실 베리류(장과)는 아니다. 오히려 '취과'로서, 여러 개의 작고 구슬 같은 소핵과 다발로 되어 있다. 본질적으로는 각각의 소핵과가 축소된 형태의 베리이다. 라즈베리 케톤이라는 단일 분자는 라즈베리가 잘 익었을 때 독특한 향기를 자아낸다. 이 향기는 라즈베리를 복합적인 향을 지닌 딸기와 차별화시켜준다. 라즈베리는 아세트산과 사과산을 비롯한 산의 함량이 더 높기 때문에 톡 쏘는 신맛이 더 강하게 느껴진다. 당-산 함량이 균형을 이루어 맛이 더 순한 딸기와는 대조적이다.

크랜베리

시면서 약간 쓴 맛이 나는 크랜베리는 놀라울 정도로 맛이 복합적이다. 에스테르류와 산에서 나오는 과일 향과 시큼한 맛이 주를 이루고, 계피, 아몬드, 바닐라를 연상시키는 향이 은은하게 난다. 소스류나 오븐에 구운 음식에 제격이다.

일반적인 페어링
귀리, 바닐라, 복숭아, 바나나,
건포도, 망고

흔치 않은 페어링
샤프체다치즈, 레몬그라스,
땅콩호박, 비프스테이크

일반적인 페어링
바질, 바닐라, 크림, 포도

흔치 않은 페어링
올리브, 땅콩, 고추, 버섯

일반적인 페어링
초콜릿, 복숭아, 바닐라, 민트

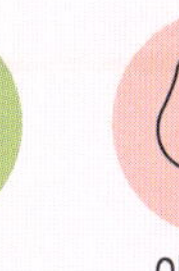

흔치 않은 페어링
아보카도, 토마토, 서양고추냉이

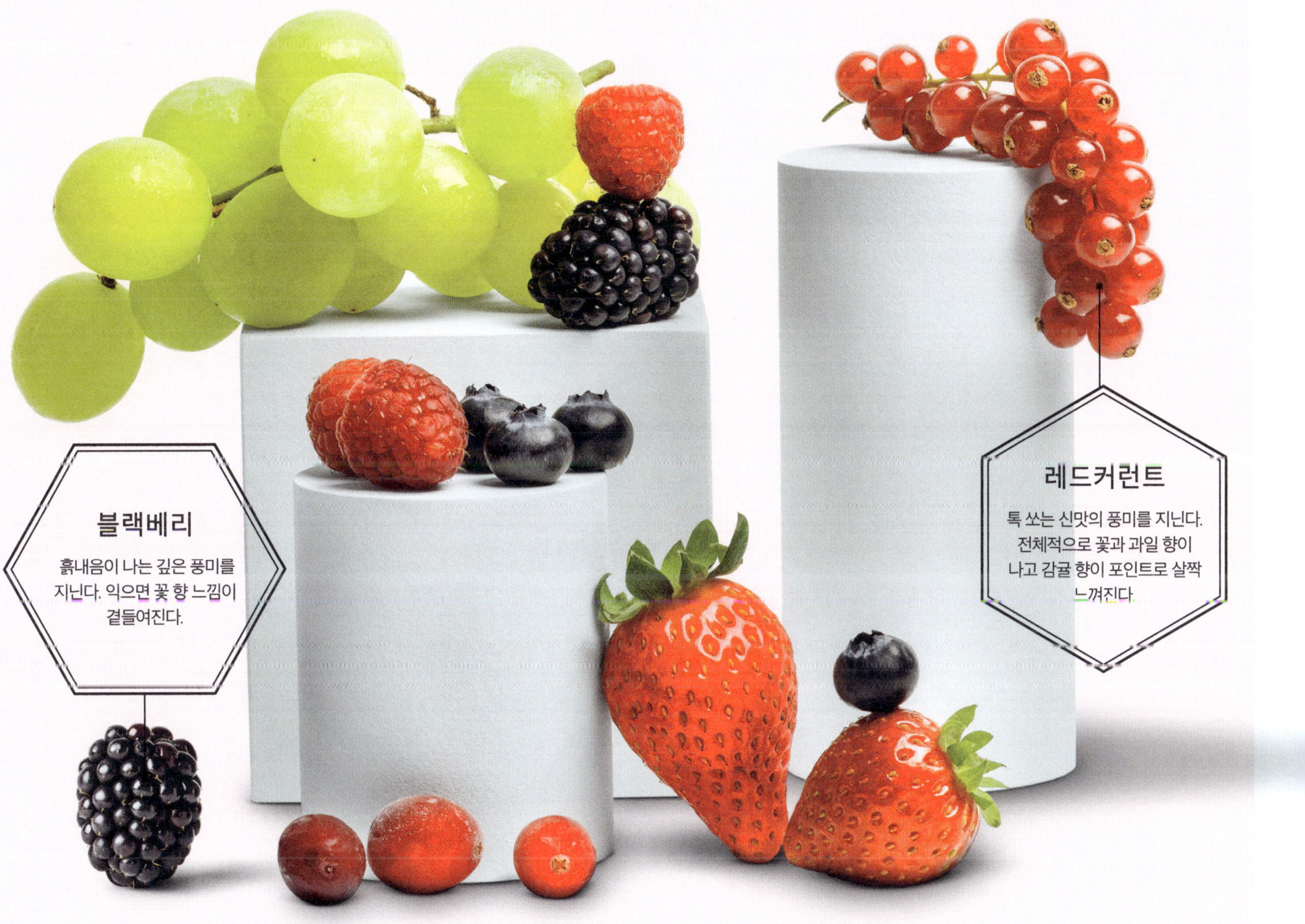

블랙베리

흙내음이 나는 깊은 풍미를
지닌다. 익으면 꽃 향 느낌이
곁들여진다.

레드커런트

톡 쏘는 신맛의 풍미를 지닌다.
전체적으로 꽃과 과일 향이
나고 감귤 향이 포인트로 살짝
느껴진다

열대과일

적도 근처에서 자연적으로 자라는 모든 과일은 열대과일이다. 열대과일은 따뜻하고 습하며 햇볕이 잘 드는 기후에서 잘 자라는 수천 종의 과일 중 가장 인기 있는 부류에 속한다.

바나나와 플랜틴 바나나

달콤한 캐번디시 품종은 1960년대부터 전 세계에서 가장 사랑받는 바나나였다. 익지 않은 녹색 바나나는 떫고 단단하다. 생감자(104~105쪽)에서 발견되는, 소화가 안 되는 저항성 전분이 과육에 가득 차 있기 때문이다. 숙성 효소에 의해 긴 전분 분자가 달콤한 맛을 내는 작은 당(주로 자당)으로 분해되면서, 바나나는 달콤하고 크림처럼 부드러워진다. 바나나는 숙성됨에 따라 풍미 화합물이 증가한다. 바나나 특유의 향은 에스테르 화합물인 아세트산이소아밀에서 나온다. 한편, 과일 향을 내는 다른 에스테르 화합물들과 버터 향을 내는 아세토인(66~67쪽)의 혼합물은 바나나에 균형 잡힌 풍미를 선사한다.

플랜틴 바나나는 크기가 더 크고 당도는 더 낮은 바나나로, 전 세계 여러 지역에서 감칠맛을 내는 주요 식재료로 쓰인다. 저항성 전분 때문에 날것으로는 먹을 수 없지만 삶거나 찌면 캐러멜 향이 살짝 감도는 꿀처럼 달콤한 풍미가 발달한다. 그리고 굽거나 튀기면 토스트 향을 내는 피라진류가 생겨난다. 껍질이 검게 변한 플랜틴 바나나는 완전히 익어서 단맛이 난다.

노란색 플랜틴

흔히 튀기거나 구우면 황금빛으로 바삭하게 익는다.

캔털루프 멜론

꿀 향과 꽃 향의 풍미가 어우러지는 달콤한 향기를 지닌다.

수박과 멜론

수박의 수분이 많은 과육은 라이코펜으로 인해 분홍색을 띤다. 라이코펜은 토마토에 들어 있는 것과 똑같은 카로티노이드 색소이다. 수분으로 가득 찬 거대한 수박 세포들이 파열되면 수박의 독특한 풍미가 분출된다. 방어 효소가 극미량의 지방을 향기를 내는 여러 종류의 알데하이드 화합물로 전환시키기 때문이다. 여기에 풀 향을 내는 헥센알이 포함된다.

파인애플

남미가 원산지이며 열대과일 중 가장 강렬한 풍미를 지닌다. 약 300가지의 향기 화합물이 파인애플의 복합적인 향기를 자아낸다. 과일 향을 내는 에스테르, 황에서 나오는 매운 향, 바닐라·캐러멜·정향의 기본 향과 셰리주 향이 어우러진다. 강렬한 단맛은 시큼한 시트르산으로 더욱 고조되며, 브로멜라인이라는 강력한 단백질 소화 효소는 혀를 따끔거리게 한다.

코코넛

코코넛은 수천 년 동안 태평양 섬과 남인도의 지역 공동체를 지탱해왔으며 그 지역에서 없어서는 안 될 생명줄 같은 식재료이다. 코코넛은 체리와 자두(124~125쪽)와 함께 몇 가지 풍미 화합물을 공유한다. 이 세 과일은 락톤이라는 끈으로 이어져 있다. 락톤류는 복숭아 향, 크리미한 향, 버터 향의 농후함을 나타내는 향기 화합물들이다. 특히 강력한 화합물인 '코코넛 락톤(감마-노나락톤)'은 지방 냄새, 우유 향, 버터 향 요소들로 코코넛의 대표적인 크리미한 풍미를 만들어내 조향사들에게 사랑받는 성분이다.

일반적인 페어링

초콜릿	**바나나**	꿀
마늘	**플랜틴 바나나**	렌틸콩
건조된 염장육	**수박**	사과
사과	**파인애플**	햄
다크 초콜릿	**코코넛**	복숭아

흔치 않은 페어링

스틸턴치즈	**바나나**	베이컨
발사믹 식초	**플랜틴 바나나**	염소 치즈
연어	**수박**	코코넛
바질	**파인애플**	게
터메릭	**코코넛**	아보카도

중과피

| **복숭아** 식용 가능한 과육 | **코코넛** 식용 불가능한 겉껍질 |

내과피

| **복숭아** 식용 불가능한 핵(씨) | **코코넛** 식용 가능한 젤리층 |

외과피

| **복숭아** 식용 가능한 껍질 | **코코넛** 식용 불가능한 껍질 |

복숭아

코코넛

어린 열매일수록

어린 코코넛 열매는 성숙한 코코넛 열매보다 더 달콤하다.

과육이 풍부한 과일

코코넛은 특이한 과일이다. 체리·자두와 같은 과에 속하는 다육과이지만, 과즙이 풍부한 과육 대신에 두꺼운 섬유상 껍질과 독특한 씨를 가지고 있다. 씨의 내부는 식용 가능한 두 층으로 이루어진다. 단맛, 짠맛, 신맛이 나는 '코코넛물' 층을 풍부한 크림 맛이 나는 '젤리층'이 두르고 있다.

쌀

약 9,000년 전 동남아시아에서 처음 재배된 고대 곡물인 쌀은 10만 개가 넘는 품종으로 전 세계 인구의 절반가량을 먹여 살리고 거의 모든 기후에서 자란다. 풍미를 흡수하는 쌀의 효능 덕분에, 쌀은 요리계의 카멜레온처럼 무궁무진한 요리법에 적용되어 조화를 이뤄낼 수 있다.

와일드라이스

와일드라이스(야생쌀)는 쌀 품종이 아니다. 견과류의 맛과 흙내음, 구운 풍미를 지닌 다른 식물의 씨앗이다.

백미

모든 쌀은 전분이 풍부한 백색 낱알의 핵심적인 풍미를 공통적으로 지닌다. 이러한 풍미는 주로 알데하이드류에서 비롯된다. 알데하이드류란 잎, 기름, 아몬드 향으로 유명한 향기 화합물들이다(다음 쪽 참고). 풀 향, 지방 향, 감귤 껍질 향 요소들은 헥산알, 데칸알, 노난알을 통해 나올 뿐만 아니라, 흙내음은 버섯 알코올(142~143쪽)에서 나온다. 살짝 느껴지는 대두의 풍미는 익힌 콩에서 발견되는 또 다른 화합물인 2-펜틸퓨란에서 나온다.

현미

현미 혹은 통곡물 쌀은 백미에서는 제거되는 갈색 쌀겨를 그대로 간직하고 있다. 이렇게 하면 쌀겨의 기름에 함유된 별도의 알데하이드류 덕분에 쌀에 몇 겹의 풍미가 추가적으로 덧씌워진다. 아몬드와 흡사한 향을 내는 벤즈알데하이드와 3-메틸부탄알(맥주, 육류, 치즈에도 함유되어 있는 견과류와 맥아 향을 지닌 화합물)이

그 예이다. 이런 풍부한 화합물로 인해 현미는 다양한 풍미와 궁합을 이룰 가능성이 크다.

흑미

흑미는 통곡물 쌀(현미)이지만, 흑미의 쌀겨 층은 더 두껍고 쫄깃하며 풍미가 좋다. 그리고 블루베리에서 발견되는 것과 같은 짙은 색소(안토시아닌)로 까만색을 띤다. 색이 더 어두운 쌀겨 층에는 견과류와 팝콘 같은 향을 내는 2-아세틸-1-피롤린과 훈제 향을 내는 과이어콜이 풍부하게 함유되어 있다. 과이어콜은 주로 바비큐 식품과 볶은 커피에서 발견되는 화합물이다. 참고로 바닐라 향에서 느껴지는 달콤함은 바닐린에서 나온다.

와일드라이스(야생쌀)

와일드라이스는 야생쌀이라고 불리긴 하지만, 영양가 높은 수초의 다른 품종으로서 쌀과 같은 방식으로 사용될 수 있다. 왕겨는 '큐어링(습한 더미에서 발효)' 단계 후 '파칭(약하게 로스팅)' 단계를 거치면서 제거된다. 바닐라 추출물을 곁들인 와일드라이스는 여러 가지 풍미 화합물을 함유한다. 마이야르 반응(74~77쪽)에서 나오는 피라진류, 아몬드 향의 풍미가 느껴지는 벤즈알데하이드, 카라멜 향의 푸르푸랄, 달콤한 향의 바닐린이 그 예이다.

일반적인 페어링
잎채소, 대두, 버섯, 견과류

흔치 않은 페어링
미소된장, 블루치즈 소스, 바닐라 아이스크림, 망고, 안초비, 레몬제스트

일반적인 페어링
견과류, 소고기, 대두, 코코넛, 건포도, 아몬드

흔치 않은 페어링
페타치즈, 땅콩호박, 타히니, 말린 체리, 땅콩버터

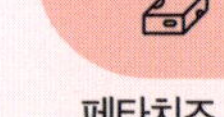

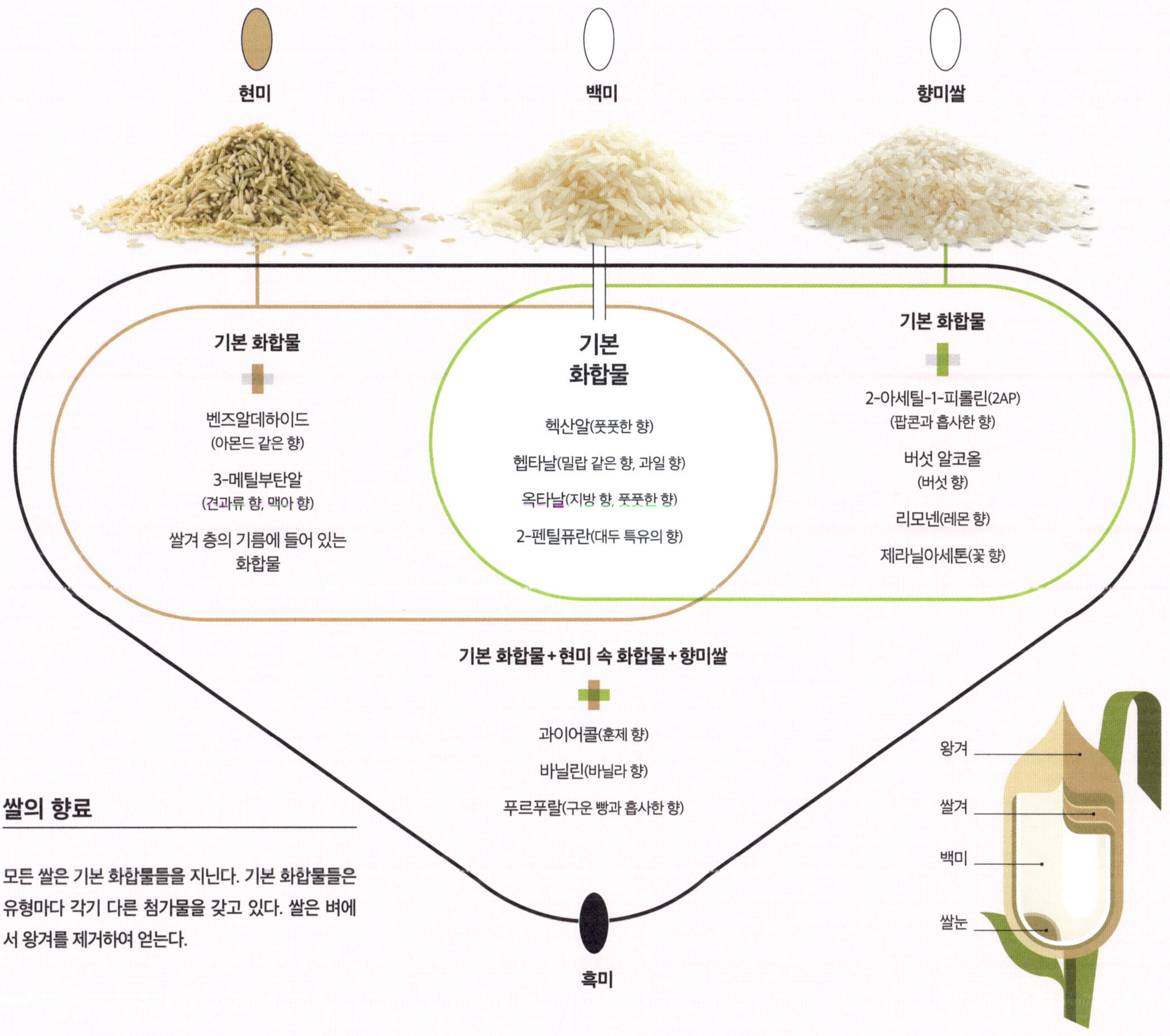

현미
백미
향미쌀
기본 화합물
벤즈알데하이드
(아몬드 같은 향)
3-메틸부탄알
(견과류 향, 맥아 향)
쌀겨 층의 기름에 들어 있는 화합물
기본 화합물
헥산알(풋풋한 향)
헵타날(밀랍 같은 향, 과일 향)
옥타날(지방 향, 풋풋한 향)
2-펜틸퓨란(대두 특유의 향)
기본 화합물
2-아세틸-1-피롤린(2AP)
(팝콘과 흡사한 향)
버섯 알코올
(버섯 향)
리모넨(레몬 향)
제라닐아세톤(꽃 향)
기본 화합물+현미 속 화합물+향미쌀
과이어콜(훈제 향)
바닐린(바닐라 향)
푸르푸랄(구운 빵과 흡사한 향)
흑미
왕겨
쌀겨
백미
쌀눈

쌀의 향료

모든 쌀은 기본 화합물들을 지닌다. 기본 화합물들은 유형마다 각기 다른 첨가물을 갖고 있다. 쌀은 벼에서 왕겨를 제거하여 얻는다.

일반적인 페어링
코코넛, 가지, 버섯, 계란, 헤이즐넛, 체리, 크랜베리, 건포도

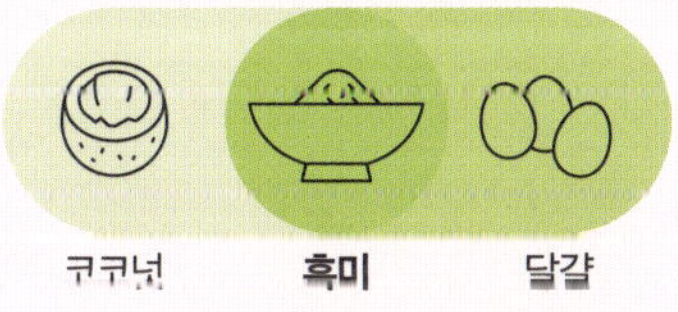

코코넛
흑미
달걀

라임
흑미
오렌지

흔치 않은 페어링
라임, 초리조, 피스타치오, 오렌지, 다크 초콜릿, 돼지고기, 땅콩

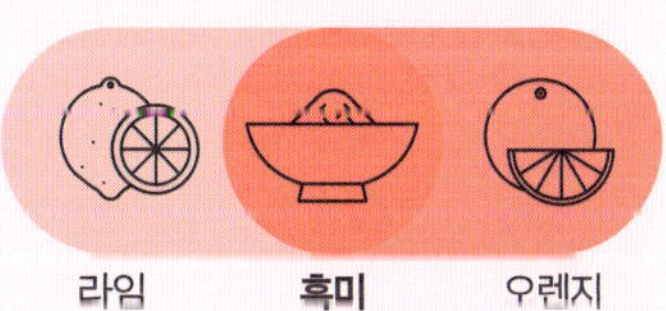

일반적인 페어링
동부콩, 파스닙, 블랙올리브, 소고기, 파슬리

파스닙
야생쌀
블랙올리브

게살
야생쌀
사과

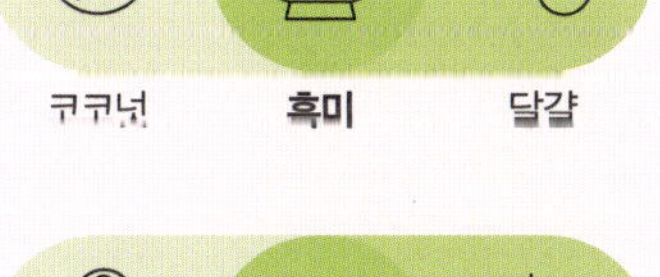

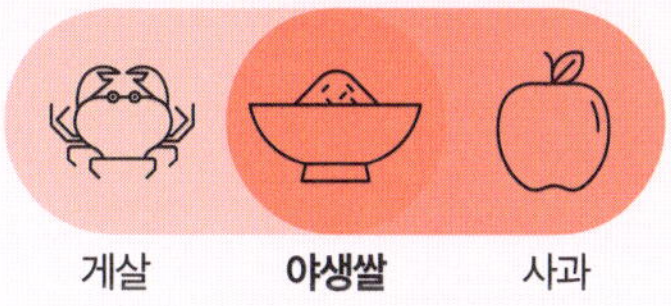

흔치 않은 페어링
게살, 사과, 바나나, 체다치즈

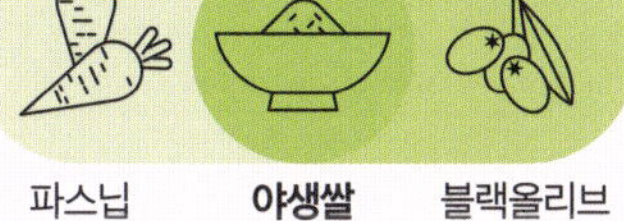

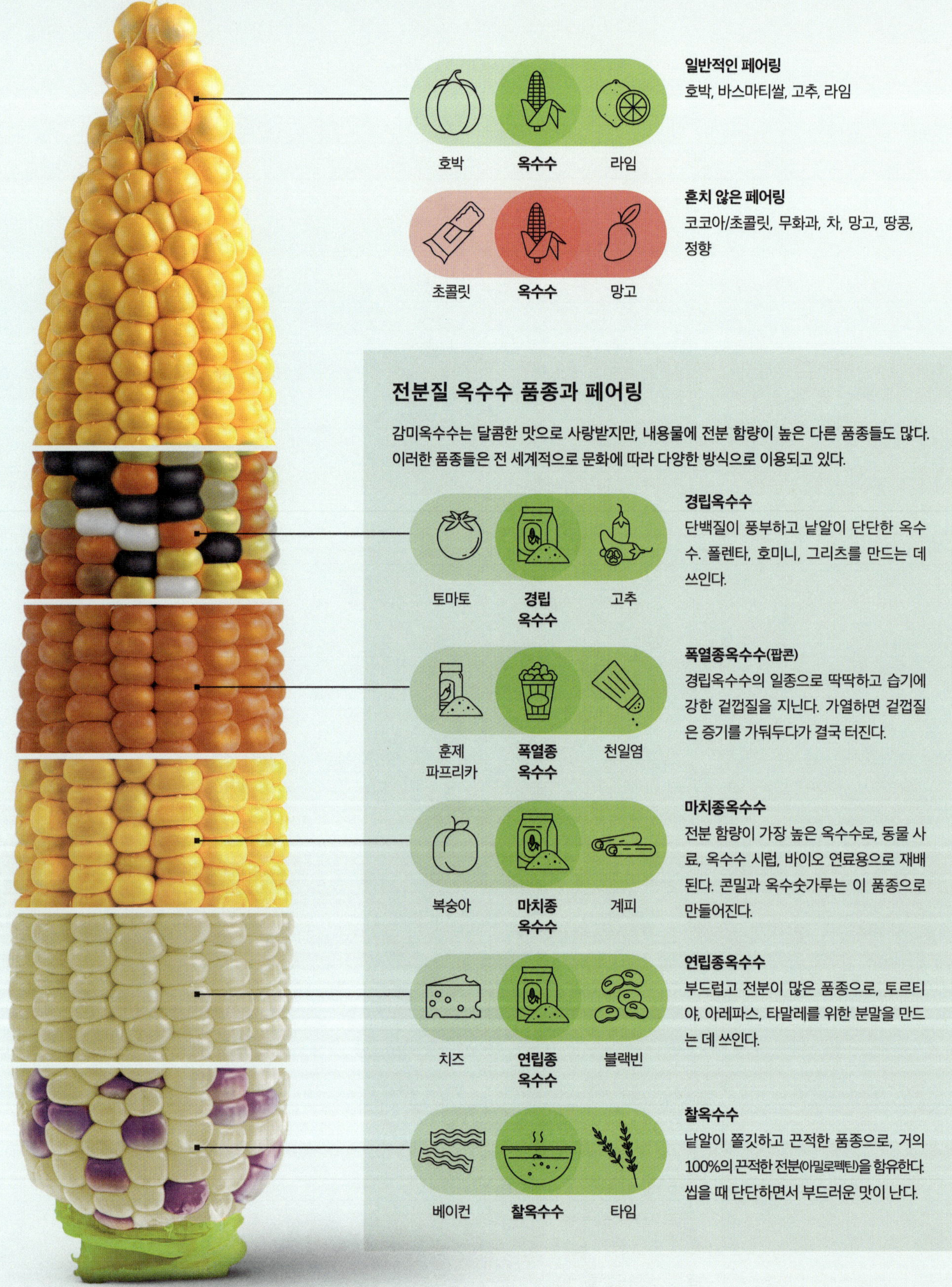

전분질 옥수수 품종과 페어링

감미옥수수는 달콤한 맛으로 사랑받지만, 내용물에 전분 함량이 높은 다른 품종들도 많다. 이러한 품종들은 전 세계적으로 문화에 따라 다양한 방식으로 이용되고 있다.

옥수수

옥수수는 쌀과 밀 다음으로 세계에서 세 번째로 큰 식량 공급원이다. 씨가 거의 없으면서 단단하고 가느다란 멕시코의 풀(테오신트)에서 오늘날 우리가 즐겨 먹는 작물로 9,000년 넘게 발전해왔다. 야생 조상으로부터 이만큼 극적인 변화를 겪은 작물은 거의 없다. 특히나 감미옥수수가 이런 경우에 속한다. 감미옥수수는 유전적 요행 덕분에 당분을 전분으로 전환할 수 없고 과일처럼 단맛이 난다. 결과적으로 가장 인기 있는 옥수수이자 생으로 먹을 수 있는 유일한 옥수수인 셈이다.

옥수수는 신선하고 풋풋하면서도 견과류 향과 버섯과 흡사한 흙내음도 함께 풍기는 복합적인 풍미를 지닌다. 모든 옥수수에는 글루탐산염(26~29쪽)이 들어 있다. 이 화합물은 옥수수와 옥수숫가루에서 중독성 있는 감칠맛을 낸다. 2-아세틸-1-피롤린(2AP)에 의해 팝콘 향도 미미하게 나타나는데, 이 향기 화합물은 팝콘 상태일 때 고함량으로 발견된다. 토르티야를 만드는 데 사용되는 밀가루인 마사 하리나는 '닉스타말화' 과정을 통해 다른 옥수숫가루에서는 찾아볼 수 없는 깊은 풍미로 채워진다. 이 공정은 옥수수 낱알의 딱딱한 겉껍질을 부드럽게 만드는 고대 기술이다.

감미옥수수 만드는 법

생옥수수는 가열해야 향내를 풍긴다. 게다가 어떻게 조리하는가에 따라 향이 본질적으로 달라질 수 있다. 각각의 조리법에는 향기 화합물이 더해지고 사라지는 과정이 둘 다 포함된다.

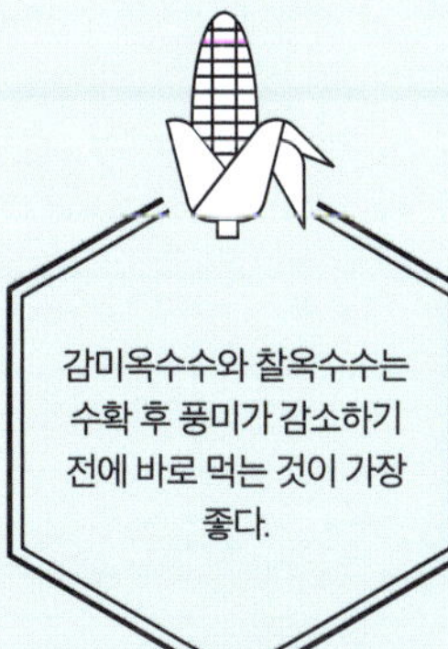

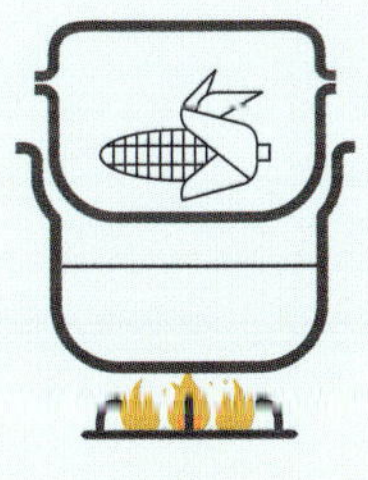 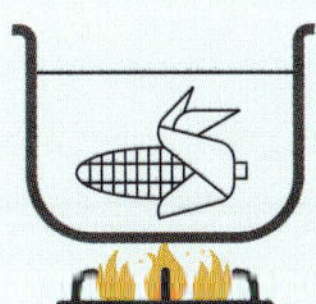  

찌기	삶기	굽기	직화 구이/바비큐
5분 이내로 찌면 신선하고 달콤한 풍미를 보존할 수 있다.	풍미의 복합성, 단맛, 감칠맛이 씻겨나가지 않게 하려면 짧게 삶는다	풍미의 깊이, 풍부함, 과일 향이 강화되고, 감귤 향 유소가 강조되다	구운 향, 볶은 견과류의 고소함, 태운 설탕 향, 캐러멜의 단맛을 겹겹이 입히다.
향기 화합물 노난알(곰팡내), 버섯 알코올, 리모넨(감귤 향), 디메틸트리설파이드(익힌 옥수수)	**향기 화합물** 아세틸티아졸린(견과류 향), 환원된 헥산알, 디메틸설파이드(양배추)	**향기 화합물** 리모넨, 미르센(매운맛), 프레놀(과일 향), 피라진류	**향기 화합물** 피라진류, 퓨란류, 싸이오펜류, 과이어콜, 알데하이드, 케톤
풍미 설명 신선하고 달콤하며 대파 향 느낌이 약간 난다.	**풍미 설명** 달콤한 양배추와 팝콘의 미미한 향	**풍미 설명** 짙은 향, 과일 향, 약간의 꽃 향, 구운 향	**풍미 설명** 구운 향, 견과류 향, 흙내음, 달콤함, 캐러멜 향, 훈제 향

빵

밀은 전 세계 인구 3분의 1이 주식으로 삼는 음식이다. 밀가루에 물을 더하면, 미트볼 모양의 글리아딘과 스파게티 모양의 글루테닌이라는 별개의 두 단백질이 서로 얽혀 글루텐이라는 독특하게 신축성 있는 단백질을 형성한다. 치대고 섞는 과정에서 글루텐이 생성되어 강화된다. 그리고 섬유질이 가지런해지고 길게 늘어남에 따라, 끈적끈적한 반죽 상태(배터)가 유연한 반죽 상태(도우)로 변한다. 글루텐은 조리 과정에서 단단해져서, 빵에는 조직감 있는 속살을, 페이스트리에는 만족스러운 아작함을, 파스타에는 알덴테로 씹히는 저작감을 선사한다.

생밀의 씨(밀알)는 껍질 부분을 제거하지 않고 먹을 수도 있으며, 기분 좋은 흙내음, 약간의 달콤함, 풀 향, 그리고 미묘하게 견과류와 흡사한 맛이 난다. 이러한 풍미의 상당 부분은 기름이 풍부한 밀기울층에서 나온다. 그런데 밀을 조리하면 마법 같은 일이 일어난다.

55~70℃에서 밀가루의 뽀얀 전분입자가 물과 함께 부풀어 올라 배터 혹은 도우를 부풀려서 통통하고 탄력 있게 만드는 것이다. 한편 글루텐 섬유는 늘어나고 질겨져, 부어오르는 기포도 모두 빠져나가지 못하게 확실히 잡아두다가 75℃에서 굳는다. 빵, 케이크, 수플레는 이제 더 이상 부풀어 오르지 않는다. 하지만 밀의 풍미 여정은 이제 막 시작된 셈이다. 조리 온도가 조금씩 오를 때마다, 은은한 흙내음, 풀 향, 그리고 살짝 밀랍 같은, 익지 않은 밀가루의 풍미는 점차 사라진다. 이와 동시에 산뜻한 향을 내는 소량의 알데하이드 화합물도 분해되고, 결국 더욱더 강렬하고 다양한 견과류, 캐러멜, 그리고 발사믹 향에 가려진다. 130℃를 넘으면 표면이 갈색으로 변하여(74~77쪽), 아작아작한 크러스트가 형성되고 그 내부는 빵 향과 토스트 향으로 가득 채워진다.

글리아딘과 글루테닌은 함께 글루텐을 형성한다. 이 글루텐은 빵과 기타 제빵류의 강도, 탄력, 구조를 형성하는 데 꼭 필요하다. 밀가루를 물과 섞으면 두 종류의 단백질이 결합하여 효모에 의해 생성되는 가스를 가두는 역할을 한다.

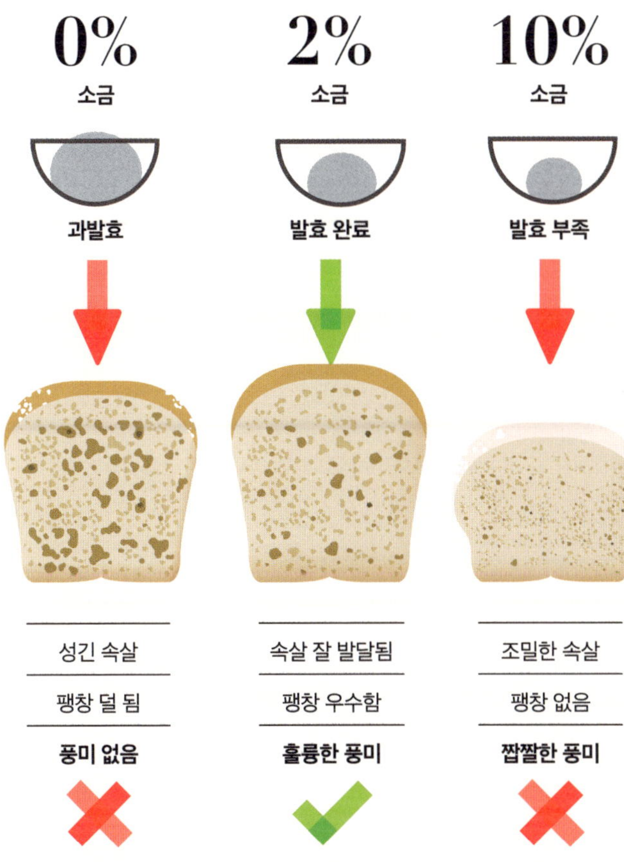

소금과 텍스처

도우 안에 든 소금의 양은 반죽이 부풀어 오르는 모양과 빵 속살의 밀도에 영향을 미친다. 최상의 결과를 얻으려면 반죽에 소금이 2% 함유되어야 한다.

밀가루의 종류

제분 과정에서 풍미를 내는 밀겨의 외피층과 영양가 높은 배아를 제거하면, 모양이 오래 지속되고 텍스처가 고운 흰 밀가루가 남는다. 이렇게 정제된 밀가루는 케이크와 페이스트리를 만들기에 이상적이다. 제거된 겨(밀기울)를 다시 넣어 갈색 밀가루를 만들 수도 있다. 갈색 밀가루가 밀알의 원래 겨 함량(약 15%)을 포함하면 '통밀', '통곡물' 혹은 '전립'이라고 부른다. 기름은 점차 산패되어 밀가루를 뻑뻑하고 눅눅하게 변화시키므로 유통기한은 짧아진다.

전통적으로 '맷돌로 갈아 만든' 통곡물 밀가루는 빠르게 움직이는 금속 롤러가 아니라 돌 사이에서 천천히 제분된다. 낱알에서 겨가 완전히 분리되지 않아서, 더 많은 향기 화합물과 더 풍부한 풍미를 지니게 된다. 제빵용 '강력분'은 글루테닌과 글리아딘을 더 많이(12% 이상) 함유하는 '단단한' 경질밀 품종으로 만들어진다. 따라서 강력분은 반죽해서 탄력 있고 공기층이 잘 형성되는 도우를 만들기에 최적이며, 이 도우로 텍스처가 탄탄하고 잘 부풀어 오른 빵을 구워낼 수 있다. 중력분과 같은 그 밖에 다른 밀가루 종류들은 단단한 경질밀 품종과 부드러운 연질밀 품종을 다양한 비율로 섞은 혼합물로서, 강력분보다 글루텐 함량이 낮으므로 가벼운 빵을 굽는 데 적합하다.

빵 속 소금

대부분의 빵에 핵심적인 재료인 소금은 빵의 풍미뿐만 아니라 빵의 높이도 올려준다. 글루텐 단백질이 더 단단하게 결합하도록 도와서 이산화탄소 공기를 붙잡아두기 때문이다. 또한 소금은 효모의 무분별한 성장을 억제하여 도우가 과도하게 부풀어 올라 글루텐이 점점 약해지는 것을 막는다. 소금을 너무 많이 넣으면 효모가 죽게 되어 도우가 뻑뻑해진다.

밀의 대체재

스펠트밀

일반적인 밀의 고대 친척으로, 더 달콤하고 더 고소한 독특한 풍미와 높은 단백질 함량으로 유명하다. 스펠트밀은 더 강한 '빵' 향과 더 부드럽고 연한 텍스처와 함께 더 복합적인 맛을 지닌 빵 한 조각을 만들고자 하는 제빵사들의 최애 품종이다.

듀럼밀

진한 노란색을 띠고 단백질 함량이 높은 밀 품종이다. 듀럼밀은 더 강력하지만 탄력성이 떨어지는 글루텐을 생성하므로 파스타에 이상적이다. 고운 밀가루 또는 굵은 세몰리나로 제분하면, 파네 디 알타무리의 같은 피스디의 빵을 만드는 데 완벽하디. 듀럼밀빵의 크러스트는 마이야르 반응에서 생성된, 토스트 향을 내는 피라진류, 달콤한 캐러멜 향의 퓨란류, 그리고 견과류의 고소한 향을 내는 피롤류를 표준 제빵용 밀가루보다 더 많이 함유한다.

호밀

호밀은 밀과는 전혀 다른 풀의 종으로서 특유의 강렬하면서 매우 복합적인 풍미를 지닌다. 이 풍미는 진한 흙내음이 나면서 약간 씁쓸하며, 버섯과 조리된 감자 향 요소를 포함한다. 호밀빵은 속살이 치밀하고 텍스처가 쫄깃한데, 물에 젖은 호밀 가루는 글루텐이 아니라, '세칼린'이라는 끈적끈적한 단백질로 만들어진 고밀도 덩어리를 형성한다.

사워도우

팽창제는 천연 물질이든 화학적 물질이든 플랫브레드를 봉긋한 롤빵으로, 브라우니를 스펀지 케이크로 바꿔준다. 도우가 따뜻하게 젖어 있는 상태에서 기체를 방출해서 도우와 배터를 부풀어 오르게 하는 것이다. 대부분의 빵에는 정제된 효모를 사용하는 반면, 케이크, 머핀, 소다빵에는 베이킹파우더나 베이킹소다를 사용한다. 그런데 사워도우는 독특한 혼합물의 도움을 받아 팽창한다. 이 혼합물에는 밀가루에서, 공기 중에서, 제빵사의 손에서 자연적으로 발견되는 효모와 미생물이 섞여 있다.

효모와 미생물의 이 자연발생적인 혼합물이 '스타터'로 성장하도록(또는 발효되도록) 놔두고, 신선한 밀가루와 물을 꾸준히 공급해준다.

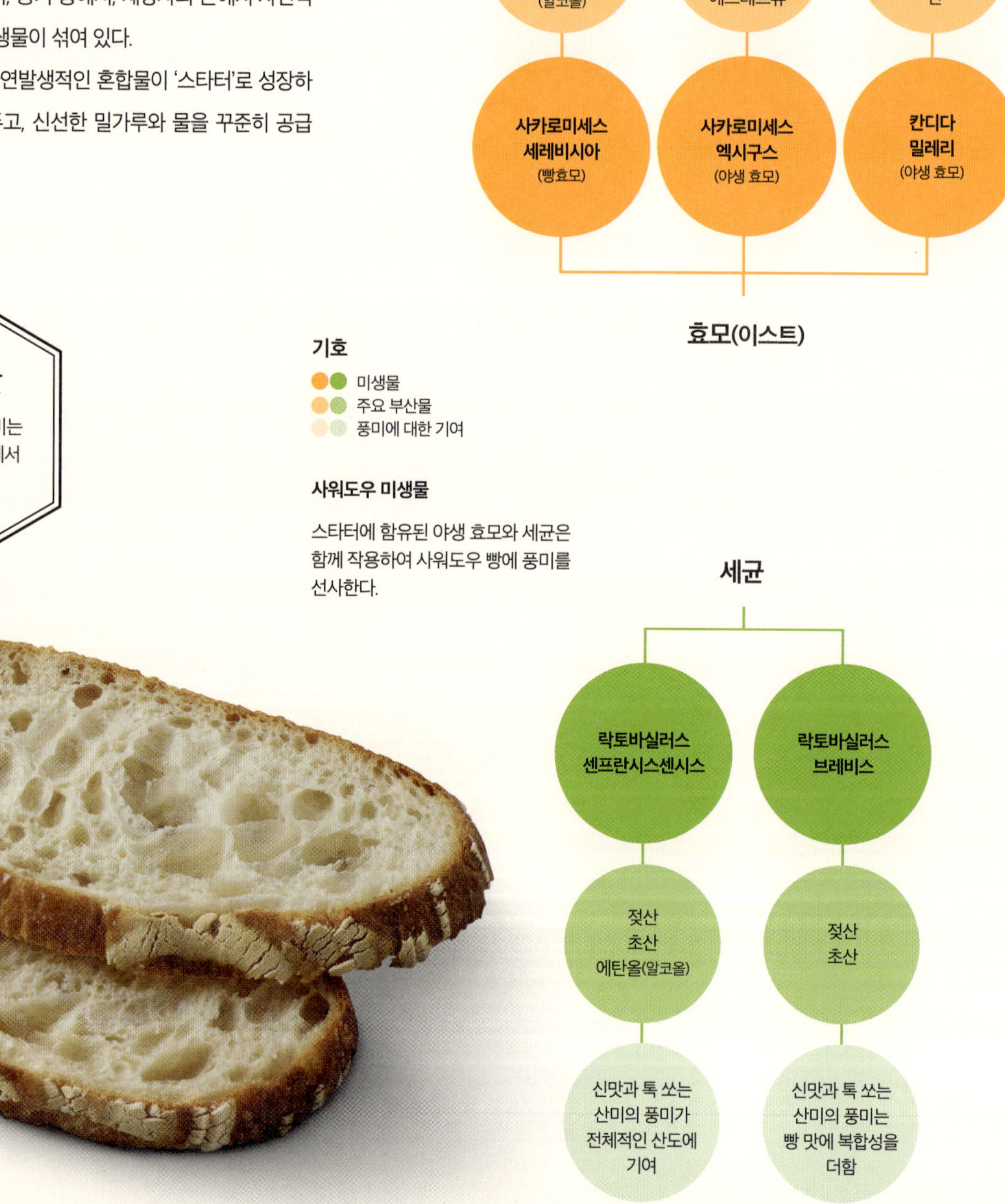

톡 쏘는 신맛

사워도우의 과일 향 풍미는 효모와 미생물의 발효에서 비롯된다.

사워도우 미생물

스타터에 함유된 야생 효모와 세균은 함께 작용하여 사워도우 빵에 풍미를 선사한다.

도우 강화

밀가루, 물, 효모, 소금으로 도우를 만들고, 우유, 버터, 기름, 계란, 설탕과 같은 재료로 강화시키면 맛있게 구워진 제빵의 세계가 열린다.

지방 첨가

도우에 지방을 섞으면 빵을 변화시킬 수 있다. 뻑뻑한 글루텐이 부드러워지면서 입에서 살살 녹는 풍부함과 진한 버터 향이나 기름진 풍미가 가미되는 것이다. 올리브오일은 포카치아를 연하게 만들고 과일 향과 풀 향 요소를 더해준다. 한편, 브리오슈와 파네토네에 들어가는 계란노른자는 부드러움, 색깔, 풍부함을 선사한다.

설탕 첨가

설탕은 지방과 비슷하게 글루텐 결과물을 유하게 만든다. 설탕은 물을 흡수하고 글루텐 단백질에 달라붙어, 제과제빵류에 촉촉한 텍스처를 선사한다. 갈색 설탕과 당밀은 수분 보유력이 훨씬 뛰어나 쿠키를 쫀득하게 만들어준다. 하지만 설탕은 효모의 주요 먹이이므로, 발효 중에 빵을 과도하게 팽창시킬 수도 있다. 글루텐이 형성된 직후, 설탕과 지방 투입을 중단하거나 조금씩 넣어 가며 반죽하면 이러한 문제를 줄일 수 있다.

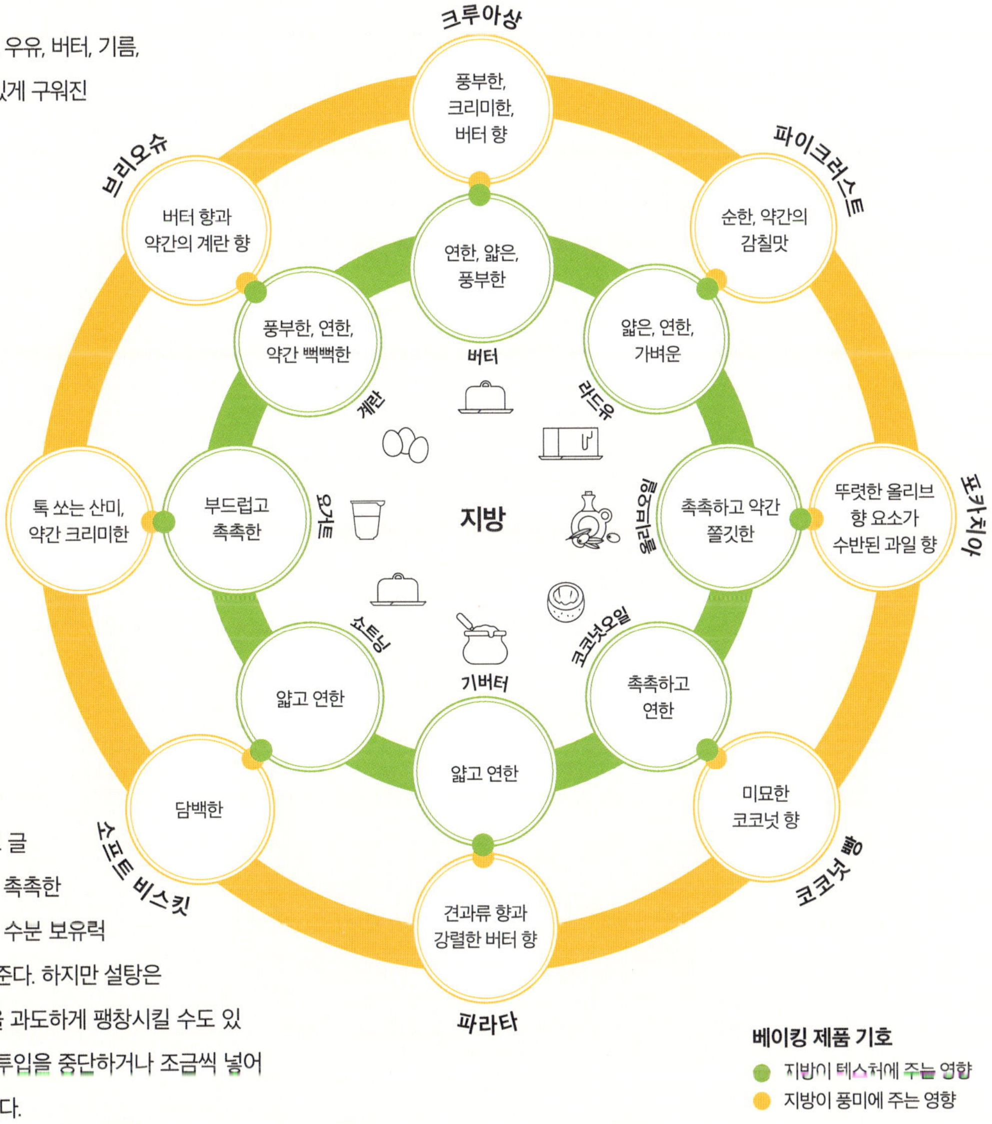

크루아상
풍부한, 크리미한, 버터 향
버터
연한, 얇은, 풍부한
파이크러스트
순한, 약간의 감칠맛
라드유
얇은, 연한, 가벼운
포카치아
뚜렷한 올리브 향 요소가 수반된 과일 향
올리브유
촉촉하고 약간 쫄깃한
코코넛 빵
미묘한 코코넛 향
코코넛오일
촉촉하고 연한
파라타
견과류 향과 강렬한 버터 향
기버터
얇고 연한
소프트 비스킷
담백한
쇼트닝
얇고 연한
난
톡 쏘는 산미, 약간 크리미한
요거트
부드럽고 촉촉한
브리오슈
버터 향과 약간의 계란 향
계란
풍부한, 연한, 약간 뻑뻑한
지방
베이킹 제품 기호
지방이 텍스처에 주는 영향
지방이 풍미에 주는 영향

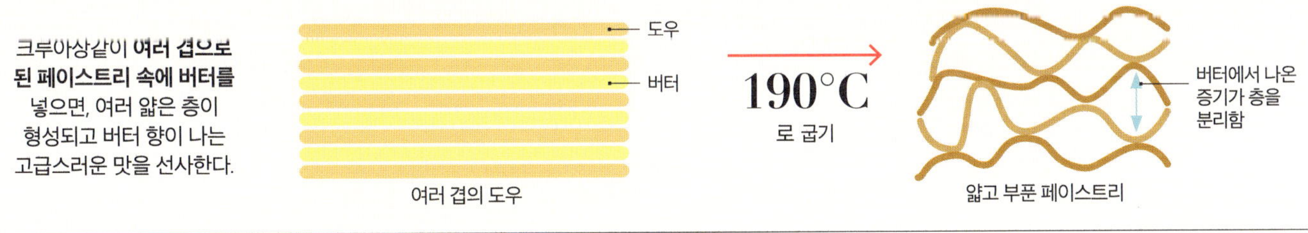

크루아상같이 **여러 겹으로 된 페이스트리 속에 버터를** 넣으면, 여러 얇은 층이 형성되고 버터 향이 나는 고급스러운 맛을 선사한다.

도우
버터
여러 겹의 도우
190°C
로 굽기
버터에서 나온 증기가 층을 분리함
얇고 부푼 페이스트리

샌드위치 속 과학

남미의 아레파부터 현대 프랑스의 크로크무슈까지, 모든 샌드위치는 한때 서민 음식이었지만
이제는 각 지역의 재료, 풍미, 문화를 기념하는 음식이 되었다.

빵은 샌드위치의 성격을 정하지만, 주인공은 속재료여야 한다. 빵의 두께는 속재료의 두께와 같거나 그보다 얇아야 한다. 딱딱한 빵은 부드러운 속재료로, 부드러운 빵은 양상추처럼 아작아작한 속재료로 균형을 맞춘다. 호밀빵처럼 맛이 강한 빵은 강렬한 풍미의 속재료로 그 맛을 상쇄시킨다.

겹겹이 쌓기

전통적으로 메인 재료는 아래에 깔고 맨 위에 소스와 샐러드를 얹는다. 제일 먼저 치아가 아작아작한 샐러드를 깨물고, 이어서 재료의 강렬한 향기가 그 뒤를 따른다. 수분이 빵에 스미지 않게 하기 위해 주 속재료의 위와 아래에 소스나 샐러드를 겹겹이 쌓을 수도 있다. 특히나 주 속재료가 축축하다면, 그 밑에 샐러드를 넣어 수분이 스미는 것을 방지한다. 잘 미끄러지는 재료는 다른 재료 위에 올리지 말아야 한다. 속재료가 삐져나올 수도 있기 때문이다.

속재료 선택

훌륭한 샌드위치의 여부는 단맛, 짠맛, 신맛, 감칠맛의 균형에 달려 있다. 세계적으로 주 속재료는 식물성 식품도 인기 있긴 하지만, 고기, 생선 혹은 계란처럼 단백질의 함량이 높은 것이 보통이다. 강렬한 풍미를 지닌 '히어로' 재료 한 가지에 집중해보자. 연구에 따르면 속재료

달콤함과 푹신함

흰 빵은 부드럽고 푹신한 텍스처와 함께, 순하고 약간 달콤한 풍미를 가져다준다.

크리미함

버터는 독특한 감칠맛이 느껴지는 풍미와 기분 좋아지는 향기와 함께, 풍부함과 크리미함을 선사한다.

아작함

사과 조각은 아삭아삭한 소리와 즙이 느껴지는 아작함을 지니며, 살짝 시큼한 느낌과 함께 자연스러운 단맛을 낸다.

연함

칠면조 가슴살은 연한 텍스처와 함께 감칠맛이 약간 도는 순한 맛을 지닌다.

는 최대 네 개가 적당하며, 그 이상이 들어가면 맛깔스러움이 떨어지기 쉽다.

펴 바르고 고정시키기

버터와 마요네즈는 유럽과 북미 지역의 샌드위치에서 흔히 사용된다. 고지방 스프레드는 기름진 방수막을 형성하여 빵을 수분으로부터 보호하고 풍미를 높인다(166~167쪽). 고지방 스프레드 대용으로 으깬 아보카도, 크림치즈, 후무스가 였다. 치즈의 풍미에 들어 있는 깊이와 복합성은 치즈가 없었다면 잘 어울리지 않았을 법한 재료들을 결합시키는 '풍미의 연결고리' 역할을 한다(70~71쪽). 또한 치즈는 풍미를 북돋우는 지방, 소금, 감칠맛, 그리고 약간의 신맛을 더하며, 녹아 내리면서 크림 같은 접착제처럼 재료들을 결합시켜 풍미를 더욱 강화한다. 그 밖에 다른 '연결고리'로는 캐러멜라이즈된 양파, 피클, 케첩 등이 있다.

알싸함

톡 쏘듯이 시고 약간 매운 겨자는 알싸한 열감을 낸다.

고소함

크리미한 에멘탈치즈 조각은 버터 향과 견과류 향의 풍미를 내면서, 음식의 연결고리 역할도 한다.

후추처럼 매콤함

어두운 녹색의 루콜라는 후추처럼 매콤하면서 강한 맛을 더한다.

완벽한 샌드위치

이 칠면조-에멘탈치즈 샌드위치는 기본맛들이 어떻게 균형을 이루는지 보여준다. 짭짤하고 감칠맛 나는 칠면조와 에멘탈치즈가 과일 향 나는 사과에 의해 연결된다. 그리고 사과도 톡 쏘는 신맛과 아작함을 더한다. 루콜라는 씁쓸한 요소를, 겨자는 열감 요소를 추가한다. 빵에 바른 버터 역시 구성 재료들과 잘 어울린다.

조화

모든 구성 요소가 어떻게 결합되는지 고려하면 균형 잡힌 샌드위치를 만들 수 있다.

완벽한 샌드위치

파스타와 면류

모양 잡힌 밀도우를 삶거나 쪄서, 알덴테 스파게티와 부드러운 라비올리뿐만 아니라, 미끈미끈한 면과 매끈한 덤플링을 만들어낼 수 있다. 빵에서와 마찬가지로, 글루텐은 파스타와 국수를 뭉치게 만드는 접착제 역할을 한다. 중국식 면은 유럽식 탄탄한 면보다 더 부드럽고 유연하다. 아시아에서 역사적으로 고단백질의 '단단한' 경질밀이 부족했던 것이 부분적인 원인이 되었다.

풍미를 형성하는 건조 과정

단백질이 풍부한 세몰리나(듀럼밀) 도우는 이탈리아식 파스타의 주재료이다. 밀도가 높고 탄력성이 없는 글루텐(134~135쪽)과 거친 입자 덕분에 세몰리나 도우를 건조시켜 오래 보관 가능한 파스타 형태로 만들 수 있으며 전분이 조리수에 빠르게 용해되는 것을 막을 수 있다. 충분히 치대고 모양을 잡은 뒤 그대로 건조시킨 파스타는 여러 가지 화학 반응을 거치면서 여러 층의 풍미를 얻는다. 20~40℃에서 1~3일 동안 천천히 건조시킨 장인의 수제 파스타는 캐러멜처럼 달콤하고, 흙내음이 나는 산뜻한 풍미와 약간 끈적이는 텍스처를 얻는다. 고온에서 건조시킨 더 현대적인 시판 파스타(75℃ 이상, 12시간 이내)는 마이야르 반응 화합물(74~77쪽)에서 나오는 토스트와 견과류 향의 조리된 풍미뿐만 아니라 더 짙은 노란색과 더 단단한 식감을 띤다. 이러한 차이점을 참고로 소스를 선택할 수 있다.

수제 파스타는 균형 잡힌 미묘한 풍미를 지닌다. 올리브오일, 신선한 허브, 또는 담백한 해산물처럼, 수제 파스타의 풍미를 압도하지 않을 만한 풍미와 페어링해보자. 대량 생산되는 파스타는 진하고 묵직한 소스류와 가장 잘 어울린다. 토마토 베이스 소스나 크림 소스 혹은 걸쭉한 고기 소스의 풍부함은 이러한 파스타의 그윽한 풍미들을 서로 보완한다.

생파스타와 면

생파스타는 단백질 함량이 낮고 고운 밀가루(일명 '00 밀가루')로 만들어진다. 또한 다즙성과 풍미를 위해 계란 전체 혹은 노른자가 풍부하게 들어 있다. 글루텐이 너무 치밀해지는 것을 피하기 위해 도우를 살살 반죽한 후, 뒤엉키고 뭉친 글루테닌을 '풀어주기' 위해 최소 30분간 휴지한 다음 도우를 밀어 펴고 자른다. 생파스타는 완전히 수화된 상태이므로 끓는 물에서 빠르게 익는다(2~3분). 다만 볼로네제 스파게티를 제외하고는 가벼운 풍미의 소스류와 가장 잘 맞는다.

전통적인 아시아식 면 제조법에서도 글루텐 함량이 낮은 밀가루를 사용해, 글루텐이 약한 도우가 만들어진다. 이 반죽은 종종 간수(알칼리수)로 강화되어 일본 라멘과 중국 라멘(손으로 늘린 면)처럼 더 단단하고 탄력 있는 텍스처를 얻게 된다. 생파스타처럼 면은 빨리 익지만 대개 건조 방식으로 보존된다. 기계로 빠르게, 또는 공기 중이나 직사광선에서 천천히 건조될 수 있다. 저속 건조는 더 미묘하고 신선한 풍미를 끌어내는 반면, 고온 건조는 더 단단한 텍스처와 더 풍부한 풍미를 얻을 수 있다. 인스턴트 라면은 부분적으로 익힌 건조면인데 풍미를 더하기 위해 튀기는 경우가 많다.

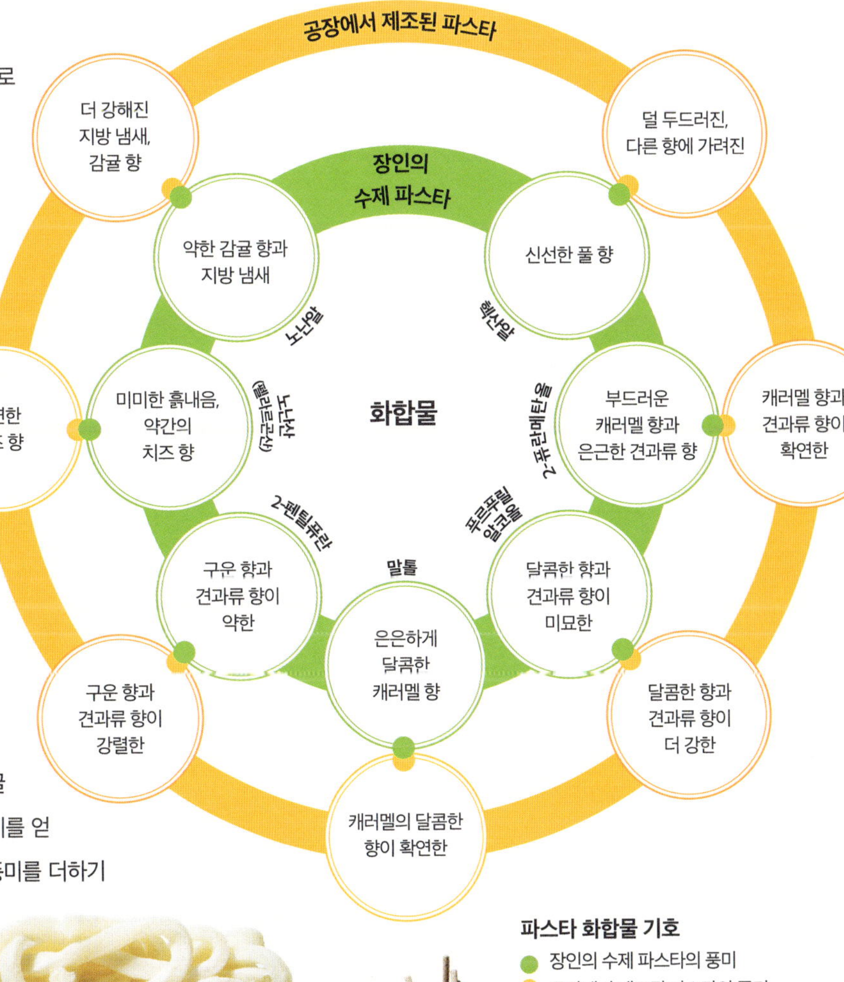

소바　　　　　　라멘　　　　　　우동　　　　　　소바

일반 버섯과 송로버섯

식물도 동물도 아닌 균류는 감칠맛이 풍부한 고유의 계에 속한다. 일반 버섯과 송로버섯(트러플)은 땅속에서 자라는 균류의 다육질 자실체이다. 대부분 상업적으로 재배되는 버섯은 90% 이상의 물로 되어 있다. 이 점은 조리 시 버섯의 풍미와 텍스처가 그토록 극적으로 변하는 이유를 설명하는 데 도움이 된다. 버섯은 조리되는 과정에서 수분이 증발되어서 텍스처가 단단해지고 풍미가 더 농축된다. 지방과 함께 조리되면, 마이야르 반응(74~77쪽)이 버섯의 천연 감칠맛과 견과류 향 요소들을 향상시키고, 아삭한 갈색 가장자리와 층층이 겹친 복합적인 감칠맛을 만들어낸다. 팬에 버섯을 한꺼번에 너무 많이 넣지 않는 것이 중요하다. 많이 넣으면 버섯이 갈색으로 변하기보다는 쪄져서 고무 같은 텍스처가

유발되기 때문이다.

버섯의 유명한 '육향'의 풍미는 본래 버섯에 들어 있는 글루탐산염과 감칠맛 증진제인 GMP와 IMP(28~29쪽)의 높은 함량 덕분이다. 건조 과정에서는 단백질이 감칠맛이 풍부한 단편과 아미노산으로 자가 분해되면서 감칠맛이 증폭된다. 햇볕에 말리는 전통적인 건조 방식은 저온 오븐이나 건조기를 사용하여 실내에서 쉽게 따라 할 수 있다. 조리 전에 다시 수분을 공급하면(예를 들어 따뜻한 물에 20~30분 동안) 부드러워지면서 갇혀 있던 감칠맛이 방출된다. 고기나 채소와 달리 버섯은 과도하게 익은 상태가 될 수 없다. 버섯의 키틴질 '골격'은 곤충과 바닷가재 껍데기와 똑같은 물질이어서 오래 익혀도 질겨지거나 부서지지 않는다. 모든 버섯 품종이 지니는 신

비타민 D

버섯은 비타민 D의 공급원인 몇 안 되는 식품들 중 하나이다. 일부 버섯은 햇빛을 통해 비타민 D를 생성한다.

버섯의 종류

버섯은 모두 짭짤한 감칠맛이 나는 풍부한 풍미와 텍스처를 제공하여 요리에 특별한 맛을 더해준다.

굴버섯
견과류의 고소하고 연한 풍미와 미끈거리는 텍스처, 버섯 향의 옥테놀이 풍부함

표고버섯
흙내음, 훈제 향의 풍부한 풍미와 단단하고 쫄깃한 텍스처

송이버섯
매운 향이 약간 섞인 강한 풍미와 고기 같은 텍스처

팽이버섯
과일 향이 약간 섞인 연한 풍미와 아삭한 텍스처

나도팽나무버섯
견과류의 고소하고 연한 풍미와 젤라틴 같은 텍스처

목이버섯
우디 향과 감칠맛 나는 풍미와 쫄깃하고 젤리 같은 텍스처

선하고 '버섯 같은' 향기는 '버섯 알코올(옥테놀. 버섯 뚜껑 밑에 있는 아가미에 가장 많이 함유됨)'에서 비롯되며, 버섯을 자르거나 조리했을 때만 나타난다. 버섯은 짧게 세척하거나 세척하지 않는 게 좋다. 문지르면 버섯의 섬세한 외피(큐티클)가 손상되고, 스펀지 같은 공기층에 물이 넘쳐나 버섯이 질척이게 되기 때문이다.

일반 버섯과 송로버섯은 둘 다 균류이지만 매우 다르다. 송로버섯은 땅속에서 자라고 상업적으로 재배하기 힘들다. 적절한 기후와 함께 특정 계절에 특정 삼림 유형에서만 자라기 때문이다. 흰송로버섯과 겨울 제철 검은송로버섯은 가장 귀하게 여겨지는데, 주로 프랑스 남부와 이탈리아 북부에서 발견된다.

송로버섯의 마법

송로버섯은 숙주식물과 영양분을 교환하기 때문에 풍부하고 복합적인 풍미를 얻는다.

송로버섯(트러플)의 향기는 알싸하면서도 알아차리기 어렵다. 사향향, 흙내음, 감칠맛의 복합적인 풍미가 입안에 오래 남고 옆에 저장해 둔 재료가 무엇이든지 향기를 입힐 수 있다. 송로버섯은 조리 시 섬세한 손길이 요구된다. 지방이 풍부한 소스류와 함께 가볍게 조리하면 이 버섯의 풍미를 가장 잘 끌어낼 수 있다. 지방이 풍미 화합물들을 용해시키고 분산시키는 데 도움이 되기 때문이다. 열을 너무 많이 가하면 송로버섯의 휘발성 향기가 줄어든다.

새송이버섯/ 큰느타리버섯
육향 풍미와 고기 같은 텍스처

양송이버섯
흙내음이 약간 나는 연한 풍미와 가볍게 씹히는 텍스처

황갈색 양송이버섯
우디 향과 견과류 향의 연한 풍미와 가볍게 씹히는 텍스처

포르토벨로
우디 향의 감칠맛 풍미와 다즙성 텍스처

꾀꼬리버섯
견과류 향, 과일 향의 섬세한 풍미와 단단한 텍스처

포르치니버섯
풍부한 감칠맛 풍미와 고기 같은 텍스처

곰보버섯
흙내음과 우디 향의 그윽한 풍미와 단단한 고기 같은 텍스처

해조류

해조류는 원시 해양 조류로서 식물이 아니다. 2만 종이 넘는 해조류는 작은 플랑크톤부터 높이 치솟은 거대한 다시마까지 다양하다. 풍부하고 감칠맛 나는 풍미로 사랑받는 이 해조류는 전 세계적으로 인기 있는 식품이다.

풍미, 텍스처, 향기

모든 해조류는 금속 맛이 약간 나는 염도가 높은 감칠맛과 바다의 향기를 공통적으로 지닌다. 식용 해조류는 세 가지 유형으로 나뉜다. 녹조류(갈파래, 파래 등)는 얕은 바닷물에서 자라며 식물과 흡사한 풍미를 지닌다. 더 깊은 바다의 갈조류(다시마, 미역)는 강한 감칠맛 요소가 수반되며, 가장 깊은 바닷물에서 자라는 홍조류(김, 덜스)는 흙내음, 견과류 향, 그리고 이따금씩 훈제 향이 섞인 풍미를 지닌다.

해조류의 맛은 바다로부터 소금과 미네랄, 그리고 필수영양소인 질소를 저장하기 위해 축적하는 감칠맛을 내는 아미노산인 글루탐산에서 비롯된다. 또한 해조류는 과일에서 단맛을 내는 당분이 부족한 대신, 연한 단맛을 내는 '당 알코올'인 '만니톨'을 생성한다. 만니톨은 합성도 가능해서 저칼로리 감미료로 사용된다.

많은 해조류, 특히 홍조류와 갈조류는 미끈거리는 텍스처와 단단하게 씹히는 맛을 지닌다. 세포벽이 두꺼운 데다가 한천과 알긴산염과 같은 젤리와 흡사한 물질로 채워져 있기 때문이다. 이러한 특징 덕분에 홍조류와 갈조류는 격렬한 해류에 유연하게 휩쓸려 다니는 것이 가능하다. 녹조류는 더 쉽게 부서지는 셀룰로스 기반의 세포벽으로 인해 더 아삭하고 아작한 텍스처를 지니게 된다.

해조류의 풍미와 향기는 많은 과일과 채소에서 발견되는 테르펜류(66~67쪽)가 아니라 다른 향기 화합물 부류에서 나온다. 탄화수소 향기 화합물은 밀랍과 비슷한 향과 지방 냄새를 특징으로 하는데 다른 식품에서는 거의 발견되지 않는다. 또한 브롬과 아이오딘을 함유하는 '할로겐화' 화합물은 바다 향을 낸다. 이 두 종류의 화합물은 익힌 옥수수, 양배추, 조개류에서도 발견되는 강력한 디메틸설파이드와 결합되어, 결과적으로 강한 바다 향에 약품 향이 약하게 섞인 풍미를 완성한다.

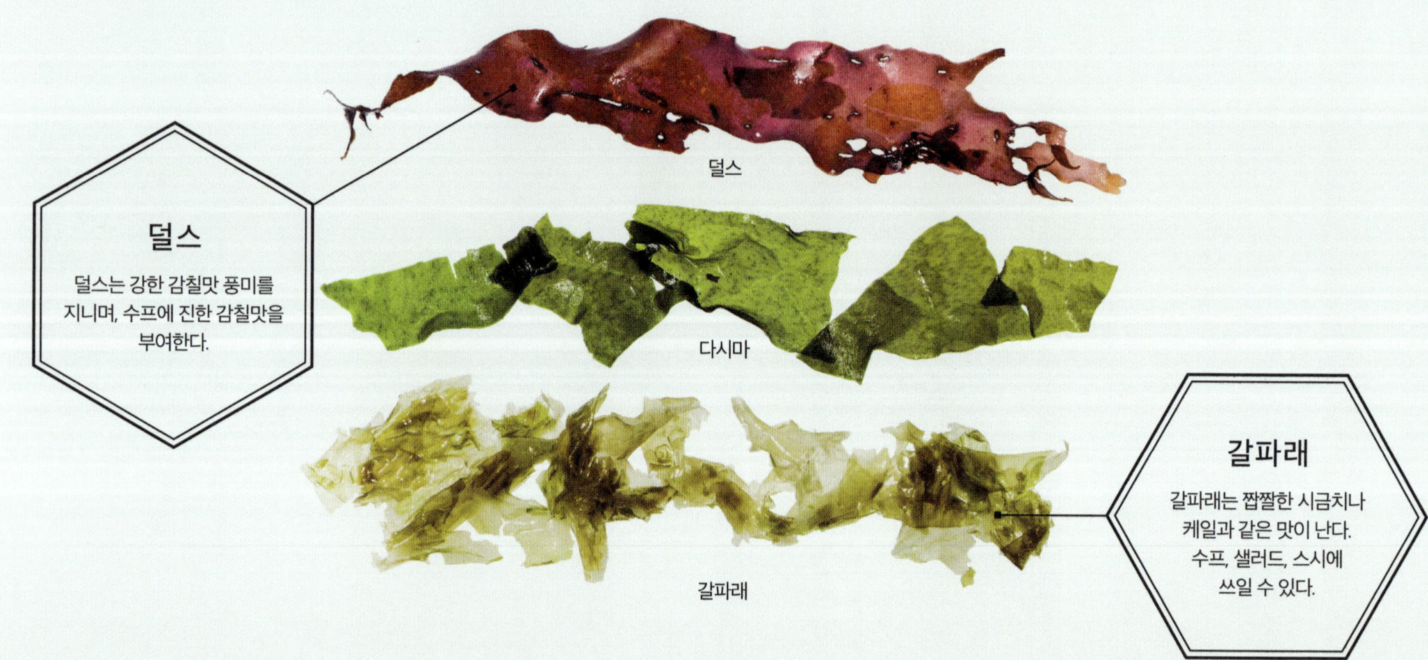

덜스

덜스는 강한 감칠맛 풍미를 지니며, 수프에 진한 감칠맛을 부여한다.

갈파래

갈파래는 짭짤한 시금치나 케일과 같은 맛이 난다. 수프, 샐러드, 스시에 쓰일 수 있다.

해조류의 풍미와 용도

해조류에는 여러 가지 부류가 존재한다. 종류마다 고유한 풍미 화합물과 용도를 지닌다.

갈파래

과일 향 에스테르류인 아세트산에틸에서 나오는 미묘하게 달콤한 과일 향 요소. 그 뒤로 버섯 알코올의 흙내음 풍미가 느껴진다.

페스토에 넣으면 뜻밖의 바다 향이 신선하게 느껴진다. 샐러드에 넣을 때는 신선함의 균형을 맞추는 감귤류를 함께 넣어보자.

파래

플레이크나 가루 형태의 건파래를 요리에 첨가하면 짠맛이 순하게 느껴지는 감칠맛의 풍미를 낼 수 있다. 파래는 여러 층의 견과류 향을 지닌다.

견과류나 견과류 기름과 함께 조리한다. 수프, 샐러드, 스시에 이용된다.

아이리시모스

보라색이고 가끔 녹색을 띠면서 흙내음이 살짝 감도는 은근한 바다의 풍미가 느껴진다.

젤 형태로 만들어 스무디에 넣고, 소스류나 수프를 걸쭉하게 만드는 데 쓰일 수 있으며, 디저트를 엉기게 할 수 있다.

바다포도
(그린 캐비어)

작은 포도알처럼 생긴 알갱이는 조개와 비슷한 짠맛의 풍미를 지닌다. 갈파래와 비슷한 풍미 프로파일에서 오는 청량한 녹차 향이 느껴진다.

샐러드에 넣어 생으로 먹는다.

덜스

튀기거나 구우면 베이컨과 같은 맛이 난다. 덜스의 신선한 풍미를 내는 알데하이드류는 열에 의해 분해되는 반면, 마이야르 반응으로 생성된 풍미 화합물과 짭짤한 감칠맛을 내는 글루탐산염이 농축된다.

팝콘이나 샐러드 위에 뿌려 먹는다.

다시마

'해조류의 왕'인 다시마는 육향과 감칠맛의 강렬함으로 귀하게 취급된다. 여기에 헥산알, 버섯 알코올, 건초 같은 향이 더해진다. 건조되면 갈색으로 변한다.

일식 요리에서 다시 육수를 만드는 데 필요한 주재료이다.

김

풀 향을 내는 헥산알, 빵 향을 내는 펜탄알과 같은 알데하이드류를 함유한다. 제라닐아세톤은 꽃 향 요소를 더하며, 피라진류는 견과류 향을 불러일으킨다.

스시 롤과 김밥을 마는 데 선소된 사각 김을 사용한다.

꼬시래기

구운 견과류 풍미를 지닌 피라진류(디메틸피라진, 테트라메틸피라진)와 함께 감칠맛 풍미가 난다.

스파게티와 비슷한 방식으로 조리될 수 있나.

미역

강하지 않은 단맛과 청량한 바다 염분이 첨가된 짠맛을 지닌다.

샐러드에 통째로 넣어서 먹는다. 미역의 젤라틴 같은 전선은 육수와 수프에 무게감을 더해준다.

기호

- 갈조류
- 녹조류
- 홍조류

일반적인 페어링

홍조류와 갈조류는 미소된장국과 밥 요리의 양념으로 사용된다. 다시마는 일식 요리에서 다시 육수를 만드는 데 필요한 주재료이다.

  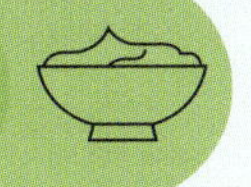

흔치 않은 페어링

덜스 플레이크는 팝콘 위에 뿌리거나 샐러드에 넣어서 독특한 훈제 향과 감칠맛 요소를 제공할 수도 있다. 홍조류 역시 초콜릿과 아주 잘 맞는다.

  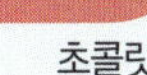

소고기

주로 생후 2년 된 거세된 수컷 소에서 나온다. 부위에 따라 독특한 풍미와 텍스처를 지닌다. 어깨와 다리처럼 질긴 부위는 힘줄과 지방을 부드럽게 만들기 위해 천천히 오래 조리해야 한다.

풍미 요소들

날고기에서는 피 맛과 금속 맛이 나며, 이는 철분이 풍부한 분자인 미오글로빈 때문이다. 익히는 과정에서 650가지 이상의 풍미 화합물이 방출되는데, 이 중 가장 중요한 화합물들은 지방에서 나온다. 그릴에 굽고 튀기는 것 같은 조리법은 이 풍미들을 더욱 풍부하게 만든다.

익힌 소고기의 독특한 풍미는 마이야르 반응(74~77쪽)에서 비롯된다. 따라서 액체류를 첨가하기 전에 시어링하거나 로스팅해서 고기 겉면을 갈색으로 익히는 것이 매우 중요하다. 이 단계를 거치지 않으면 풍미가 압축된 탄탄한 크러스트가 생기지 않고 고기에 스펀지 같은 텍스처만 남게 된다.

부위 선택

목심, 양지머리, 사태와 같은 질긴 소고기 부위는 먹을 수 없는 힘줄(결합조직)로 짜여 있다. 이 힘줄은 맛을 내지 않는 콜라겐으로 만들어지는데, 이 성분이 부드럽고 벨벳 같은 젤라틴으로 분해되는 데 시간이 걸린다. 70~82℃의 온도에서 콜라겐이 젤라틴으로 전환되면서 고기의 텍스처는 가죽처럼 질긴 상태에서 육즙이 풍부한 상태로 천천히 변한다. 이 과정에서 생긴 젤라틴은 진한 그레이비 소스(육즙 소스)와도 관련 있다.

마블링은 근육 안에 흰 반점처럼 나타나며, 운동량은 적고 칼로리가 높은 사료를 먹는 동물에게서 발달한다. 가느다란 실처럼 생긴 이 '근육 내' 지방은 54℃에서 녹으면서 풍부한 풍미 화합물을 방출하고, 한입 베어 물 때마다 풍부한 육즙과 함께 입안에서 사르르 녹는 버터 향의 독특한 느낌을 선사한다.

소고기 지방에 저장되어 있다가 터져 나오는 모든 풍미 덕분에 마블링의 풍미에 깊이와 복합성이 더해진다. 립아이처럼 마블링이 고르게 나타나는 부위나 와규처럼 마블링으로 유명한 품종을 선택해보자.

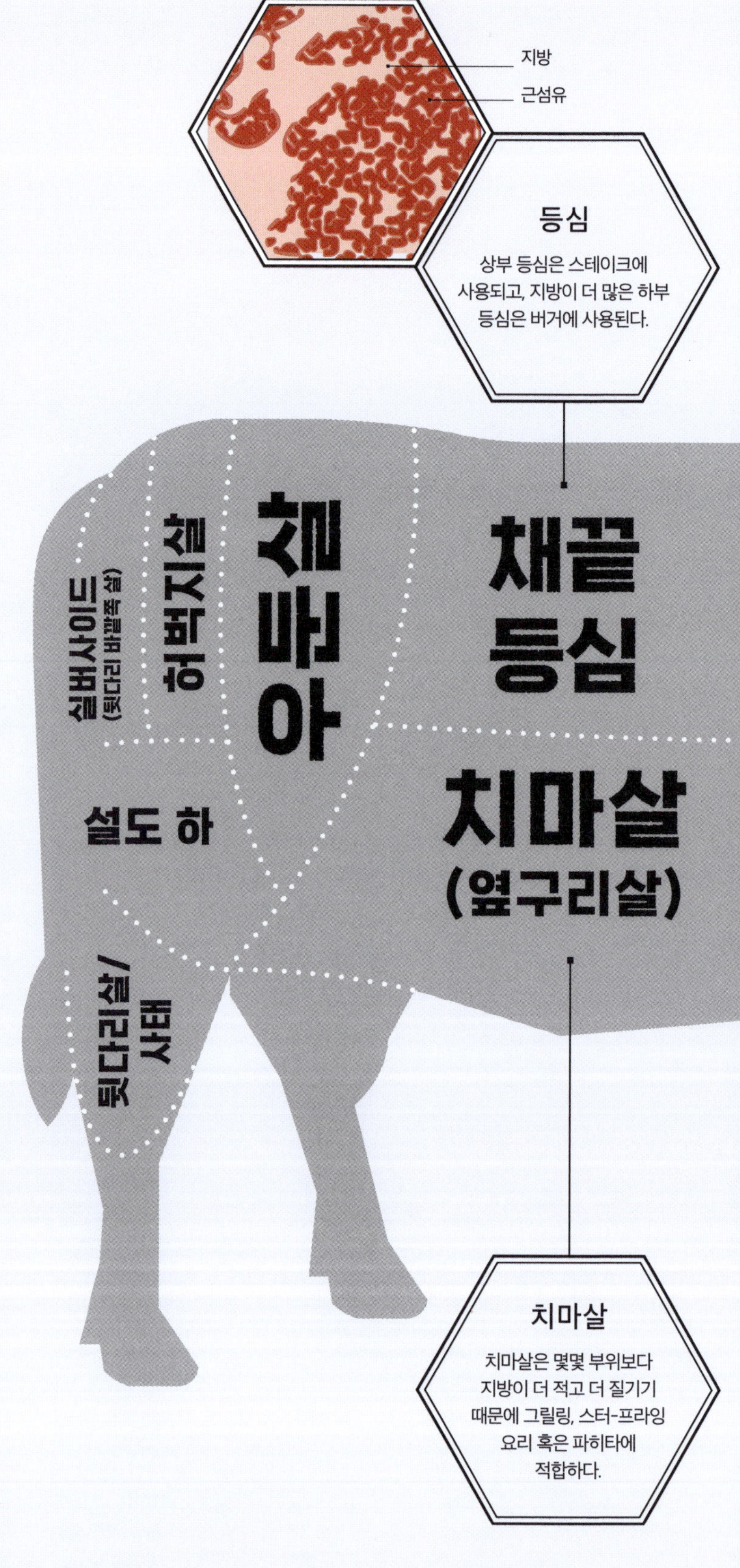

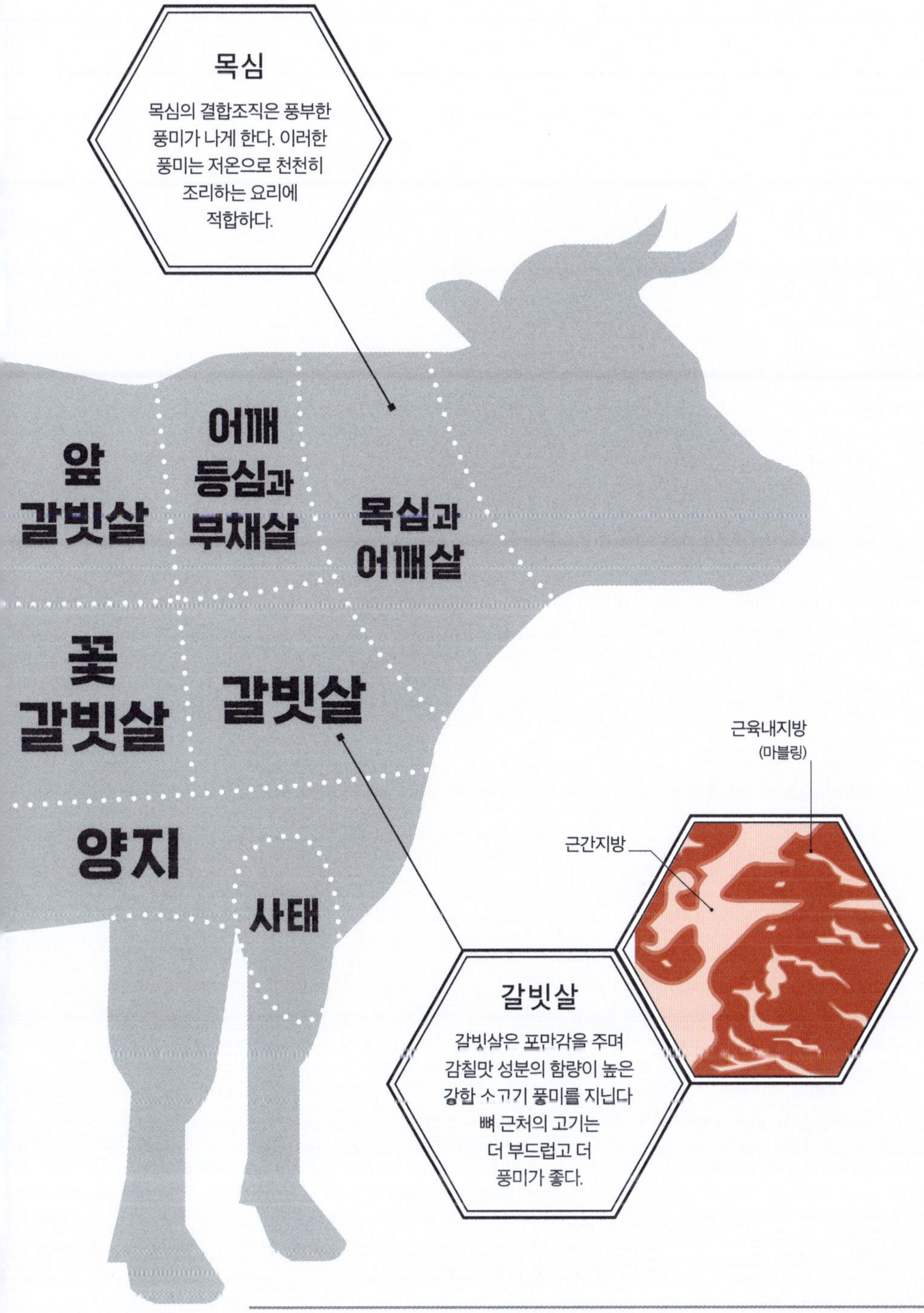

목심
목심의 결합조직은 풍부한 풍미가 나게 한다. 이러한 풍미는 저온으로 천천히 조리하는 요리에 적합하다.
앞 갈빗살
어깨 등심과 부채살
목심과 어깨살
꽃 갈빗살
갈빗살
양지
사태
근육내지방 (마블링)
근간지방
갈빗살
갈빗살은 포만감을 주며 감칠맛 성분의 함량이 높은 강한 소고기 풍미를 지닌다. 뼈 근처의 고기는 더 부드럽고 더 풍미가 좋다.

소고기의 종류

미국산 소고기

풍미: 지방 함량이 높은 강렬한 육향의 풍미. 마블링이 육즙과 풍미를 강화한다.

성분: 고에너지 곡물 사료에는 지방과 황 함유 화합물이 첨가돼 있어 소고기에 '미국식' 맛을 낸다.

조리법: 마블링을 활용할 수 있는 그릴링이나 고온 조리법에 이상적이다. 이때 마블링은 빨리 녹아서 고기에 다즙성을 부여한다.

유럽산 소고기

풍미: 지방이 적고 텍스처가 단단하며 풀과 허브 향 요소가 나타난다. 사료에 따라 토끼풀이나 야생화 향이 살짝 감도는 진한 누린내가 날 수도 있다.

성분: 목초 사육으로 고기에 테르펜 향기 화합물과 그 외 다른 식물 추출 화합물을 풍부하게 공급하여, '풋풋한' 풍미 프로파일을 제공한다.

조리법: 로스팅과 같은 조리 방법을 사용하여 독특한 풍미를 끌어내보자.

일본산(와규) 소고기

풍미: 뛰어난 마블링, 입에서 살살 녹는 부드러운 육질, 달콤한 과일 향과 짭짤한 감칠맛이 어우러진 복합적인 풍미를 지닌다.

성분: 높은 지방 함량(최대 40%)과 17가지 이상의 풍미 화합물이 특징적인 풍미를 제공한다.

조리법: 겉면을 가볍게 시어링한다. 와규 고유의 지방 구성과 복합적인 풍미를 보존하고 강조하려면 스테이크로 조리하는 것이 가장 좋다.

일반적인 페어링

소고기를 구운 감자 또는 부르고뉴 와인과 페어링하여 소고기의 전형적인 구운 풍미를 강조해보자.

견과류
소고기
레드와인

감초
소고기
수박

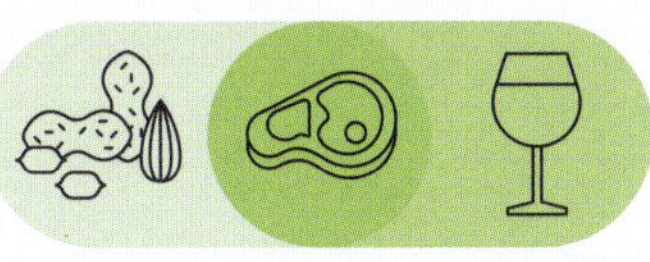

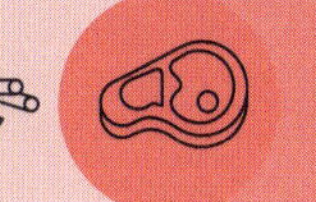

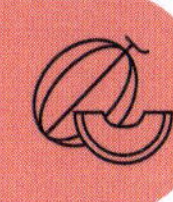

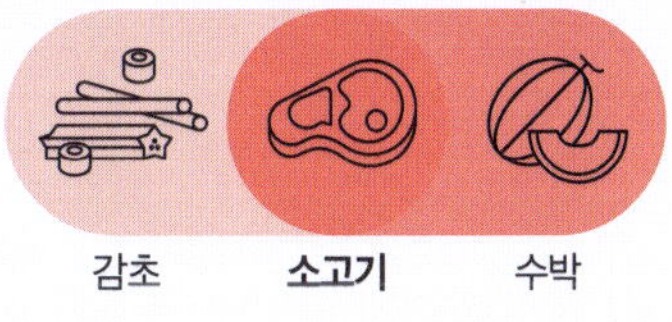

흔치 않은 페어링

감초 뿌리를 천천히 저온 조리된 소고기 요리에 넣으면 달콤한 훈제의 풍미를, 수박을 찬 소고기 샐러드에 넣으면 가볍고 신선한 맛을 느낄 수 있다.

라자냐 속 과학

전 세계 사람들이 좋아하는 이탈리아 요리인 라자냐는 원래 파스타가 아닌 도우를 겹겹이 쌓은 그리스 요리로 시작되었다.
라자냐의 재료들은 다른 대부분의 요리보다 이질감 없이 더 잘 맞으며 지방과 감칠맛이 풍부하다.
이러한 특성이 아마도 라자냐가 최고의 '소울 푸드'인 이유일 것이다.

라구

라구라고 불리는 육향이 나는 걸쭉한 소스는 이 상징적인 요리인 '라자냐 알 포르노'의 기본을 형성한다.

● 채소와 고기: 셀러리, 당근, 양파를 깍둑썰기한 후 팬에서 부드럽고 노릇노릇해질 때까지 기름에 볶는다. 그다음, 다진 고기(전통적으로 소고기나 송아지 고기 사용) 또는 채식주의자를 위한 대체 고기를 넣는다. 그리고 겉면이 갈색이 될 때까지 소테해서 강렬한 마이야르 풍미를 한층 더한다.

● 와인: 다음 단계로 와인 및 액체 원료를 넣는다. 레드와인은 팬에 생긴 ('퐁'이라 불리는) 갈색 크러스트를 녹인다(데글라이즈 기법). 이때 알코올 성분은 풍미 화합물들을 빠르게 용해시켜 퍼뜨린다. 와인을 증발(또는 환원)시키면 알코올의 상당 부분이 기화되는 한편, 농축된 과일 향, 톡 쏘는 냄새 와인 향의 풍미가 전달된다.

● 토마토: 그다음 토마토 퓌레, 즉 '파사타'를 넣으면 풍미가

완벽한 라자냐

이 라자냐는 풍미들이 겹겹이 쌓여 균형을 이루고 함께 어우러져, 정겨운 음식에서 한입 한입 가장 매력적인 맛을 어떻게 만들어내는지 보여준다. 진한 토마토 소스, 부드러운 파스타, 그리고 크리미한 소스의 조합은 매혹적이다. 고기 요리에 시금치나 주키니 호박 같은 채소를 곁들일 수도 있다.

희석되지 않으면서도 강렬한 감칠맛을 은근하게 더할 수 있다. 토마토는 결정적으로 중요한 풍미의 연결고리 역할을 하며(88~89쪽), 그 외 다른 채소류뿐만 아니라 다진 소고기, 파스타, 파르메산치즈와도 수십 가지 풍미 화합물을 공유한다. 좋은 라구를 만들려면 몇 시간 동안 천천히 끓도록 두어 풍미를 더욱 농축시키고, 그 풍미들이 서로 혼합될 수 있게 할 뿐만 아니라 새로운 풍미 화합물들이 생길 수 있도록 충분한 시간을 확보해야 한다.

파스타

비교적 중립적인 풍미의 파스타 층을 씹을 때 느껴지는 단단

한 저작감은 라자냐에 상당히 필요한 텍스처의 대비를 형성한다.

베샤멜 소스

미국식 이탈리아 요리 레시피의 전형인 리코타치즈 층보다 더 농후한 베샤멜 소스는 버터-밀가루-우유로 만들어지며, 라자냐에 강한 크림성과 촉촉함을 더해 라구의 풍부한 고기 맛과 균형을 이룬다. 종종 육두구(178쪽)로 간을 하는데, 이 따뜻한 향신료는 파스타를 토마토 및 다른 채소들과 이어주는 연결고리 역할도 한다.

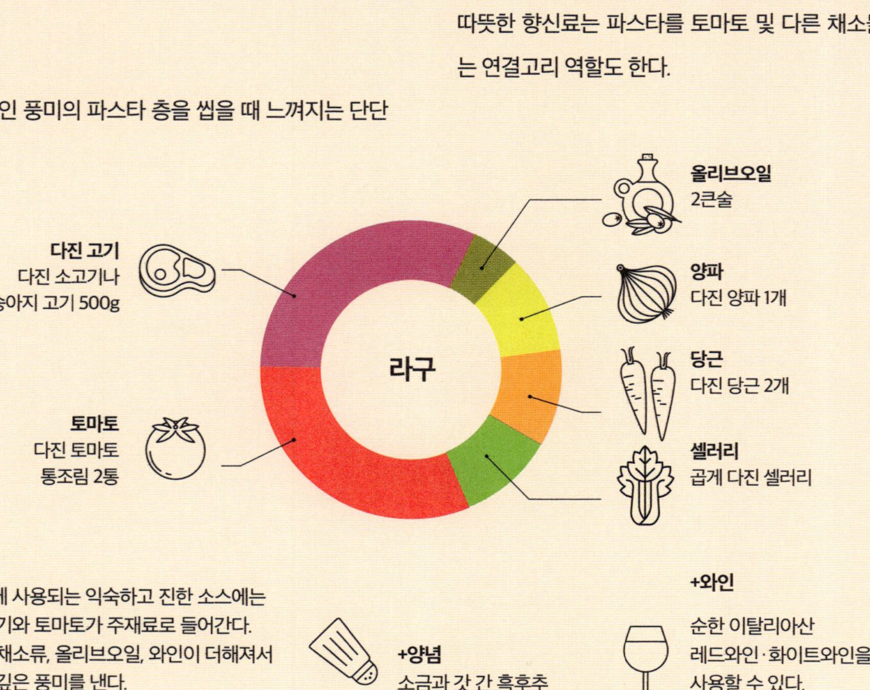

라구

라자냐에 사용되는 익숙하고 진한 소스에는 다진 고기와 토마토가 주재료로 들어간다. 여기에 채소류, 올리브오일, 와인이 더해져서 특별히 깊은 풍미를 낸다.

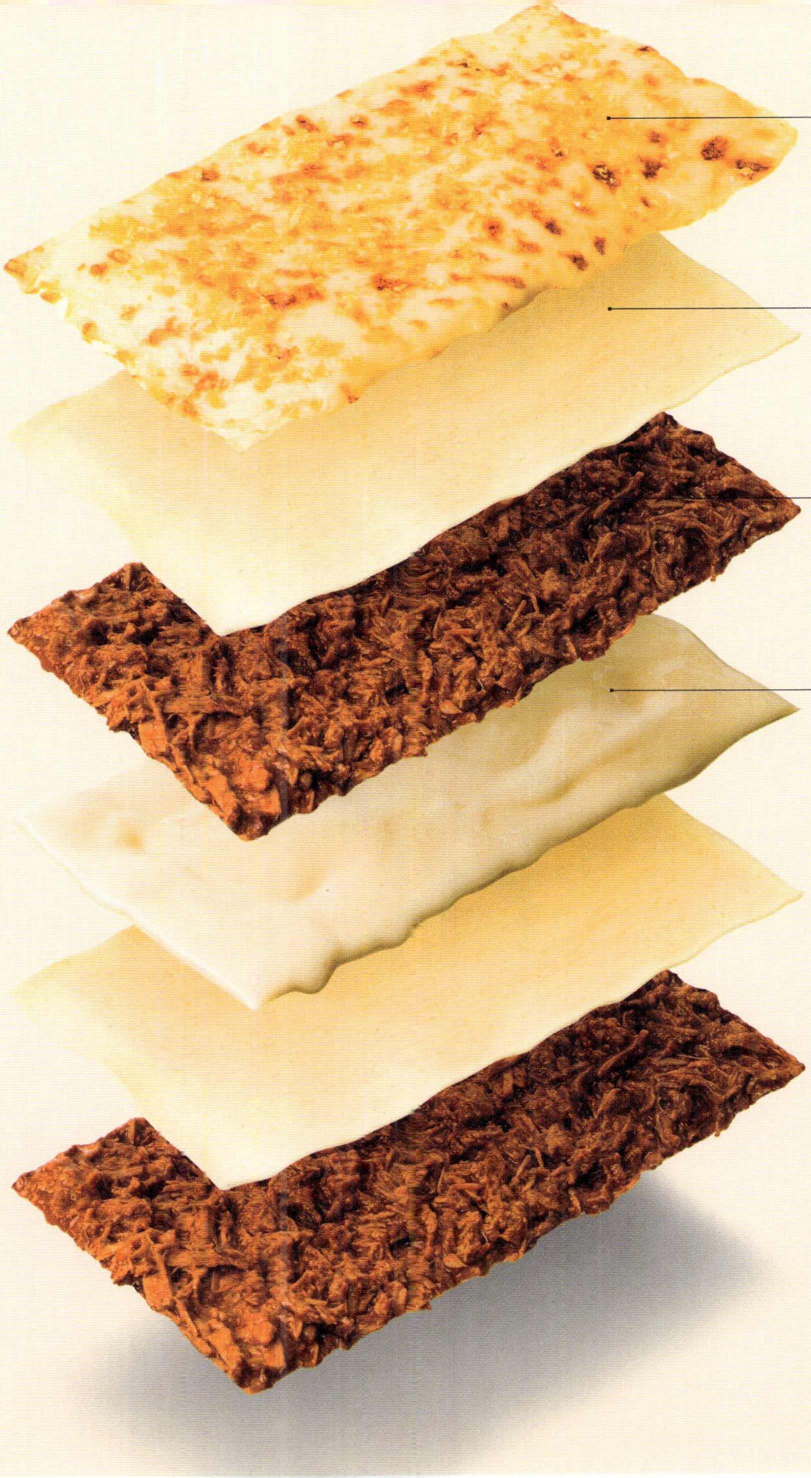

강판에 간 파르메산치즈
마지막 베샤멜 소스 층 위에 뿌려준 후 갈색이 될 때까지 오븐에 굽는다.

파스타
파스타 시트는 고기와 소스의 풍미를 흡수하는 데 이용된다.

라구
음식에 깊이와 풍미를 더해주는 진한 소스

베샤멜 소스
부드러운 풍미를 더해주는 진하고 크리미한 층

알코올에 의한 조리

알코올은 78℃만 되어도 쉽게 증발된다. 즉, 끓는 냄비에서 빠르게 기화한다.

15분 후에는 60%가 사라지고, 1시간 후에는 75%가 사라진다. 하지만 알코올은 결코 완전히 사라지지는 않는다. 2시간 30분이 지나도 원래 알코올 양의 5%가 남아 있다.

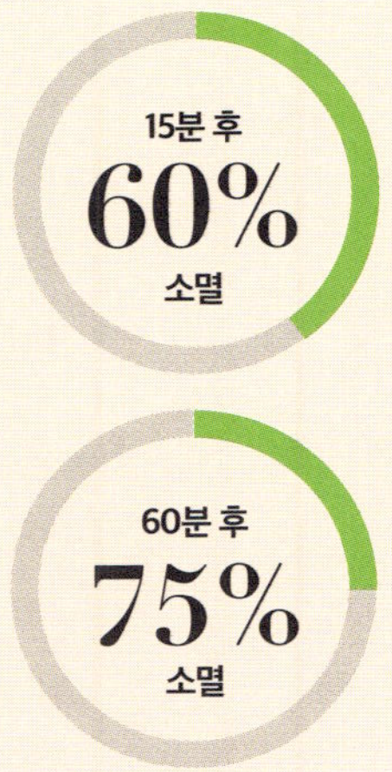

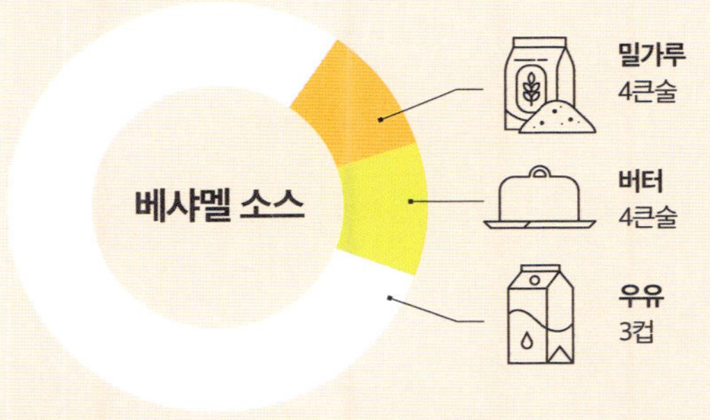

베샤멜 소스

약한 불에 버터를 녹인 다음 밀가루를 넣고 휘저어 페이스트를 만든다. 우유를 조금씩 천천히 추가해서 크리미한 소스를 만든다.

+양념

소금, 갓 간 흑후추, 기호에 따라서 약간의 육두구를 첨가한다.

가금육

닭, 오리, 거위, 칠면조를 포함한 가금육은 비교적 저렴하면서 맛이 좋다. 어디에나 잘 어울리는 순한 풍미부터 누린내가 나는 진한 풍미까지 다양한 풍미를 제공한다. 대체로 맛이 순하며 풍미의 깊이는 지방 함량에 따라 크게 좌우된다.

가금육의 풍미에는 250가지 이상의 화합물이 연관되며, 고기가 조리될 때에는 500가지 화합물이 향을 만들어낸다. 가금육의 풍미와 향은 바로 마이야르 반응(74~75쪽), 지방의 열 분해 과정, 그리고 이 두 과정의 상호작용을 통해 만들어진다.

잠깐씩 날기만 하는 종(닭과 칠면조)은 가슴에 어떤 유형의 근섬유를 지니는데, 이 섬유는 흰색 고기를 만들어낸다. 이 살코기는 지방이 적고 맛이 담백하다. 장거리를 비행하는 종(오리와 거위)의 가슴 근육은 산소를 공급하는 미오글로빈을 더 많이 함유한다.

미오글로빈은 갈색 육류를 만들어낸다. 오리와 거위의 피부 아래에는 두꺼운 지방층이 있어서 이 동물들의 고기는 고온에서 로스팅하거나 그릴링을 해도 잘 조리된다. 자체적으로 베이스팅(액체를 식품에 뿌려 촉촉함을 유지하는 일 - 옮긴이)이 이루어지기 때문이다.

감귤류

감귤류는 가금육 요리에서 지방이 많은 고기의 미끈거리는 식감을 줄이는 데 자주 사용된다.

풍미의 극대화

닭 한 마리를 통째로 구울 때에는 다양한 부위가 각기 다른 속도로 익는다는 어려움이 있다. 가금육을 로스팅하거나 그릴에 굽거나 튀기면 지방의 진한 향기와 풍미 성분이 만들어진다. 다만 이 방법은 닭가슴살을 메마르게 만들 수 있다. 흰색 가슴살은 삶거나 데치면 육즙이 그대로 유지되지만, 똑같이 풍부한 풍미 화합물을 지니는 것은 아니다. 브라이닝, 베이스팅, 레스팅과 같은 기법은 고기가 확실하게 수

닭고기의 풍미
닭과 칠면조는 미묘한 풍미를 지니며 다른 재료들의 밑바탕 역할을 한다.

흰 가슴살은 담백하고 지방이 적다.

어두운색의 다리살은 육즙이 더 많고 풍미가 더 진하다. 지방 함량이 더 높기 때문이다.

지방 함유량	닭	칠면조
가슴살 (껍질제거)	3%	2%
다리살 (껍질제거)	7%	7%

일반적인 페어링
마늘, 생강, 레몬그라스, 오레가노, 로즈마리, 세이지, 타라곤, 타임

혼치 않은 페어링
카다멈, 셀러리 씨, 회향

일반적인 페어링
크랜베리, 오레가노, 로즈마리, 세이지, 타임

혼치 않은 페어링
커민, 파프리카, 파슬리, 피칸

분을 유지하게 하는 데 도움이 된다.

오리와 거위를 도축 직후 매달아두거나 손질 후 숙성시키면 풍미가 증가하고 고기가 연해지는 데 도움이 된다. 이 부류는 전통적으로 공기가 모든 면을 따라 흐르도록 '매달아'두는데, 이는 수분이 증발되고 그 후 근육 조직에 아직 남아 있는 효소에 의해 단백질이 자연스럽게 분해되는 과정을 돕는다.

> **거위 지방**
> 높은 연소점(연기점)과 은은한 풍미를 지녀 구운 감자 요리에 완벽히 어울린다.

스톡(육수)

가금류의 뼈는 스톡을 만드는 데 이용될 수 있으며, 이 스톡은 수프와 소스를 비롯하여 수많은 다른 요리들의 진한 베이스를 만드는 데 이용될 수 있다. 닭 뼈를 허브와 채소와 함께 70℃에서 10시간 동안 끓이면 맑고 순수한 닭 육수가 만들어진다. 압력솥을 사용하면 조리 시간을 크게 단축할 수 있다.

염지 및 마리네이드

염지는 조리 중 가금류의 촉촉함을 유지하는 데 사용된다.

가금류 고기를 염수에 담그면 수분 함량이 10% 이상 증가해 육즙과 촉촉함이 유지된다. 용해된 소금이 고기 속으로 들어가고, 그 뒤를 따라 물이 들어가면서 근육 단백질이 풀어져 부드러운 젤 형태로 팽창한다. 레몬이나 식초 같은 산성 물질은 단백질을 분해하여 고기를 연하게 만들고 약간 '익히는' 효과를 낸다.

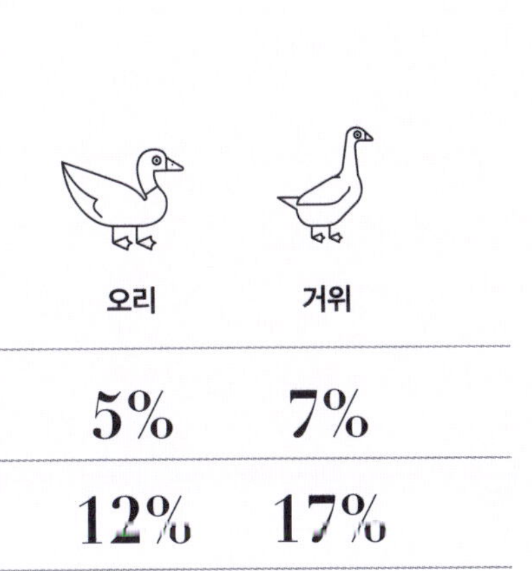

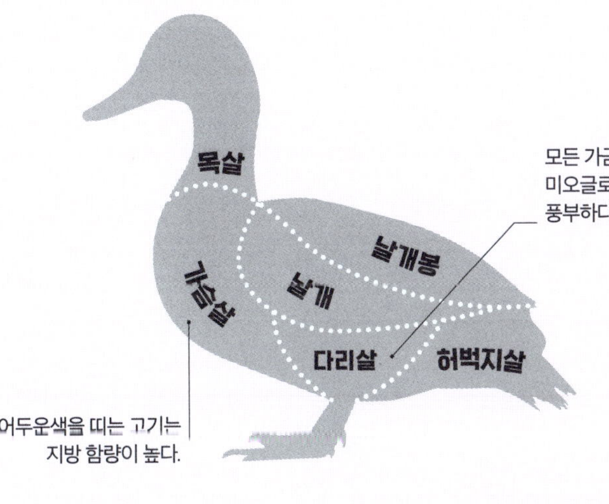

오리고기의 풍미
오리와 거위 둘 다 매우 두드러지는 맛을 내기 때문에 이러한 육류에 어울리려면 강렬한 풍미가 요구된다.

일반적인 페어링
중국 오향분, 생강, 오렌지, 로즈마리, 쓰촨 페퍼, 팔각

흔치 않은 페어링
발사믹 식초, 체리, 파인애플, 타마린드

일반적인 페어링
아니스, 중국 오향분, 계피, 감귤류, 마늘, 로즈마리, 타임

흔치 않은 페어링
블랙베리, 체리, 세이지

돼지고기

돼지고기는 전 세계적으로 가장 인기 있는 육류로, 달콤하고 과일 향과 꽃 향을 기조로 한 풍미를 선사한다. 천연 단맛이 약간 나며, 순한 감칠맛부터 진한 육향까지 부위에 따라 풍미가 다채롭다. 예를 들어 돼지고기의 안심은 미미한 풍미를 지니는 반면, 삼겹살은 진한 풍미를 지닌다. 돼지고기가 익을 때, 마이야르 반응(74~77쪽)은 고기를 갈색으로 변하게 하면서 캐러멜라이즈된 풍미를 형성한다.

돼지고기 지방은 사료와 품종에 따라서 맛이 달라지는, 정말 깔끔하고 중립적인 맛을 지닌다(다음 쪽 참고). 지방은 조리 과정에서 녹아내려 향기 화합물을 흡수하여 증폭시킴으로써 풍미를 강화한다. 돼지의 몸 전체에 분포된 지방은 각기 다른 부위의 풍미와 텍스처에 영향을 미친다. 예를 들어, 삼겹살에는 지방과 근육이 교대로 겹겹이 층을 이룬다. 그리고 지방이 녹을 때(용출) 고기를 '베이스팅'하는 효과를 내며, 표면을 튀겨서 풍미가 풍부한 딱딱한 층을 만들어낸다. 어깨 부위의 마블링된 지방은 콜라겐과 결합하여 저온 조리 과정에서 녹아서, 육즙이 풍부한 텍스처와 깊은 풍미를 만들어낸다.

큐어링

돼지고기를 염장, 훈제 또는 발효 방식으로 큐어링시켜 베이컨·햄·살라미와 같은 식품으로 만들 수 있다. 소금은 유해 세균의 활동을 억제하고 고기에서 수분을 제거하며 원료육을 보존한다. 고기에 들어 있는 효소는 단백질을 분해하여 감칠맛이 풍부한 육향을 내는 화합물을 만들어내는 한편, 지방은 분해되어 돼지고기 같은 풍미를 자아낸다. 숙성 방식에 따라 고기는 통제된 조건 속에서 더욱 건조·훈제·숙성 과정을 거쳐 텍스처와 맛을 강화한다.

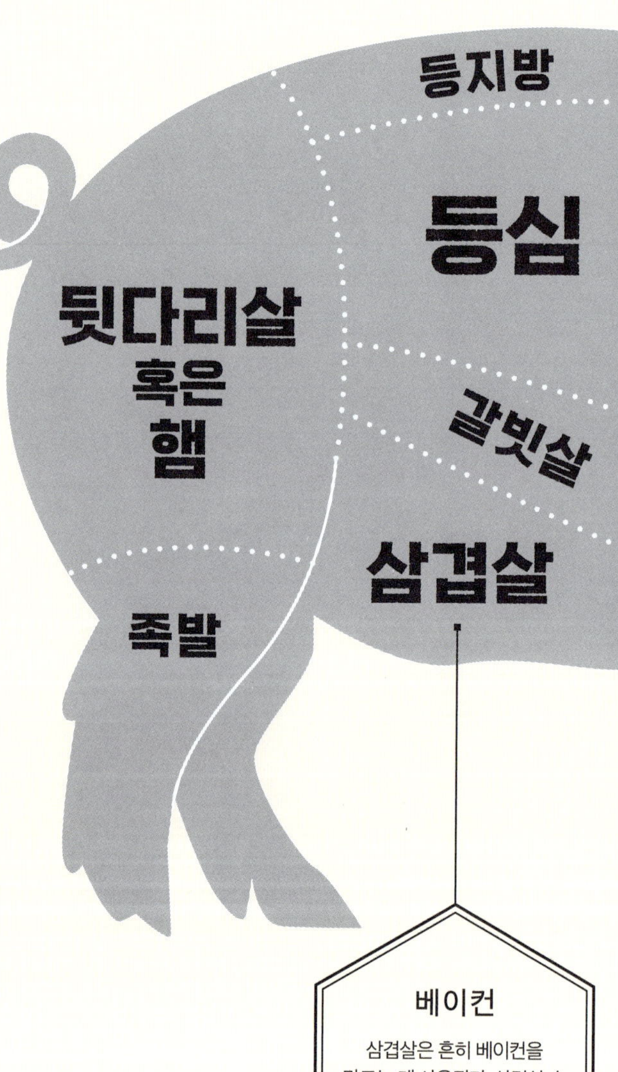

고약한
수퇘지 냄새

수컷 돼지의 페로몬인 안드로스테논은 고기에 불쾌한 냄새를 유발할 수 있다.

베이컨

삼겹살은 흔히 베이컨을 만드는 데 사용된다. 삼겹살 속 지방이 진한 풍미를 더하기 때문이다.

소시지

대부분의 문화권에서 고기를 보존하기 위한 방식으로 소시지 형태를 택한다. 돼지고기는 지방 함량이 높아 흔히 소시지의 핵심 재료로 쓰인다.

건조 숙성을 하더라도 소시지가 너무 메마르지 않는다는 것을 보장하기 때문이다. 스페인의 초리조는 훈제 파프리카로 풍미를 입힌 후 훈제하는 반면, 이탈리안 살라미는 발효되어서 곰팡이 층으로 덮인다. 중국 소시지 라창은 주로 향신료를 다량 넣고 건조 숙성시키는 반면, 독일의 부라트부르스트와 영국의 소시지 뱅어스는 익힌 후 먹는 생고기 소시지류이다.

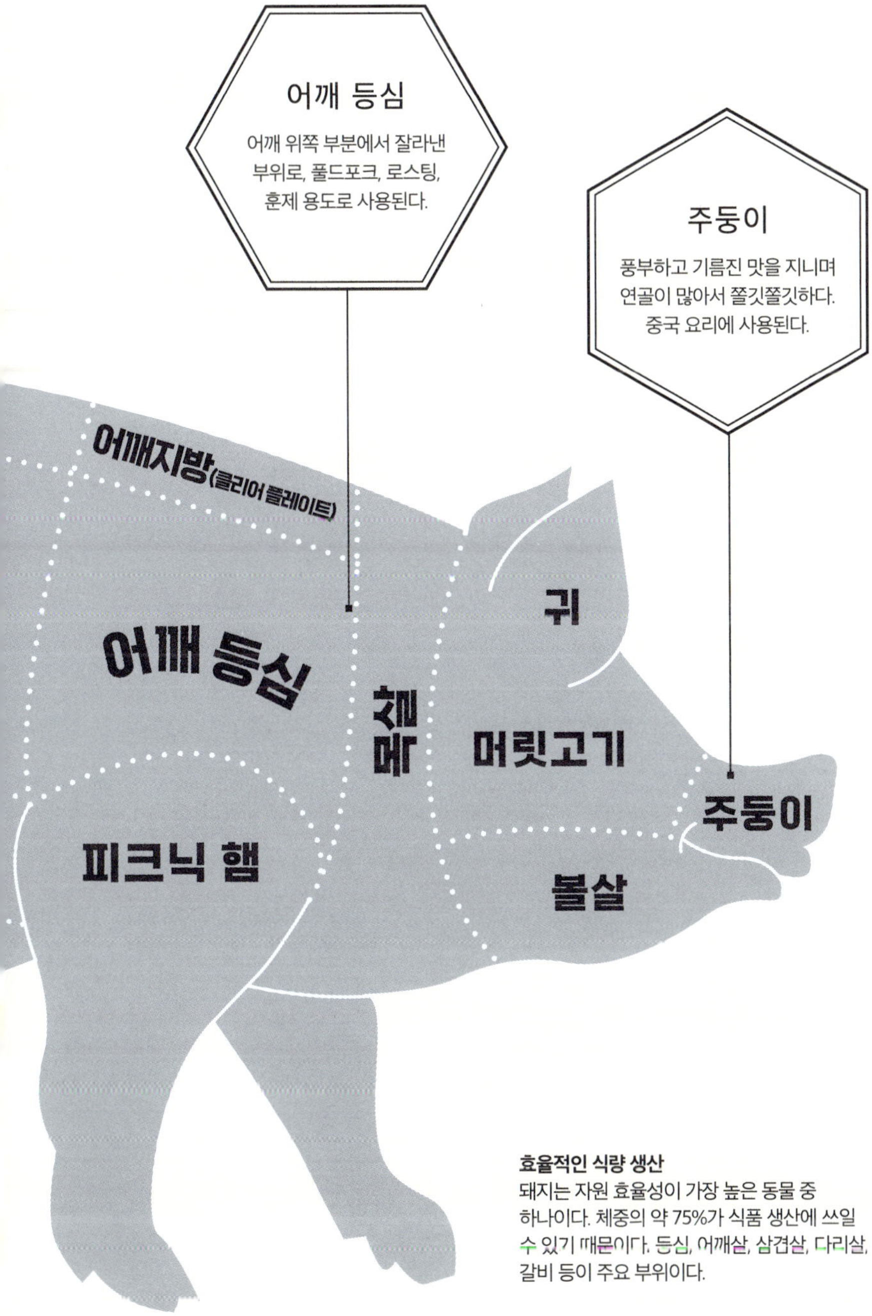

어깨 등심
어깨 위쪽 부분에서 잘라낸 부위로, 풀드포크, 로스팅, 훈제 용도로 사용된다.
주둥이
풍부하고 기름진 맛을 지니며 연골이 많아서 쫄깃쫄깃하다. 중국 요리에 사용된다.
어깨지방(클리어 플레이트)
귀
어깨 등심
목살
머릿고기
주둥이
피크닉 햄
볼살

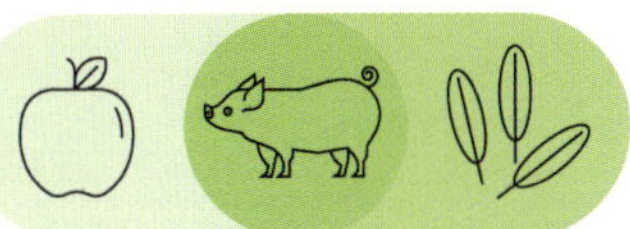

효율적인 식량 생산
돼지는 자원 효율성이 가장 높은 동물 중 하나이다. 체중의 약 75%가 식품 생산에 쓰일 수 있기 때문이다. 등심, 어깨살, 삼겹살, 다리살, 갈비 등이 주요 부위이다.

돼지의 전통 품종

돈육의 풍미는 돼지의 품종과 전통적으로 사육되는 지역 및 방식에 따라 큰 차이를 나타낸다.

북미

레드 와틀 돼지
사육: 대부분의 기후에 적응 가능하다.
특징: 피하지방이 적고 풍미 있는 고기

듀록 돼지
사육: 대부분의 환경과 온도에 적합한 강인한 동물군
특징: 달콤한 풍미를 내는 피하지방이 많지 않은 고기

영국

글루체스터 올드 스팟 돼지
사육: 과수원에서 사과를 먹고 자란다.
특징: 연하고 풍미 있는 고기

스페인/포르투갈

이베리코 흑돼지
사육: 방목 사육. 도토리와 허브를 먹고 자란다.
특징: 진하고 고소한 풍미

헝가리

만갈리차 돼지
사육: 추운 기후. 가리지 않고 먹는다.
특징: 수퇘지 특유의 진한 누린내와 함께 풍미 있고 마블링이 풍부한 고기

중국

메이샨 돼지
사육: 실내 또는 실외 서식지
특징: 마블링이 있는, 풍미 있는 고기

일반적인 페어링
사과, 중국 오향분, 세이지, 타임, 마조람, 파인애플

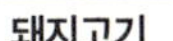

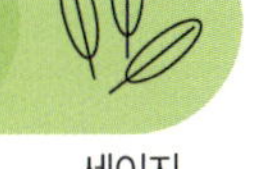

사과
돼지고기
세이지
복숭아
돼지고기
회향

흔치 않은 페어링
캐러웨이, 딜, 회향, 타라곤, 복숭아, 메이플 시럽

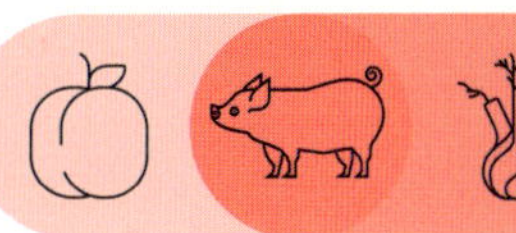

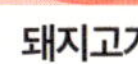

양과 염소

양과 염소는 유연관계가 가깝다. 이 동물들의 풍미와 조리법은 개체의 나이에 따라 달라진다. 램(생후 1년 미만의 양) 고기는 담백하고 연하고, 호깃(생후 1~2년 된 양)은 육질이 더 단단하고 누린내를 더 풍기며, 머튼(생후 2년 이상 된 양)은 염소처럼 풍미가 진하고 강하다.

램(어린 양)

이 붉은 고기는 소고기보다 흙내음과 누린내가 좀 더 강하게 나는 풍미를 지닌다. 이 풍미는 지방에서 발견되는 한 유형의 지방산에서 비롯된다. 곡물과 풀을 함께 먹여 키운 램은 풀만 먹여 키운 램보다 고기 맛이 더 담백한 경향이 있다. 램의 나이(생후 약 1년)는 깊은 풍미와 충분한 지방, 연한 육질을 보장한다.

커틀릿 같은 양고기의 몇몇 부위는 고온에서 빠르게 조리되어 캐러멜라이즈된 크러스트 표면을 형성하지만, 속은 여전히 분홍색을 띠고 질기지 않다. 어깨나 다리와 같은 다른 부위는 뼈에서 살이 떨어지도록 저온에서 천천히 조리되는 것이 가장 좋다. 램을 마리네이드한 후 마늘, 로즈마리, 올리브오일, 그리고 타임과 같은 허브 등의 재료들을 이용해 조리를 하면 램의 풍미를 향상시킬 수 있다. 이따금 램의 다리살 전체에 구멍을 내고 그 속을 로즈마리 잔가지 한 개와 편마늘 한 쪽으로 채운 후 안초비로 감싸듯 덮는다. 로스팅 과정에서 안초비가 녹아 차츰 사라지면서 나오는 소금과 기름으로 램이 베이스팅된다.

머튼(나이 든 양)

나이가 더 든 양에서 얻은 고기는 지방 함량이 더 높고 짙은 붉은색을 띠면서, 더욱 단단한 텍스처와 진한 풍미를 지닌다. 강한 누린내를 내는 풍미는 점차 익숙해질 수도 있지만, 북미에서는 그리 인기가 있는 것은 아니다. 머튼은 중동과 지중해 지역의 요리에서 두드러진다. 물론, 세계 최대 머튼 소비국은 몽골이다.

염소

염소는 일반적으로 양보다 나이가 많을 때 도축되기 때문에, 더 질긴 텍스처를 지니는 경향이 있다. 또한 (지방이 적기 때문에) 빨리 건조될 수가 있다. 지방 함량이 낮지만 결합조직 함량이 높기 때문에, 더 연한 염소고기를 만드는 가장 좋은 방법은 아주 천천히 익히는 것이다. 염소고기의 강한 누린내 풍미는 다른 강렬한 풍미와 잘 맞는다. 염소는 아프리카 및 카리브해 지역의 스튜와 커리의 핵심 재료이다.

일반적인 페어링
안초비, 마늘, 레몬, 민트, 감자, 로즈마리, 소금

흔치 않은 페어링
초콜릿, 커피, 자몽, 고등어, 호박씨, 위스키

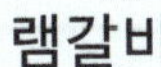

램갈비

이 최상급 부위는 등갈비 부위에서 나온다.

재우기

염소고기는 전통적으로 스튜나 커리에 넣기 전에 8시간 동안 재워둔다.

누린내

지방산은 염소고기와 램고기에 뚜렷한 누린내 풍미를 부여한다. 고기뿐만 아니라 우유에도 이 풍미가 나타난다.

양의 전통 품종

전 세계에서 몇 가지 희귀한 전통 품종은 독특한 특징들로 높이 평가받는다. 많은 품종들이 오랜 역사를 지니고 있으며 수 세기 동안 주로 양모나 육류를 얻기 위해 육종되어왔다. 여기서 소개된 것들은 육류로 선호되는 품종들이다.

북미

걸프 코스트 토종 양
사육: 덥고 습한 기후
특징: 흙내음이 미묘하게 나는 풍미
용도: 구운 램갈비

호그아일랜드 양
사육: 방목 또는 목초 사육, 내한성이 높은 품종
특징: 연하고 깔끔하며 약간 단맛이 나는 고기
용도: 양념장에 담근 후 천천히 굽는 부위

영국

사우스다운 양
사육: 온대 기후에 적응, 내한성이 높고 회복력이 좋은 품종
특징: 매우 연한 고기
용도: 그릴에 구운 토막 살 또는 스테이크

아이슬란드

아이슬란드 양
사육: 내한성이 높아서 추운 기후에 적응
풍미: 흙내음 요소가 가미된 연하고 달콤한 풍미
용도: 훈제 요리

아프리카/중동

다마라 양
풍미: 풍미가 진하나 일부 품종보다 누린내가 덜하다.
용도: 스튜, 브레이즈(찜) 요리, 로스트 요리, 그릴 요리

호주

윌티폴 양
사육: 높은 내한성, 적응력 좋음, 자가 털갈이
풍미: 지방이 많이 없고 순한 풍미를 지닌 품종
용도: 저온 조리 요리 또는 로스트 요리

일반적인 페어링
고추, 고수, 커리, 파프리카, 타임, 터메릭

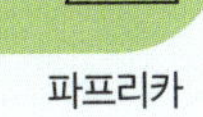

흔치 않은 페어링
석류, 로즈마리, 참깨, 간장

사냥육(수렵육)

사냥감은 사육되는 동물이 아니라 사냥으로 잡힌 야생 동물에 속한다. 가장 인기 있는 사냥육은 사슴, 멧돼지, 꿩, 토끼에서 나오는 고기이다. 사냥감은 일반적으로 같은 종의 가축보다 지방이 적고, 계절에 따라 다양한 먹이를 섭취하며, 인공 첨가물, 호르몬, 항생제에 노출되지 않는다. 이런 점이 고기의 풍미, 텍스처, 색깔에 영향을 미친다.

사냥육은 일반적으로 사육된 동물의 고기보다 풍미가 더 강렬하고, 나이에 따라 텍스처가 질겨질 가능성이 있다. 더 진한 흙내음과 사향 향의 풍미 때문에 사냥육의 맛은 익숙해지는 데 시간이 필요하다. 토끼고기는 가장 순하면서, 단맛이 미묘하게 나는 풍미를 지닌다. 또한 잘 익혀지면 매우 연해질 수 있다. 낮은 온도에서 천천히 조리하거나 스튜에 넣으면 토끼고기는 촉촉함과 부드러움을 유지하게 될 것이다. 꿩은 조류 사냥감 중 가장

미오글로빈

철분과 산소를 결합하는 이 단백질의 함량이 높으면 사냥육이 어두운 색깔을 띠게 된다.

순한 부류 중 하나이지만, 풍미에 있어서는 닭고기보다 더 진하며, 견과류 향이 은근히 난다. 꿩은 통째로 로스팅하거나, 다리살을 조릴(브레이징) 수 있다. 한편 가슴살은 팬에 시어링하거나 수비드(물에 잠기게 밀봉)로 조리하는 것이 가장 좋다. 멧돼지고기는 사육돼지의 고기보다 풍미는 더 강하고 지방은 더 적으며, 버섯과 흡사한 진한 풍미를 지닌다. 다른 부위들은 사육돼지의 고기와 매우 비슷하게 조리되지만, 특별히 멧돼지는 훈제 방식에 잘 맞는다. 사슴고기는 아마 사냥육 중에서 누린내가 가장 많이 나는 풍미를 지니며 뚜렷한 철분 맛도 난다. 그렇지만 제대로 숙성시켜서 조리한다면 아주 부드러운 텍스처를 얻을 수 있을 것이다. 부위별 사슴고기는 소고기와 매우 비슷하게 조리되지만, 육질을 촉촉하고 부드럽게 유지하기 위해 레스팅 과정을 꼭 거쳐야 한다.

일반적인 페어링
사과, 월계수 잎, 주니퍼, 베리류, 세이지, 타임

흔치 않은 페어링
밤, 엘더베리, 무화과, 감, 모과

일반적인 페어링
월계수 잎, 마늘, 버섯, 프룬, 로즈마리, 타임

흔치 않은 페어링
회향, 헤이즐넛, 라벤더, 레몬절임

일반적인 페어링
월계수, 블랙베리, 체리, 주니퍼베리, 야생 버섯

흔치 않은 페어링
블러드 오렌지, 밤, 치커리 뿌리, 코코아, 로즈 힙

일반적인 페어링
사과, 마늘, 프룬, 로즈마리, 세이지

흔치 않은 페어링
능금, 생호두, 오디, 잣

식용장기

식용장기란 먹을 수 있는 동물의 내장 기관들을 말한다. 일부 문화권에서는 인기가 덜하며 다른 지역에서도 인기가 줄어드는 추세이다. 사람들이 더 좋은 부위의 고기를 얼마든지 구입할 수 있기 때문이다. 식용장기가 독특한 풍미를 지니고 있기는 하지만, 현대인의 입맛에 가장 큰 걸림돌이 될 수 있는 부분은 텍스처인 것 같다. 그래도 식용장기는 저렴하고 영양가가 높으며 도축된 동물을 버려지는 부분 없이 사용할 수 있게 한다. 내장이 들어 있지만 일상적으로 접할 수 있는 몇몇 음식에는 해기스(위, 심장, 폐), 스테이크 앤드 키드니 파이(신장), 소시지(창자), 양파를 곁들인 간 요리 등이 있다. 간과 신장은 아마 가장 맛있어서 가장 인기 있는 부위일 것이다.

간

간은 원산지와 관계없이 부드럽고 버터 같은 텍스처를 지닌다. 램과 돼지의 간은 특유의 풍미가 가장 강하고, 송아지와 닭의 간은 가장 순한 풍미를 지닌다. 간은 주로 파테로 만들어 먹지만, 튀기거나 훈제할 수도 있다. 간은 너무 익히지 않는 것이 중요하다. 고무처럼 질겨질 수 있기 때문이다.

신장

송아지, 램, 돼지의 신장은 가장 손쉽게 구할 수 있다. 송아시 신장이 가장 연하고, 돼지 신장은 가장 단단하며, 램의 신장은 그 중간이다. 신장은 감칠맛이 풍부하고 금속 맛과 누린내 나는 맛이 난다. 소변 냄새가 날 수 있으므로 세척은 필수이다. 흰 지방층 막, 체내 지바, 요관 등을 제거해야 한다. 찬

우유에 담그기

간을 조리하기 전에 우유에 몇 시간 담가두면 강한 맛을 줄이는 데 도움이 된다.

물이나 우유에 최대 3시간 동안 담가두면 핏물과 강한 풍미가 줄어든다. 소금에 절여서 쓴맛을 제거한 후 센불에서 짧게 익히면, 연하고 풍미 있는 결과물을 얻을 수 있다.

식용장기의 종류

송아지 스위트브레드(흉선/췌장)
순한 풍미로, 튀기면 겉은 바삭하고 속은 크리미하다.

심장
강렬한 고기 맛에 단단하고 조밀한 텍스처

혀
순하고 육향이 나는 풍미에 약간 젤라틴 같은 텍스처

골수
입안에서 사르르 녹는 진한 버터 같은 풍미

양(위)
미묘한 풍미에 쫄깃하거나 스펀지 같은 텍스처

소꼬리
강렬한 감칠맛과 함께 젤라틴 같은 텍스처

모래주머니(가금류만 해당)
누린내 풍미로, 본래 질기지만 천천히 익히면 연해진다

뇌
섬세한 풍미에 부드럽고 커스터드 같은 텍스처

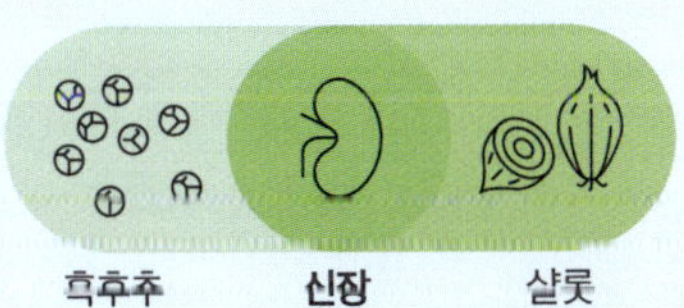

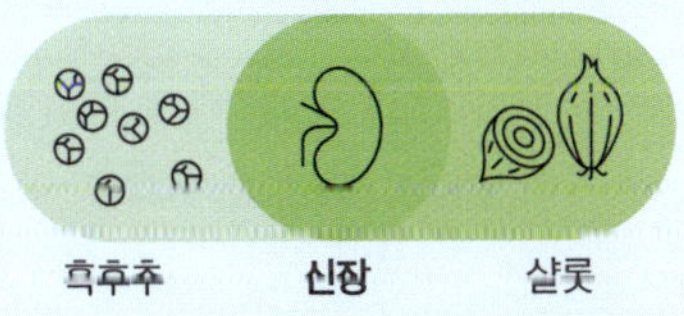

생선류

평균적으로 생선은 우리가 섭취하는 동물성 단백질의 16% 미만을(아시아와 아프리카 국가의 경우 20% 이상) 차지하지만, 양식, 어업 방식, 그리고 가공 기술의 발전으로 지난 세기 동안 더 많은 사람들이 더 쉽게 생선을 접할 수 있게 되었다.

생선은 아마 다른 동물보다는 먹이와 서식 환경을 근거로 풍미가 형성되는 경향이 클 것이다. 생선은 일반적으로 흰살생선과 기름진 생선 두 가지로 분류된다. 대구, 해덕, 가자미, 큰넙치 등의 흰살생선은 섬세한 풍미를 지니며, 생선 본연의 풍미를 가리지 않는 은근한 향의 허브와 양념을 잘 받아들인다. 참치, 연어, 고등어, 멸치를 포함한 기름진 생선은 살 전체에 퍼져 있는 기름 함량 덕분에 풍미가 더 진하고 강렬하다. 더 강렬한 풍미들과 페어링해도 어울릴 수 있다. 레몬과 같은 산미 나는 풍미는 모든 종류의 생선에 풍미적으로 도움이 된다.

고등어

고등어는 짭짤한 감칠맛이 특징이며 기름 함량이 높아서 진한 버터 향의 풍미를 지닌다.

농어

농어는 담백하면서 단맛이 느껴지는 풍미를 지니는데, 그릴에 굽거나 오븐에 구우면 더 고소해진다.

일반적인 페어링
대구, 해덕, 큰넙치 등의 흰살생선 모두 케이퍼, 딜, 마늘, 레몬, 파슬리, 타임과 잘 맞는다.

  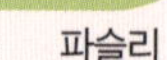 레몬　　흰살생선　　파슬리

흔치 않은 페어링
회향, 녹차, 주니퍼베리, 마크루트 라임 잎

  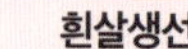 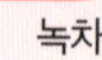 회향　　흰살생선　　녹차

기름진 생선

기름: 몸 전체에
분포됨(5% 이상)

어육: 결대로
부서지지 않음

섭취 방법: 스시,
생선 구이, 팬에서
시어링, 훈제 생선

흰살생선

기름: 간에
농축됨(2% 미만)

어육: 흰살,
결대로 부서짐

섭취 방법: 포치드
피쉬, 생선 튀김,
생선 구이

보존

차가운 심해에 적응되도록 진화한 어류, 특히 기름진 어종들은 보존이나 가공 처리를 하지 않으면 빠르게 상한다. 전 세계에서 수많은 보존 기술이 개발되어왔는데, 그중 상당수는 풍미가 점점 강해지는 데 도움이 된다.

연어, 송어, 청어와 같은 기름진 생선은 종종 염장, 건조, 가열, 훈제 방식의 조합으로 숙성큐어링된다. 훈제 방식은 토탄 불에서 나오는 토탄 향과 같은 독특한 풍미를 더해준다. 염장과 건조 방식은 특별히 대구를 보존할 때 자주 쓰인다. 이 방식은 풍미 화합물을 농축시키며, 심지어 염분을 제거한 후 다시 물에 불려도 생선 살의 단단함을 증가시킨다.

날생선 요리

생선은 드레싱을 바르거나 급속 냉동(어획 후 즉시 영하 40℃ 이하로 냉동)하여 날것으로 먹을 수 있다. 이렇게 먹으면 신선하고 깔끔한 맛과 함께 부드러운 텍스처를 느낄 수 있다.

사시미
연어나 참치와 같은 생선을 얇게 썬 생선회로, 안전하게 선상에서 급속 냉동한 후 해동하는 경우가 많다.

세비체와 크루도
생선이나 조개류를 얇게 썰어 감귤류 주스에 절여놓으면 조리하지 않고 바로 꺼내 먹을 수 있다.

포케
날것이거나 급속 냉동한 참치나 문어를 깍둑썬 후 간장과 참기름에 재워 먹는 경우가 많다.

일반적인 페어링

참치, 고등어, 연어와 같은 기름진 생선에는 흑후추, 고추, 딜, 생강, 레몬 또는 와사비를 곁들여보자.

고추　　**기름진 생선**　　레몬

흔치 않은 페어링

녹차, 녹색 아몬드, 메이플 시럽, 핑크 페퍼콘, 간장 또는 수마크

녹색 아몬드　　기름진 생선　　간장

갑각류

갑각류는 새우, 게, 바닷가재가 속한 부류이다. 껍질에서 비교적 적은 양의 살을 파내는 데 드는 수고로움에도 불구하고 보통 고급스러운 메뉴로 여겨진다. 갑각류의 살은 달콤하고 육즙이 풍부하며, 버터, 치즈, 곰팡내, 식초, 알싸함, 땀 냄새 등 여러 맛 요소들을 지닌다. 집게발, 다리, (새우와 바닷가재의 꼬리 부분에 해당하는) 근육질 몸통 부위에 붙어 있는 흰 살은 단단하면서도 결대로 부서지며 담백하면서 단맛이 느껴지는 풍미를 지닌다. 이 부위의 흰 살은 언제나 메인 요리로 선호된다. 갈색 살은 게의 몸통이나 바닷가재, 새우의 머리 부분에 있는 내장 주변에 있다. 소스에 풍미를 더하거나, 파테와 스프레드를 만들 때 혹은 수프의 베이스로 안성맞춤이다.

감칠맛

이노신산염(IMP)과 구아닐산염(GMP)은 해산물 풍미에 전체적으로 감칠맛 풍미를 더해준다(26~29쪽).

색깔

갑각류는 익으면 분홍색으로 변한다. 이는 카로티노이드 색소인 아스타잔틴이 단백질에서 분리되기 때문이다.

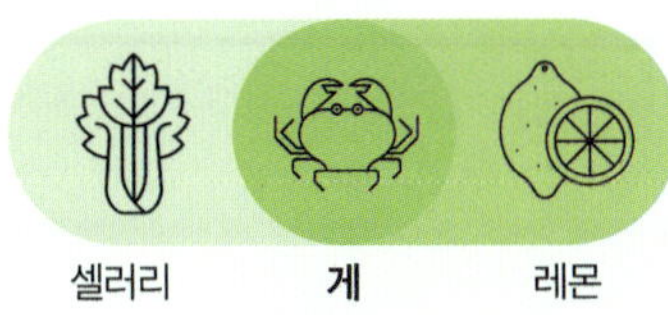

조리법

갑각류의 가장 전통적인 조리법은 소금물에 삶거나 찌는 것이다. 껍질에서 빼낸 달짝지근한 살에 마늘과 파슬리를 약간 곁들이고 녹인 버터를 두르기만 해도 맛있다. 갑각류는 그릴에 굽거나, 팬에 시어링하거나, 데칠 수 있으며, 세비체나 크루도에 들어가는 경우 날것으로 준비될 수도 있다.

게와 바닷가재는 흔히 진한 소스류와 페어링된다. 이 소스류는 홀랜다이스, 버터 혹은 크림을 기반으로 하며, 브랜디나 샴페인 같은 알코올을 함유하기도 한다. 반면에, 새우는 단단한 육질과 섬세한 맛 덕분에 고추와 라임처럼 더 강한 풍미와 다용도로 페어링될 수 있다.

스톡과 비스크

해산물에서 버려지는 껍질은 스톡과 비스크의 기본 재료로 가장 잘 쓰인다. 비스크는 맛이 풍부하고 크리미한 조개 수프이며 스톡으로 만들어진다. 스톡에 나머지 재료들을 넣고 혼합하고 여러 번 거른 후 크림을 넣으면 비스크가 완성된다. 껍질의 풍미를 강화하려면, 우선 향이 날 때까지 껍질을 볶은 후 부수어서 표면적을 늘린다. 이것을 양파, 당근, 셀러리, 마늘, 리크, 월계수 잎 등의 허브와 힘께 냄비에 넣고 물과 와인과 같이 끓여서 스톡을 만든다. 비스크는 감칠맛, 약한 단맛, 풍부한 버터 향 노트들이 균형을 이루면서 강한 풍미를 낸다.

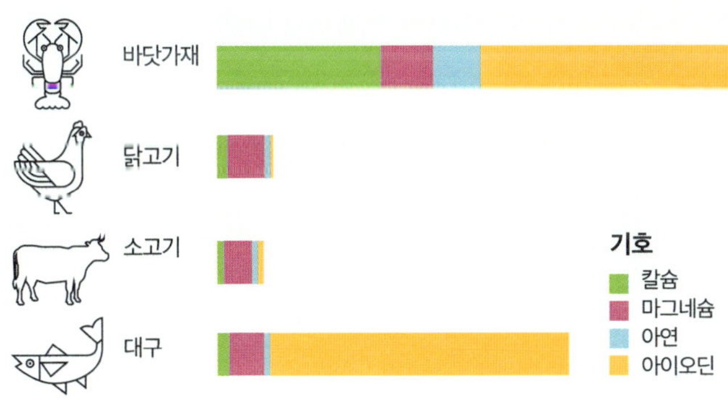

상대적인 미네랄 함량

껍실을 형성하려면 미네랄이 필요하나. 그래서 갑각류는 수생 환경에 용해되어 있는 미네랄을 매우 효율적으로 흡수한다. 갑각류는 다른 단백질 공급원에 비해 칼슘, 마그네슘, 아연, 아이오딘 같은 미네랄 함량이 훨씬 높다. 이 덕분에 갑각류는 필수 미네랄의 훌륭한 공급원이 될 수 있다.

연체동물

굴, 홍합, 가리비, 달팽이, 새조개와 같은 연체동물은 일반적으로 껍데기를 가지고 있지만, 문어나 오징어와 같은 두족류에는 껍데기가 없다. 많은 연체동물이 물에서 플랑크톤과 기타 영양소를 섭취하는 '현탁물 식자'이다. 따라서 연체동물의 풍미는 환경과 먹이에 크게 영향을 받으며, 환경에 의해 수은과 같은 독소를 축적할 수도 있다. 하지만 세심한 가공 및 준비 방법을 통해 이러한 문제 대부분을 해결할 수 있다.

연체동물은 크림처럼 부드러우면서 살집이 많은 식감 및 텍스처와 함께, 일반적으로 달고 짠 풍미를 지닌다. 연체동물은 보통 쪄서 먹으며, 레몬, 마늘, 크리미한 화이트와인과 페어링된다. 가리비류는 단시간 동안 그릴에 굽거나, 튀기거나, 직화로 구워서 먹거나 베이컨이나 초리조의 더 강렬한 풍미를 곁들여 먹으면 맛있다. 아작아작한 마이야르 크러스트(74~77쪽)가 가리비의 보드라운 속살과 완벽한 조화를 이룬다.

오징어와 문어

오징어와 문어는 다른 조개류보다 살집이 더 많으며, 육식성으로서 질긴 근육과 풍부한 연골을 갖추고 있다. 따라서 조개류보다 더 고기 같은 텍스처(육질감)를 지닌다. 다만 오징어와 문어는 신선하지 않거나 제대로 조리하지 않으면 고무처럼 너무 질겨질 수 있다. 특히나 문어는 두드리거나, 물에 불리거나, 얼렸다가 해동하는 방식으로 조리하기 전에 부드럽게 하는 것이 가장 좋다.

오징어와 문어는 황 화합물에서 나오는 감칠맛과 부드러운 바다 풍미를 지닌다. 게와 새우와 같은 갑각류를 더 많이 먹는 동물들은 연체동물과 생선을 주식으로 먹는 동물들보다 감칠맛의 풍미가 더 강하게 나타난다.

오징어와 문어는 치밀한 구조 덕분에 그릴에 굽거나, 조리거나(브레이징), 뭉근히 끓이거나, 튀기거나, 소테하기에 적합하다. 가리비와 무척 흡사하게도, 이러한 조리 방식은 부드러운 속살과 대비되는 풍미 있는 갈색 표면을 만들어낸다. '칼라마리'는 고전적인 오징어 튀김 요리로, 보통 레몬 슬라이스와 디핑 소스를 곁들여 차린다. 고무처럼 질긴 텍스처를 피하는 비결은 센불에는 빠르게(그릴에 구울 때) 혹은 약불에는 천천히(뭉근히 끓일 때) 익히는 것이다.

굴   조개   가리비

레몬, 샴페인, 매운 소스(타바스코),
서양고추냉이, 마늘

자몽, 그래니 스미스 사과, 사케,
오이, 할라피뇨

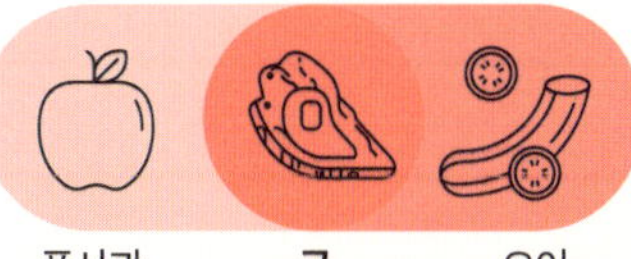

화이트와인, 감자튀김, 샬롯,
마늘, 토마토, 파슬리, 버터, 크림

커리 가루, 훈제 파프리카, 사과주,
그린 커리 페이스트, 초리조

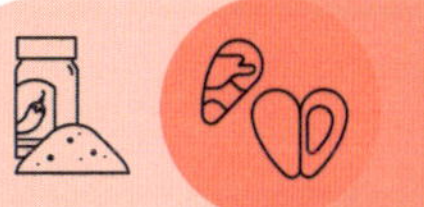

베이컨, 버터, 레몬, 완두콩,
아스파라거스, 화이트와인

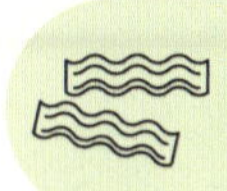

메이플 시럽, 파인애플, 미소된장,
체리, 발사믹 리덕션

레몬, 올리브오일, 마늘, 토마토,
오레가노, 레드와인

회향, 오렌지, 우조, 훈제 파프리카,
하리사

마늘, 파슬리, 토마토, 레몬,
올리브오일, 화이트와인

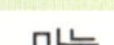

코코넛밀크, 생강, 셰리주, 식초,
초리조, 망고

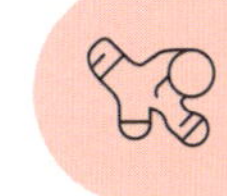

홍합

신선함

신선한 해산물에서는 기분
좋은 염분 냄새가 난다. 생선
비린내는 세균이 만들어내는
트리메틸아민(TMA)에서
나온다.

굴

**굴은 진미로 여겨진다. 그리고 대부분의 해산물과는
달리 주로 한쪽 껍데기에 든 생굴을 먹는다.**

굴은 담백한 풍미를 지니며, 소금과 매우 수수와 잘 맞는다. 굴
의 진정한 매력은 텍스처에 있다. 생굴을 차갑게 해서 먹으면,
굴은 단단하고 오동통하며 즙이 풍부해서 씹을 때마다 짭짤한
단맛이 터져 나온다. 하지만 오래 보관한 상태이거나 품질이 좋
지 않으면 고무처럼 질겨지고, 섬유질화되거나 심지어 모래 씹
는 것처럼 껄끄러워진다.

우유와 크림

우유는 신석기 시대부터 우리 먹거리의 일부였으며 오늘날 여전히 조리의 기본을 이룬다. 액체에 분산되어 있는 아주 작은 지방 입자(지방구)와 단백질의 혼합물인 우유는 우리가 요리할 때 사용하는 가장 영양가 있는 물질 중 하나이다. 우유의 주요 성분은 물, 지방, 단백질, 탄수화물(유당), 그리고 미네랄이다.

　시중에 판매되는 대부분의 우유는 저온 살균(병원성 세균을 제거하기 위해 가열) 및 균질화(지방이 떨어져나가지 않도록 지방구를 더 작게 만듦) 과정을 거친다. 많은 농장에서 짜낸 소젖은 잘 섞여 있다. 즉, 농장별로 맛의 차이가 크게 나지 않는다는 뜻이다. 우유 속 유당은 순한 단맛을 내는 한편, 우유 속 지방 함량은 크리미하고 버터 향이 나는 풍미를 불러일으킨다. 우유 속 흙내음과 풀 향 요소들은 해당 소의 먹이에 따라 달라진다. 우유로 조리하면 캐러멜라이즈된, 더

효소

크림과 우유에 함유되어 있는 효소가 저온 살균 과정으로 파괴되면 제품의 유통기한이 늘어난다.

유지방

유지방은 우유의 풍미와 향기를 전달한다. 이것이 지방을 빼고 남은 탈지우유의 맛이 밍밍한 이유이다.

저지방크림　　　응고크림

크렘 프레슈 생크림　　　탈지우유

더블크림

전지우유

강한 감칠맛 풍미를 낼 수 있다.

세균(주로 연쇄상구균과 유산균)을 첨가해서 우유를 배양하거나 발효시킨 우유는 요거트, 사워크림, 케피어와 같은 산물이 만들어지는 데 이용된다(168~169쪽). 이 과정에서 우유는 걸쭉해지고 견과류 향과 톡 쏘는 신맛의 풍미가 더해진다.

우유가 들어간 요리

우유는 조리에 중요한 재료이다. 특히 우유는 베샤멜 소스(148~149쪽)의 기본 재료이며, 이 소스의 순한 풍미와 부드러운 텍스처는 우유에서 나온다. 또한 정통 라구 알라 볼로네제 요리에서 와인과 토마토의 산미를 상쇄시키는 데 우유가 사용된다. 커스터드 소스에서 우유의 천연 미네랄은 계란노른자 단백질끼리 서로 잘 맞물리도록 돕는 한편, 당분 및 수분 함량은 이 반응 과정을 더디게 만들어서, 결과적으로 부드러운 커스터드가 완성된다.

우유는 주변에 보관된 재료들의 풍미를 흡수한다. 이 말은 우유에 다양한 풍미가 주입되기에 매우 적합하다는 뜻이기도 하다. 생선 파이의 베이스에 양파와 월계수 잎 풍미가 주입되거나, 커스터드에 육두구 풍미가 주입되게 할 수 있다는 것이다.

크림

크림은 우유와 비슷한 풍미 프로파일을 지니지만 지방 함량이 높아서 더 풍부한 텍스처와 식감을 나타낸다. 더블크림과 응고 크림은 가장 풍부한 풍미를 지닌다. 우유와 마찬가지로, 크림도 발효되어 가령 사워크림이나 크렘 프레슈 생크림을 만들어내면 더 복합적인 신맛의 풍미를 발달시킬 수 있다.

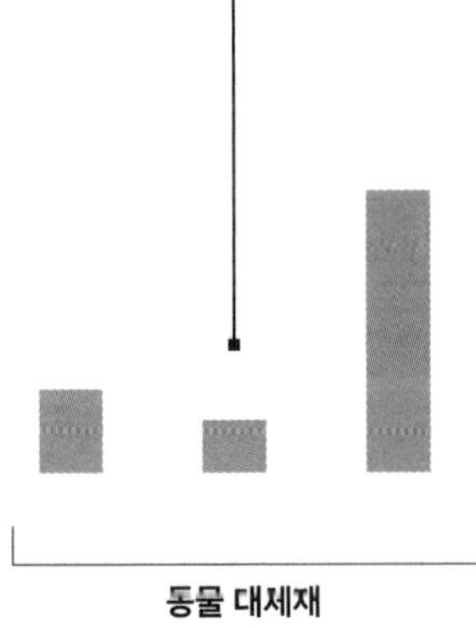

우유의 지방

텍스처, 풍미 프로파일, 입안 감촉은 우유마다 다르다. 그리고 이 모든 요소는 우유의 지방 및 단백질 함량으로 결정된다. 지방 함량이 높을수록 우유가 너 걸쭉해지고 풍미는 더 진해진다.

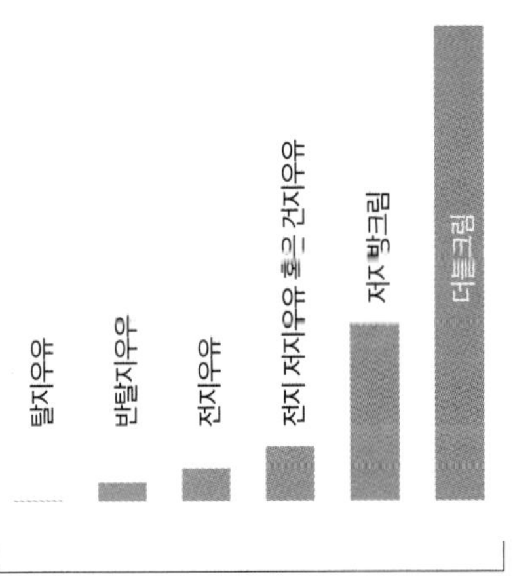

버터

오래전부터 전해 내려온 휘젓기(처닝) 방식을 통해 우유 속 유백색 지방구가 부서지고 합쳐져 액체는 풍부한 맛을 내는 금빛으로 변한다. 남은 물기를 제거하면 우리가 아는 고체 형태의 버터로 탈바꿈한다. 버터는 물, 지방, 단백질, 설탕의 독특한 혼합물이다. 셰프라면 누구나, 버터에는 요리의 풍미를 변신시키는 힘이 있다고 말할 것이다.

- **가염 버터 VS 무염 버터:** 일반적으로 휘젓고 나서 가미되는 소금은 버터의 풍미를 강화한다(14~17쪽). 가염 버터는 보통 조리할 때 쓰이기보다는 빵에 바르는 용도로 사용되어, 요리사가 요리에 들어가는 소금의 양을 조절할 수 있다.
- **발효 버터(젖산) VS '스위트 크림' 버터:** 유럽에서는 보통 젖산을 생성하는 세균으로 버터를 부분적으로 발효(배양)시킨다. 젖

버터와 기 제조

지방 함량이 약 80%인 버터부터, 익으면 풍미가 더 진해지는, 지방 함량이 100%인 '기'까지, 다양한 버터 제품을 만들기 위해서 다양한 방식이 적용된다.

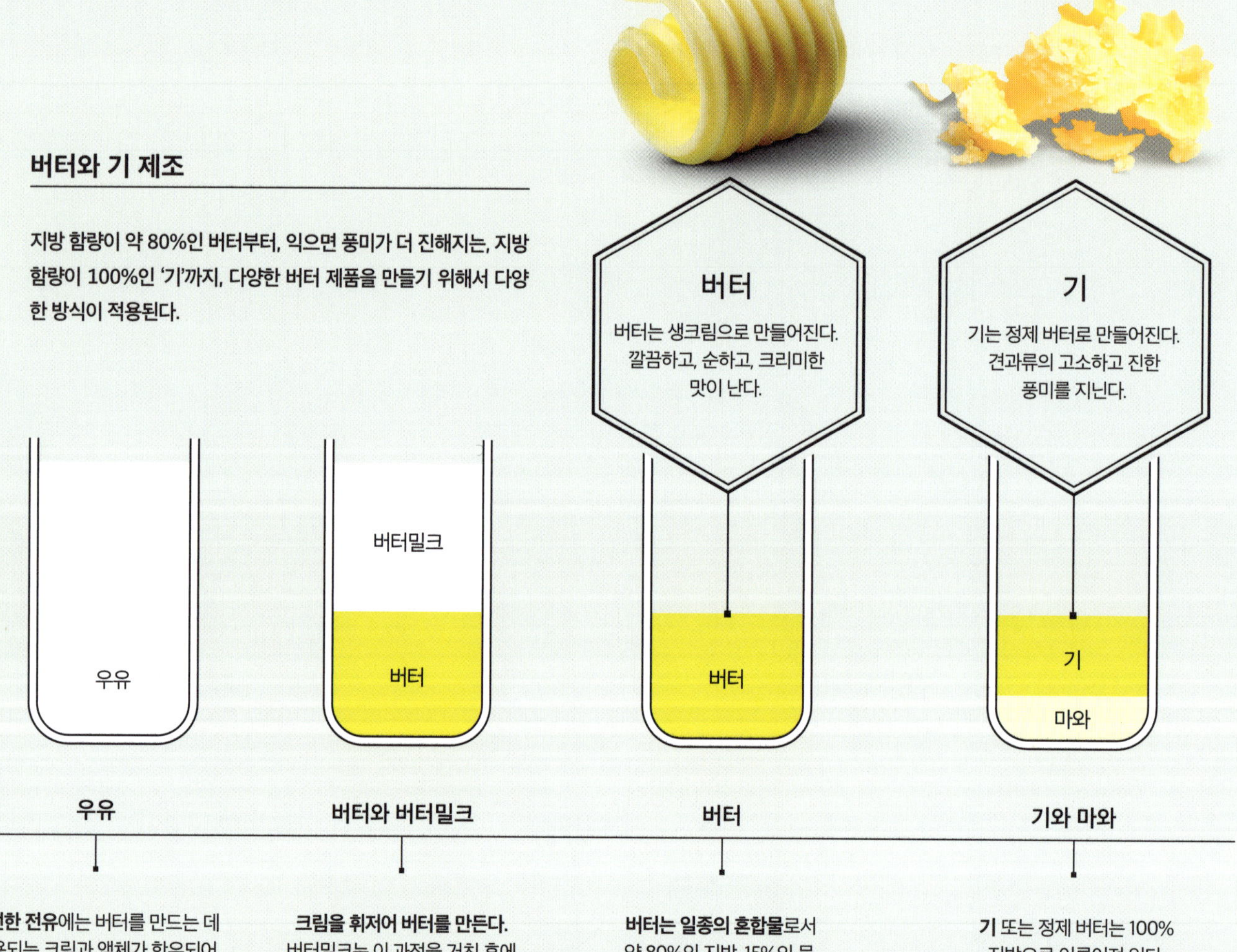

신선한 전유에는 버터를 만드는 데 사용되는 크림과 액체가 함유되어 있다.

크림을 휘저어 버터를 만든다. 버터밀크는 이 과정을 거친 후에 남는 액체이다.

버터는 일종의 혼합물로서 약 80%의 지방, 15%의 물, 5%의 단백질로 구성된다.

기 또는 정제 버터는 100% 지방으로 이루어져 있다. 마와(고아)는 25~40%의 지방, 10~25%의 단백질, 20~30%의 수분으로 되어 있다.

산은 어느 정도의 신맛과, 더 강한 버터 향과 더 꽉 찬 풍미를 가져다준다. 이 과정을 거치지 않은 버터는 '스위트 크림'이라 불리는데, 색이 더 옅고 북미에서 범용적으로 사용된다.

● **훼이버터**: 훼이치즈 제조 후 남은 액체(유청)로 만든 이 톡 쏘는 신맛을 내는 버터는 치즈와 약간 비슷한 풍미가 난다. 스웨덴에서 인기가 있으며, '메스뫼르(messmör)'로 알려져 있다.

● **정제 버터**: 무염 버터나 발효 버터에서 추출한 99% 이상의 순수 버터지방인 정제 버터는 강렬한 버터 향 풍미를 내고, 발연점(40쪽)이 높으며, 매우 오래 보관할 수 있어서 더운 지역에서 인기 있다. 우유를 뭉근히 끓인 후 분리된 우유고형물을 걷어내거나 체에 걸러 제거하는 전통적인 방식으로 만들어진다. 인도에서는 '기(ghee)'라고 불리며, 인도 아대륙의 주된 조리용 지방이다. 또한 이 상태에서 살짝 갈색으로 구우면 토스트·캐러멜 향과 흡사한 마이야르 풍미를 낼 수 있다(74~75쪽). 남아시아에서 사용되는 또 다른 유제품인 '마와(고아)'는 물이 증발할 때까지 우유를 뭉근하게 끓여서 단단하고 크리미한 덩어리를 남기는 방식으로 만들어진다.

풍미 화합물과 페어링

버터의 지방, 풍미, 크리미하고 풍부한 텍스처는 어떤 재료든지 맛있게 만들어준다. 디아세틸과 아세도인은 버터의 이러한 특성과 관련된 풍미 화합물로서, 독특한 단맛, 버터 향, 우유와 흡사한 크리미한 풍미를 나타낸다. 한편, 그 외 230개 이상의 향기 화합물들 덕분에 버터는 수없이 많은 재료들과 어울릴 수 있다. 특히 과일, 치즈, 숙성 햄, 견과류, 빵은 버터와 상당히 잘 맞는다.

지역별 버터의 종류

북미

아미시 버터

(지방 84~85%):

아미시 공동체에서 전통적으로 만들어 온 버터이다. 지방 함량이 높고, 크리미하며, 텍스처가 있는 다용도 버터이다.

영국

데번/더블크림 버터

(지방 80%):

더블/진한 크림으로 만든 이 버터는 고급스러운 크림성을 지닌다.

아일랜드

아일랜드 버터, 특히 케리골드

(지방 82%):

전 세계적으로 크리미한 텍스처, 달콤한 맛, 그리고 아일랜드 소들이 먹는 목초 사료에서 유래한 진한 노란 빛깔로 유명하다.

프랑스

샤렁트 푸아투 버터

(지방 82%):

프랑스 서부가 원산지이며 저온에서 배양된다. 매우 부드럽고 크리미한 이 버터는 순한 견과류 향이 난다.

이즈니 버터

(지방 82%).

노르망디산 버터로서, 더 오랜 발효 과정을 거쳐 달콤하고 크리미한 맛과 헤이즐넛 향 요소를 지닌다. 잔디에 함유되어 있는 카로티노이드에서 유래한 선명한 노란색을 띤다.

룩셈부르크

뵈르 로제

(지방 82%):

진한 풍미의 룩셈부르크 국민 버터.

스페인

알트 우르젤·세르다냐 버터

(지방 82%):

부드럽고 펴 바르기 좋은 산미 있는 버터로, 복합적인 풍미를 지닌다.

소리아 버터

(지방 83%):

전통 스페인산 버터로서, 달콤한 과일 향과 견과류 향이 나고 옅은 색을 띤다.

튀르키예, 중동 및 북아프리카

(각기 다른 지방 함량)

냉장 보관이 필요하기 때문에 주로 현지에서 소량으로 생산된다. 이 지역의 버터 제품은 주로 배양되고 난 후 정제된다. 튀르키예의 '사데 테레야외(sade tereyağı)', 북아프리카의 '스멘(smen)', 레바논의 '삼네(samneh)', 에티오피아의 '니티르 키베(nit'ir qibe)' 등 종류가 많다.

일반적인 페어링

버터는 빵, 마늘, 허브, 레몬, 파르메산치즈와 잘 어울릴 뿐만 아니라, 달콤한 제과류에 들어 있는 바닐라, 계피, 꿀과도 잘 어울린다.

흔치 않은 페어링

버터에 커리 가루를 첨가하여 매운 맛의 스프레드를 만들어보자. 버터에 말차 가루나 다진 견과류를 넣어 토스트와 함께 먹는 것도 좋다.

요거트, 케피어, 치즈

우유가 발효되면 요거트, 케피어, 치즈, 그리고 전 세계 사람들이 즐겨 찾는 다양한 식품을 만들 수 있다. 우유는 영양가는 높지만 빠르게 상하기 때문에, 처음에는 보존을 이유로 우유를 발효시키기 시작했다. 그리고 이 발효종은 수천 년 동안 수십 가지의 변이종들로 진화해서 각각의 풍미와 텍스처로 우리 입을 즐겁게 해준다.

유제품 발효의 핵심 과정 중 하나는 유당(우유에 함유된 당분)을 젖산으로 분해(84~85쪽)하는 것이다. 이 과정은 유제품의 소화를 촉진시키고, 유해 세균을 죽이며, 톡 쏘는 신맛을 만들어낸다. 다양한 미생물이 각기 다른 풍미를 지닌 다양한 음식을 생산해내는 것이다.

요거트

요거트는 우유를 불가리아유산간균, 스트렙토코쿠스 테르모필루스 및 그 외 다른 세균들로 발효시켜 만든다. '호열성' 미생물로 알려진 이 미생물들은 약 40~45℃의 비교적 높은 온도의 환경을 선호한다. 요거트는 중동 및 인도 요리에서 인기가 많고 이 지역에서 흔히 사용되는 허브와 향신료와 잘 어울린다. 가령, 커리를 걸쭉하게 만들거나 꿀이 들어간 디핑 소스를 만들 때 자주 이용된다.

케피어

케피어는 스코비(세균과 효모의 공생 배양체)처럼 세균과 효모가 둘 다 들어 있는 배양체를 사용해 생산하는 몇 안 되는 유제품 발효액 중 하나이다. 다른 발효액과 달리 케피어는 미생물이 모여 있는 작은 알갱이 모양의 덩어리를 사용한다. 풍미 프로파일과 텍스처는 이러한 미생물들의 복합적인 관계를 반영하여, 효모 향이 살짝 느껴지면서 톡 쏘는 듯하고 크리미한 풍미를 만들어낸다. 케피어는 디저트와 잘 어울려 날카로운 신맛을 내거나 짭짤한 수프에서 톡 쏘는 신맛을 내는 베이스로 이용된다.

치즈

치즈는 여러 부류로 나뉘지만, 많은 치즈들이 각기 다른 함량의 비슷한 풍미 화합물들을 공유하고 있다. 연질 치즈는 숙성이 덜 돼 있고 크리미하며 표면에 곰팡이가 나 있는 것이 특징이다. 첨가된 미생물에 따라 약한 맛부터 아주 강한 맛까지 다양한 정도를 보인다. 은근하게 달콤한 향과 견과류 향 요소들은 알데하이드류에서 나오고, 황화물은 악취에 가까운 더 강한 양배추 향을 퍼뜨리며, 락톤류에서는 달콤한 버터 향 요소가 나온다.

경질 치즈는 일반적으로 더 오래 숙성되고 수분 함량이 낮아서 연질 치즈보다 유통기한이 더 길다. 유통기한은 몇 개월에서

	페타	브리	스틸턴	숙성된 체다치즈	파르메산치즈
원산지	그리스	프랑스	영국	영국	이탈리아
풍미	크리미함, 풍부함	부드러움, 순함, 버터 향	풍부함, 크리미함, 잘 바스러짐	톡 쏘는 신맛, 견과류 향, 복합미	견과류 향, 짠맛, 감칠맛

세계적 식품

세계 어느 지역이든 그 지역만의 고유한 치즈가 있다. 이러한 치즈의 풍미는 그 지역의 기후와 치즈를 만드는 데 필요한 소, 염소, 물소의 품종에 의해 조성된다.

수년까지 다양하다. 순한 체다치즈는 몇 개월, 파르메산치즈는 수년 동안 보관이 가능하다. 그리고 파르메산치즈는 글루탐산염에서 나오는 강렬한 감칠맛, 고체화된 아미노산 결정에서 터져 나오는 아작한 감칠맛, 그리고 작은 지방 분자에서 나오는 날카롭게 톡 쏘는 듯한 향 요소가 특징적이다.

블루치즈는 부드러운 것도 있고 딱딱한 것도 있다. 가장 세부적인 특징은 곰팡이 포자(페니실륨 로크포르티와 페니실륨 글라우쿰)를 커드에 첨가하거나, 형태가 잡힌 치즈에 직접적으로 주입한다는 점이다. 메틸 케톤류에서 나오는 흙내음과 곰팡내와 같은 풍미, 부티르산에서 느껴지는 산패한 기름같이 싸한 풍미, 그리고 '버섯 알코올(1-옥텐-3-올)'과 같은 알코올류에서 느껴지는 버섯 향 요소를 지닌다.

블루치즈

블루치즈는 짭짤한 감칠맛을 내는 풍미 화합물들을 다량 함유한다. 이 화합물들은 미소된장에서도 발견된다.

일반적인 페어링				혼치 않은 페어링
꿀, 아몬드, 베리류, 계피, 사과, 마늘, 오이	꿀 / **요거트** / 베리류		김지 / **요거트** / 베이컨	베이컨, 피클류, 아보카도, 김치, 초콜릿
케피어는 블루베리, 딸기, 라즈베리 같은 달콤한 베리류와 잘 어울린다.	블루베리 / **케피어** / 꿀		하리사 / **케피어** / 고구마	하리사가 들어 있는 딥소스아 고구마가 들어 있는 수프를 곁들인다.
사과, 염소의 치즈, 배, 포도, 햄, 살라미, 꿀	사과 / **치즈** / 배		파인애플 / **치즈** / 살구	파인애플, 살구, 커민, 비트

계란

계란은 주재료로 쓰이든 부재료로 쓰이든 베이킹과 조리에서 중요하게 쓰인다. 계란은 머랭과 같은 디저트나 오믈렛과 같은 메인 요리에서도 쉽게 볼 수 있을 만큼 굉장히 다용도로 쓰이는 재료이다.

계란과 관련된 향기 화합물은 140가지가 넘는다. 계란의 '계란다운' 알싸한 냄새와 맛은 황산 화합물, 특히 황화수소의 함량이 높기 때문에 나타나는 결과이다. 노른자와 흰자는 매우 다른 맛의 세계를 경험하게 해준다. 계란흰자는 미묘한 금속성 풍미를 지니면서, 매끈한 수란에서는 섬세하고 연할 수도 있고, 삶은 계란에서는 단단하고 탄력 있을 수도 있다. 노른자는 지방이 풍부하고, 미묘한 감칠맛 요소와 함께 버터 향이 나는 더욱 복합적인 맛을 지닌다. 마요네즈의 고급스럽고 매끄러운 식감을 제공하는 것은 바로 노른자이다. 노른자는 마요네즈의 기름과 식초 사이에서 유화제 역할을 한다.

노른자의 색소

카로티노이드라고 알려진 색소 분자는, 옅은 노란색에서 주황색까지의 계란노른자 색을 나타낸다.

계란의 대체재

황 화합물 함량이 높은 일부 식품에서 계란의 풍미와 향이 똑같이 날 수도 있다.

'계란다운' 풍미를 부여해줄 수 있는 두 가지 재료는 검은 허브 소금(칼라 나마크)과 인도 향신료 아사푀티다(악마의 똥)이다. 계란의 풍미를 대체할 수 있는 다른 재료로는 영양 효모, 미소 페이스트, 연두부가 있다. 사용 중인 레시피에 따라 가장 어울리는 재료가 달라진다.

주황색은 이 식물성 색소 함량이 더 높다는 것을 의미한다. 문화권에 따라 노른자 색깔에 대한 선호도가 다르다. 아시아에서는 진한 주황색을 선호하는 반면 미국에서는 밝은 노른자를 선호하며, 유럽 국가들은 일반적으로 그 중간쯤에 해당한다. 금잔화 꽃잎, 옥수수, 짙은 녹색의 잎채소, 스쿼시, 호박, 붉은 파프리카와 같은 영양 보충제가 산란하는 암탉의 사료에 더해지면 노른자의 노란색은 더 짙어진다.

알의 종류

메추라기알
버터 향 요소와 함께,
섬세하면서 약간
진한 풍미를 지닌다.
계란보다는 누린내
요소가 약간 더 난다.

달걀
가장 흔하게 소비되는
달걀은 순한 풍미를
지니며 다른 재료의
풍미를 흡수할 수 있다.

거위알
크리미하면서 진하고
그윽한 풍미. 거위의
먹이에 따라 풀 향
요소를 지닐 수도 있다.

오리알
진하고 크리미한
텍스처에 달걀보다 더
단단한 식감을 지닌다.
지방 함량이 더 높다.

호로새의 알
누린내 나는 진한
풍미. 새의 먹이에 따라
풍미가 변한다. 채소와
씨앗 향이 날 수도 있다.

꿩알
버터 향, 누린내,
견과류의 고소한 풍미.
노른자는 크리미하고
흰자는 단단하다.

계란 요리

계란은 단일 재료로 조리가 가능하다. 그리고 노른자는 언제나 부드러운 상태에서 반숙이나 완숙 계란처럼 단단한 상태로 바뀌는 변화 양상을 보인다. 계란은 팬에 부치거나, 수란을 뜨거나, 스크램블드에그로 조리할 수 있는데, 조리법마다 계란의 풍미와 텍스처에 내한 종합적인 특성이 다르게 나타난다. 진형적인 계란 프라이의 바삭한 갈색 가장자리부터 크리미하고 폭신한 스크램블드에그까지 다양한 양사으로 나타난다.

계란은 요리에 변화를 가져다주는 요소이기도 하다. 계란흰자를 휘저어 거품을 내면 단백질이 풀리면서 기포를 가두어, 감칠맛 나는 요리(수플레)와 달콤한 요리(머랭)를 위한 구소가 형성된다.

글레이즈

계란물을 발라서 구운 식품은 마이야르 반응으로 인해 먹음직스러운 갈색으로 변한다.

보존

계란은 산, 소금 또는 알칼리로 보존될 수 있다. 이러한 물질들은 계란의 유통기한을 늘리는 한편 도드라지는 새로운 풍미를 발달시킨다. 삶은 후 맥아 식초에 저장한 절인 계란은 톡 쏘는 맛이 나는 영국 펍의 대표 메뉴이다. 중국에서 소금에 절인 계란은 통째로 엄수에 담근디. 소금이 껍질에 천천히 침투하면서, 진한 노른자는 단단해지고 수분이 많은 흰자는 유동적인 상태로 유지된다. 송화단(피단)은 알칼리로 숙성하며, 오리알은 진흙, 재, 소금, 쌀겨 페이스트에 넣어 숙성한다. 몇 달이 지나면 흰자는 짭짤한 맛이 나는 갈색 젤리 형태로 변한다. 한편, 노른자는 크리미하고 진하면서 알싸하게 김칠밋 나는 상태로 변힌다.

일반적인 페어링
소금, 차이브, 체다치즈,
버섯, 핫소스(스리라차), 아보카도,
베이컨, 바질

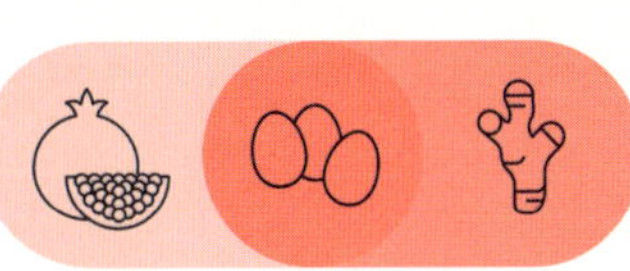

흔치 않은 페어링
수마크, 하리사, 터메릭, 말차, 타히니,
석류, 당밀, 생강, 두카, 미소된장,
서양고추냉이

견과류

견과류는 주로 단단한 껍질로 둘러싸인 식용 씨앗이다. 아몬드, 호두, 헤이즐넛과 같이 우리가 먹는 견과류 중 다수는 나무에서 자란다. 반면에 땅콩은 땅속에서 자라며, 엄밀히 말하면 콩과 식물(114~115쪽)이다. 견과류는 인류가 존재한 이래로 언제나 일상식의 일부였다는 증거가 있다. 그리스와 페르시아 음식인 피스타치오 바클라바부터 인도네시아의 땅콩 사테이, 미국 남부 지역의 콜라에 넣은 소금 친 땅콩까지, 견과류는 전 세계 요리에 사용된다.

견과류는 수월하게 재배할 수 있고 수확량도 상대적으로 풍부하다. 영양적 가치가 높고, 다용도로 활용되며, 독특한 풍미를 지니는 덕분에 다른 풍미를 보완하거나 요리를 이끌고 갈 수도 있는 훌륭한 재료이다. 많은 견과류는 달콤함과 크리미함을 지니는데 이러한 자질은 수많은 다른 재료와 잘 어울린다. 또한 견과류는 기름을 함유하는데, 이 기름은 풍미의 저장소 역할을 한다.

호두

호두는 심장에 좋은 오메가-3 지방이 풍부하지만, 바로 이 몸에 좋은 기름 때문에 빠르게 산패된다. 따라서 호두는 흔히 알코올 또는 시럽에 절이거나 저장하는 등 일정한 방식으로 보존된다. 익힌 호두는 피라진류에서 비롯되는 견과류와 토스트의 고소한 풍미를 지닌다.

헤이즐넛

헤이즐넛은 귀한 채집 식품이면서 상업적으로 재배되는 작물이다. 헤이즐넛의 가장 독특한 풍미는 케톤류의 풍미 화합물인 필버톤에서 기인하며 조리 후 강도가 더 세진다. 헤이즐넛에서 나는 달콤한 과일 향은 이 화합물에서 기인한다. 다른 식품에서는 거의 발견되지 않는 필버톤은 헤이즐넛에 독특한 특징을 부여한다. 또한 헤이즐넛은 퓨라네올에서 나오는 과일 향과 캐러멜 향의 달콤한 풍미를 지니며, 익히지 않은 상태에서는 헥산알에서 나오는 신선한 풀 향을 지닌다.

인기 견과류
가장 많이 소비되는 일부 견과류로 잣, 아몬드, 캐슈너트, 피칸, 브라질너트, 호두 등이 있다. 각각의 견과류는 고유한 풍미를 지닌다.

일반적인 페어링				흔치 않은 페어링		
치즈, 꿀, 바나나, 배, 계피	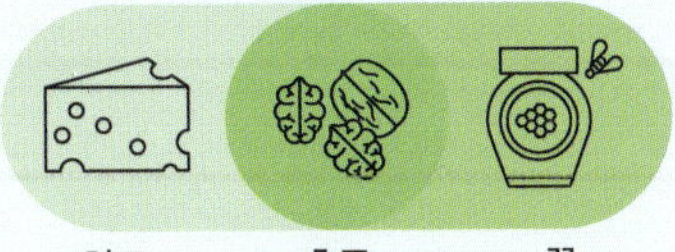			미소된장, 차, 메이플 시럽, 베이컨, 겨자, 완두콩, 포도		
	치즈	**호두**	꿀	미소된장	**호두**	베이컨

일반적인 페어링				흔치 않은 페어링		
초콜릿, 캐러멜, 사과, 배, 커피, 바닐라	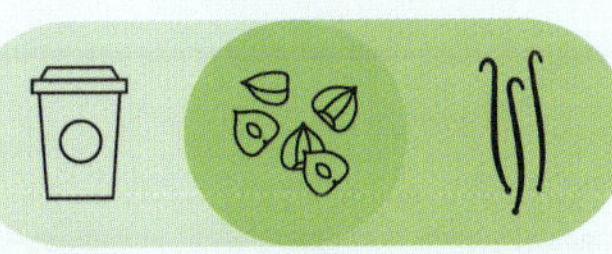		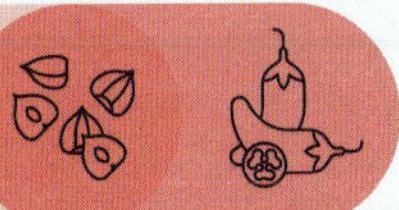	핑크 페퍼콘, 고추, 라벤더, 발사믹 식초, 바질		
	커피	**헤이즐넛**	바닐라	핑크 페퍼콘	**헤이즐넛**	고추

일반적인 페어링				흔치 않은 페어링		
복숭아, 살구, 계피, 카다멈, 초콜릿, 꿀, 시금치		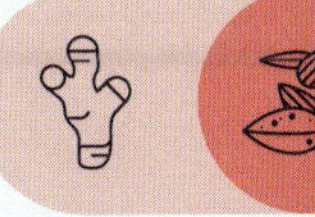		터메릭, 블루치즈, 비트, 로즈마리, 미소된장, 사프란		
	계피	**아몬드**	카다멈	터메릭	**아몬드**	블루치즈

일반적인 페어링				흔치 않은 페어링		
초콜릿, 꿀, 코코넛, 커피, 와인, 차				된장, 생강, 트러플오일, 버섯		
	초콜릿	**브라질너트**	코코넛	생강	**브라질너트**	미소된장

아몬드

아몬드는 자두와 살구를 포함하는 나무과에 속하는 핵과의 씨앗이다. 마지팬과 디저트에 들어가는 것으로 유명하다. 마지팬의 대표적인 풍미는 벤즈알데하이드에서 나온다. 감귤류의 단맛은 리날로올에서 나오고 은근한 바닐라 향은 바닐린에서 나온다.

브라질너트

남아메리카 열대 우림에서 유래한 브라질너트는 흙내음과 견과류 향이 전체적으로 어우러진, 크리미하고 진한 탐닉적인 풍미를 지닌다. 브라질너트 속은 매우 달콤해서 송로버섯(트러플)이나 케이크에 잘 어울린다. 지방 함량이 매우 높아서(69%) 부드러운 식감과 크림성을 제공한다. 헥산알과 같은 알데하이드류는 흙내음 요소를 더하며 아세트산에틸을 포함한 에스테르류는 은근한 꽃 향을 낸다. 피라진류는 견과류의 고소한 향과 구운 향을 가져다준다.

1390년경 『커리 요리법 (THE FORME OF CURY)』에 수록된 한 레시피에는 아몬드유가 중세 시대부터 존재했다는 증거가 있다.

밤 가루는 수 세기 동안 주요 진분 공급원으로 이용되어왔다. 파스타, 케이크, 빵을 만드는 데 사용될 수 있을 만큼 쓰임새가 다양하다.

1L의 올리브오일 한 병을 만드는 데 약 **4−5KG**의 올리브가 사용된다.

버진 올리브오일

버진 올리브오일은 항산화제 함유량이 높아서, 장기간 보관이 가능하다.

라이트 올리브오일

버진 올리브오일

엑스트라 버진 올리브오일

올레우로페인과 **하이드록시타이로솔**과 같은 **페놀 화합물**은 올리브오일의 알싸함과 쓴맛에 기여하는 반면, 올레오칸탈은 후추 향 요소를 환기시킨다.

올리브오일에 함유되어 있는 올레산은 '**나쁜**' **LDL 콜레스테롤**을 낮추는 데 도움이 되며, 올리브오일의 건강상 이점에 가장 크게 기여하는 성분 중 하나이다.

헥산알과 같은 **향기 화합물**은 풋풋하고 과일 향을 낸다.

올리브오일의 생산

올리브오일의 생산은 올리브를 수확하고 압착하는 것을 시작으로 '말락세이션'으로 이어진다.

말락세이션 공정은 올리브오일의 풍미와 품질에 직접적인 영향을 미친다. 이 공정에서, 온도가 제어된 상태에서 올리브는 천천히 저어지며 페이스트 형태가 되고 추출된 오일의 작은 방울들이 더 큰 방울로 합쳐진다. 그다음, 상층분리 혹은 원심분리를 통해 올리브오일을 물에서 분리하여 천연 버진 올리브오일을 만들어낸다. 오일 등급이 낮고 풍미에 결함이 있는 경우 추가 정제 과정을 거칠 수 있다. 다만, 더 이상 '버진'으로 분류되지는 않는다.

올리브오일

지중해 식단의 주재료인 올리브오일은 요리에 다용도로 뿌려지며 뛰어난 영양적 이점을 자랑한다. 등급별로 분류되며, 풍부하고 균형 잡힌 풍미와 함께 독특한 신선함, 알싸함, 그리고 은은한 후추 향을 제공한다.

올리브오일은 지중해 분지가 원산지인 올리브나무에서 자라는 올리브를 압착하여 만든다. 이 지역에서는 다양한 품종, 기후, 재배 조건에 따라 각자 고유한 풍미를 지닌 올리브오일이 생산된다. 올리브는 나무에 매달린 상태로 익으면서 녹색에서 노란색, 보라색, 검은색으로 변한다. 이때 맛은 더 달콤하고 풍부해지며 쓴맛이 줄어든다.

최고 품질의 올리브오일을 만들기 위해서는 적절한 숙성 단계에서 올리브를 수확하는 것이 핵심이다. 올리브를 수확하기에 가장 좋은 시점은 올리브가 아직 녹색을 띠고 있을 때이다. 이때가 올리브오일에 방향족 화합물이 가장 많이 함유되어 있는 시점이기 때문이다. 특히 폴리페놀(맛을 내는 화합물의 일종)은 올리브오일의 알싸함과 쓴맛의 중심을 이루며, 항산화제로도 작용하고, 유통기한을 늘리는 데 도움이 된다.

올리브오일은 순도에 따라 등급이 나뉜다. 가장 좋은 등급인 '버진' 올리브오일은 화학적 처리나 열처리를 거치지 않고 기계적인 방식으로 으깬 올리브로 만들어진다. 이러한 은근한 방식은 섬세한 풍미와 영양 성분을 극대화하여 이 오일을 다른 식물성 오일과 차별화시킨다. 부드러운 풍미 덕분에 버진 올리브오일은 요리의 마무리 단계에서 쓰거나, 샐러드 위에 뿌리거나, 간단하게 빵을 적셔 먹을 때 가장 좋다. 버진 올리브오일 중에서도 최고 품질의 오일은 '엑스트라 버진' 올리브오일이라고 한다.

보관

올리브오일을 빛과 산소에 노출시키지 않기 위해 어두운 병이나 금속 통에 보관한다.

올리브의 색깔

녹색/노란색(덜 익은)

엑스트라 버진 올리브오일을 만들기에 가장 적합한 올리브. 폴리페놀 화합물 함량이 가장 높아서, 강한 쓴맛과 후추 향의 뒷맛을 지니는 강렬하고 알싸한 맛의 오일을 만들어낸다. 강렬하고 풍미가 좋은 요리와 붉은 고기, 혹은 오일의 매콤한 후추 향과 대비를 이루는 달콤한 발사믹 식초 또는 생토마토와 잘 어울린다.

노란색/보라색(부분적으로 익은)

풋풋한 과일 맛, 뚜렷한 풀 향, 연한 쓴맛이 나는 중간 강도의 올리브오일을 만들어낸다. 튀길 때, 구운 채소 위에 조금 부을 때 혹은 파스타 요리에 쓰이는 만능 올리브오일이다.

블랙(완전히 익은)

'캘리포니아산' 블랙 올리브와 혼동하지 말자. 화학적으로 검게 만들었을 뿐 덜 익은 올리브이기 때문이다. 완전히 익은 올리브는 과일 향이 나고 풍미가 풍부하며, 버터 향과 과일 맛이 부드럽게 나면서 쓴맛은 거의 없는 오일을 만들어낸다.

일반적인 페어링

빵, 샐러드, 파스타, 치즈, 고기, 향신료, 바질과 로즈마리를 포함한 허브

흔치 않은 페어링

팝콘, 스시, 계란, 요거트, 다크 초콜릿, 천일염

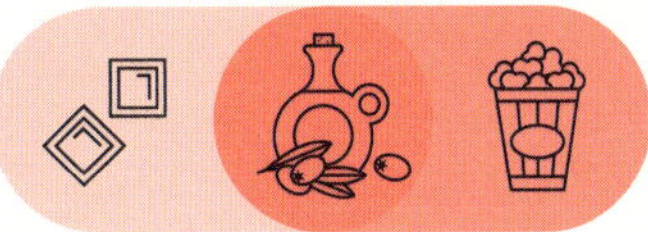

흑후추, 생강, 겨자

흑후추, 생강, 겨자 같은 향신료는 음식에 생기를 불어넣어 단조로운 요리를 감칠나게 하는 총천연색으로 바꾼다. 흑후추는 열감, 향신료, 감귤 향 요소들을 나타내는 한편, 생강은 우디 향과 감귤 향의 풍미를 지니며, 겨자는 알싸하고 아린 맛을 내는 화합물을 더한다.

흑후추

알싸한 맛을 내는 화합물인 '피페린'은 식탁 위에 항상 있는 후추 그라인더처럼 서양 요리에 무심코 더해지곤 한다. 이 화합물은 의외로 얼얼한 맛을 내는 흑후추에 톡 쏘는 자극을 더해준다. 흑후추는 쓰임새가 다양하다. 요리에 온기를 불어넣기 위해서뿐만 아니라 피넨의 은근한 솔향, 살짝 스치는 감귤 향(리모넨)을 내기 위해서, 테레빈유와 같은 미묘한 향(미르센)을 곁들이기 위해서 쓰일 수 있다. 후추를 미리 갈아놓으면 흑후추의 이러한 탑노트들은 사라져버린다. 한편 백후추는 어두운색을 띠는 향기로운 껍질이 제거되어, 더 거칠고 배설물 냄새 같은 미미한 향을 지니게 된다. 백후추는 주로 옅은 색 때문에 선택되며 많은 중국 요리와 아시아 요리에 사용된다.

생강

유럽에 처음 전파된 향신료 중 하나이다. 몸을 따뜻하게 하는 생강은 많은 아시아 요리의 근간을 이루며 서양식 제과제빵에 늘 사용된다. 생강의 풍미는 다른 향신료에서는 거의 발견되지 않는 화합물인 '진지베렌'에서 나온다. 울퉁불퉁한 모양의 신선한 땅속줄기는 요리 직전에 껍질을 벗겨야 (시트랄, 리날로올, 제라니올 등의 화합물에서 비롯되는) 감귤 향, 달콤한 향, 꽃 향의 풍미가 보존된다. 열감은 '진저롤'에서 비롯되며, 이 화합물은 조리될 때 달콤한 '진제론'으로 분해되고, 건조시키면 매우 얼얼한 '쇼가올'로 변한다(44~45쪽).

겨자

인도의 화덕에서 미국 스타디움의 핫도그까지, 겨자는 국제적인 향료이다. 가느다란 브라시카 식물에서 추출한, 강한 풍미를 지닌 겨자의 씨앗은 통째로 말리면 맛이 밍밍하다. 황 계열 화합물 부류와 마찬가지로 (111쪽) 세포가 손상을 입은 다음 풍미와 열이 발생한다. 갈아놓은 겨자씨는 물로 적시면 몇 분 안으로 풍미가 금세 살아나다가 점차 약해진다. 식초와 같은 산을 흠뻑 적시면, 풍미를 발생시키는 미로시나아제(44쪽)

후추의 풍미

후추의 복합성을 최대로 즐기려면 공기에 노출되면 증발하는, 포착하기 어려운 테르펜 화합물을 보존하는 것이 핵심이다.

사용하기 직전에 **건후추를 통째로 갈면** 풍미 손실을 최소화할 수 있다.

미리 갈아둔 후추는 매운 열감을 더할 때만 효과적이다.

일반적인 페어링
소금, 마늘, 올리브오일, 파르메산치즈, 레몬은 모두 흑후추와 잘 어울린다.

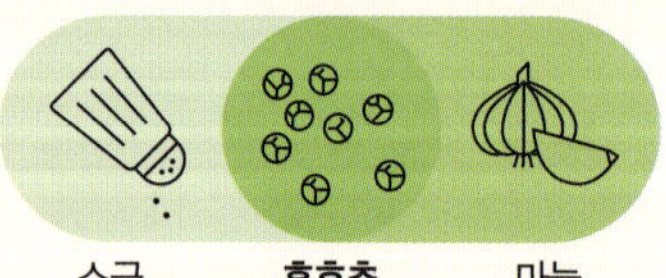

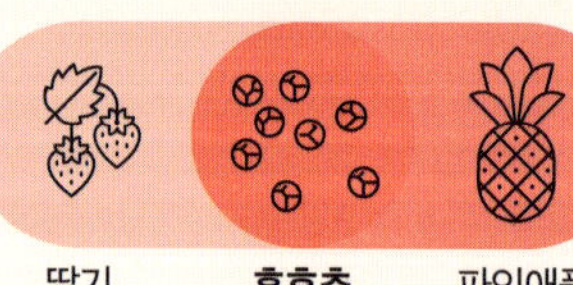

혼치 않은 페어링
흑후추는 딸기, 파인애플, 수박, 사과, 망고, 초콜릿 등 예상치 못한 단 음식과 잘 어울린다.

일반적인 페어링
생강은 아시아 요리에서 마늘과 함께 자주 사용되며, 레몬과 꿀과 많은 화합물을 공유한다.

혼치 않은 페어링
생강은 치즈, 다크 초콜릿, 비트 등 많은 다양한 재료와 잘 어울린다.

는 억제되지만 기존의 풍미 화합물은 보존된다. 미국식 겨자와 피클링에 사용되는 노란색 겨자씨는 순한 맛이 나고, 갈색 겨자씨는 더 얼얼한 맛이 나며, 인도 요리와 디종 겨자에 사용된다. 검은색 겨자씨는 풍미가 가장 강하고 향기롭다. 겨자에는 기름과 물을 결합하는 유화제인 점액질이 풍부하게 들어 있다. 따라서 비네그레트와 소스가 갈라지는 것을 방지하는 데 겨자가 사용될 수 있다.

진저롤

진저롤 화합물은 신선한 생강에 알싸한 열감과 매운맛의 풍미를 더한다.

겨자의 종류

겨자에는 다양한 종류가 있으며, 종류마다 고유한 풍미와 특성을 지닌다. 겨자의 색깔은 검은색, 갈색, 노란색 등 사용된 씨의 색깔에 따라 달라진다.

디종 겨자

부드럽고 톡 쏘는 맛에 매운맛이 곁들여진 풍미

노랑 겨자

다른 품종보다 덜 자극적인 순한 맛

영국식 겨자

열감과 싸한 맛이 곁들여진, 매우 강하고 매운 풍미

갈색겨자

맵고 거친 텍스처

통겨자

통 겨자씨로 만든다. 순한 것부터 싸한 것까지 풍미가 다양하다.

미국식 겨자

식초와 터메릭을 곁들인 노란 겨자. 달고 순한 맛을 낸다.

육두구와 메이스

육두구와 메이스의 따스한 온기 뒤에는 맹렬한 역사가 감춰져 있다. 두 열매 모두 인도네시아 육두구나무의 핵과에서 추출되며, 16세기 초 잔혹한 향신료 전쟁의 중심에 있었다.

육두구와 메이스는 쓴맛을 내는 방어용 풍미 화합물을 함유하는 오일과 강렬한 향을 내는 테르펜으로 가득 차 있다. 이러한 성분들은 달콤쌉싸름하고 따뜻하며 우디 향의 특징을 만들어낸다. 메이스는 육두구보다 더 미묘하면서도 복합적인 풍미를 지닌다. 가장 중요한 화합물은 사향 향과 발사믹 향을 내는 '미리스티신'이며, 솔향과 비슷한 향을 내는 피넨과 후추 향을 내는 사비넨을 동반한다. 강력한 유게놀 성분에서 나오는 약용 유칼립투스와 비슷한 향이 배경을 이루어 두 향신료가 정향과 자연스럽게 어울린다.

두 향신료 모두 '네오리그난'이라는 특이한 화학 물질 부류를 함유하는데, 이 화학 물질들은 입안의 차가운 온도를 감지하는 신경에 달라붙는다. 민트에 들어 있는 멘톨과 유사하지만(198~199쪽), 멘톨보다 30배 더 강력하고 3배 더 오래 지속되는 으스스한 냉각 효과를 낸다.

육두구의 성장 과정

육두구는 열대 상록수인 육두구나무의 열매 속에서 발견되는 마른 씨앗이다. 메이스는 그 씨앗을 둘러싸고 있다.

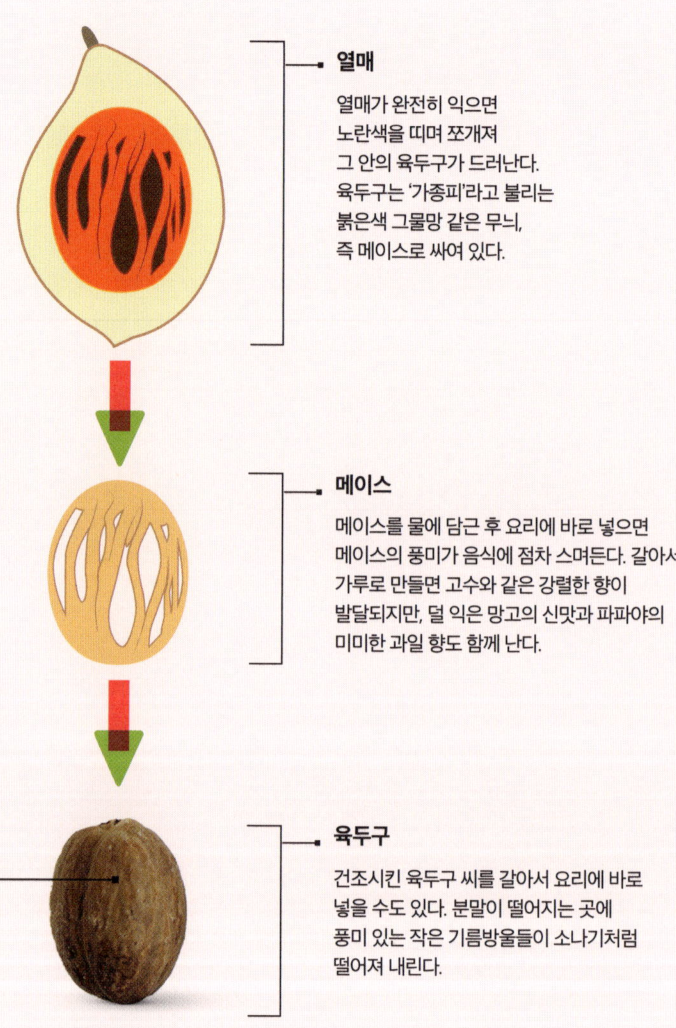

열매

열매가 완전히 익으면 노란색을 띠며 쪼개져 그 안의 육두구가 드러난다. 육두구는 '가종피'라고 불리는 붉은색 그물망 같은 무늬, 즉 메이스로 싸여 있다.

메이스

메이스를 물에 담근 후 요리에 바로 넣으면 메이스의 풍미가 음식에 점차 스며든다. 갈아서 가루로 만들면 고수와 같은 강렬한 향이 발달되지만, 덜 익은 망고의 신맛과 파파야의 미미한 과일 향도 함께 난다.

육두구

건조시킨 육두구 씨를 갈아서 요리에 바로 넣을 수도 있다. 분말이 떨어지는 곳에 풍미 있는 작은 기름방울들이 소나기처럼 떨어져 내린다.

향기롭다

향기로운 육두구에서는 레몬그라스와 담배 향이 살짝 난다. 육두구는 달콤하면서 매콤한 후추 향을 밑향으로 한다.

일반적인 페어링

양배추, 계피, 코코아는 육두구와 잘 어울린다. 육두구는 소스에서 우유, 크림, 치즈 등의 유제품과 전통적인 페어링을 이룬다.

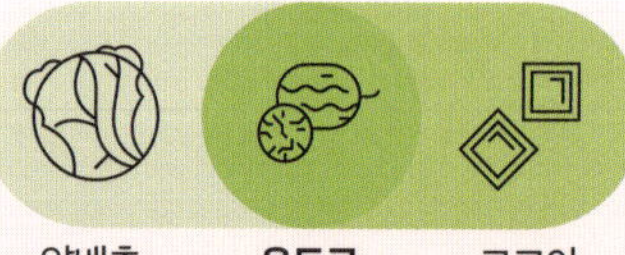

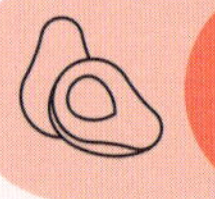

혼치 않은 페어링

아보카도, 파파야, 토마토, 콜리플라워, 구운 방울다다기양배추와 같은 일부 더 특이한 풍미들은 육두구와 잘 어울린다.

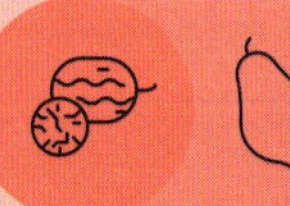

정향

풍미가 강력하고 깊이 파고드는 정향은 가장 오래된 향신료 중 하나이며 전 세계 요리에서 빼놓을 수 없는 위치에 있다. 정향은 씨가 아니라 주로 건조된 꽃봉오리이다. 꽃이 피기 전에 수확한 후 건조하여 풍미를 극대화한다. 육두구처럼 수천 년 동안 귀하게 여겨진 정향나무는 향신료 제도에서만 발견되었다.

정향은 다른 음식과 재료를 쉽게 누를 수 있다. 정향의 풍미는 유게놀에서 나온다. 유게놀은 강력한 향기 화합물로서 유칼립투스와 흡사한 날카로운 향기와 입안에서 약간 따뜻하고 마비된 듯한 효과를 지닌다. 정향은 유게놀을 가장 풍부하게 함유하는 천연 공급원이며 약에도 사용된다. 정향 오일의 90%를 이 화합물이 차지할 정도이다. 강하지 않은 후추 향과 우디 향의 특징은 테르펜류 화합물인 카리오필렌에서 비롯되며 달콤한 바닐라 향 요소는 바닐린에서 나온다. 통 정향을 사용하면 조리되면서 기름을 서서히 방출하지만, 치아를 부러뜨릴 정도로 단단하기 때문에 음식을 내기 전에 빼내는 것이 가장 좋다.

정향가루에서는 더 강렬한 풍미가 더 빠르게 방출되지만, 통 정향의 더 미묘한 향은 잃게 된다. 단맛이 나는 요리에서 정향은 육두구의 대표적인 페어링 재료로, 육두구와 120가지 이상의 풍미 화합물을 공유한다. 또한 수많은 향신료 혼합물에서 정향은 핵심적인 역할을 하며 맛있는 조합을 무수히 만들어낸다.

꽃봉오리
정향은 인도네시아 북말루쿠제도가 원산지인 상록수의 꽃봉오리이다. 개화되지 않아서 끝부분에서 꽃잎이 공 모양을 이룬다. 수확한 정향은 요리에 사용하기 전에 건조시킨다.

적을수록 좋다
정향가루는 조금씩 사용하는 것이 좋다. 정향의 강렬한 풍미가 다른 재료를 압도할 수 있기 때문이다.

골고루 섞기
정향은 중국 오향분, 라스 엘 하누트, 가람 마살라와 같은 향신료 믹스에 필수 요소이다.

일반적인 페어링
돼지고기와 복숭아는 정향과 함께 효과적으로 쓰일 수 있다. 생강과 로즈마리도 페어링이 가능하다.

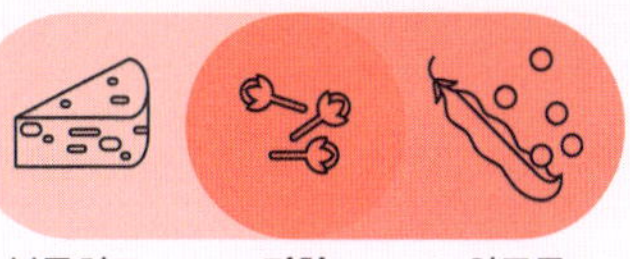

흔치 않은 페어링
고르곤졸라, 로크포르, 스틸턴치즈와 같은 진한 블루치즈와 완두콩은 정향과 잘 어울린다.

고추

고추는 작열감으로 유명하다. 작열감에 이어 엔도르핀, 기분을 좋게 만드는 도파민이 분비되며, 불에 데는 것과 동일한 생물학적 반응을 유발한다. 이러한 반응은 캡사이신이라는 화학 물질로 인한 것인데, 캡사이신이라는 명칭은 고추 식물의 학명인 '캡시쿰 아눔'에서 유래했다.

고추의 원산지는 중남미 대륙이며 멕시코가 주요 생산국이다. 고추 식물은 포식자를 쫓아내기 위해 얼얼함을 유발하는 캡사이신을 진화시켰지만, 새들은 면역력이 있어서 고추씨를 먹고 퍼뜨릴 수 있다. 화끈한 맛은 스코빌 열 단위로 측정된다(아래 참고). 생할라피뇨의 스코빌 지수는 2,500~8,000이지만, 익은 정도에 따라 화끈함의 정도가 달라질 수 있다. 캡사이신은 안정적이기 때문에 익히거나 훈제하거나 건조시켜도 화끈거림이 크게 줄어들지 않는다. 건조 과정에서 고추의 향기 화합물은 소멸되지만 화끈거림은 유지되므로, 건조된 고추는 요리에 화끈한 맛을 더하는 데 이상적이다.

산과 지방

고추의 화끈한 맛은 산(식초, 감귤류)을 이용해 강화하고 지방(요구르트, 우유)을 이용해 완화시킨다.

파프리카

인기 있는 향신료인 파프리카 가루는 사실 작열감을 유발하는 화합물인 캡사이신 함량이 낮은 것으로 특별히 골라 건조시킨 파프리카로 만들어진다. 스코빌 지수가 일반적으로 1,000 미만인 파프리카는 단맛이 나고 훈제 향과 흙내음이 나는 것으로 유명하다(달콤한 파프리카는 지수가 더 낮고, 매운 파프리카는 지수가 더 높다).

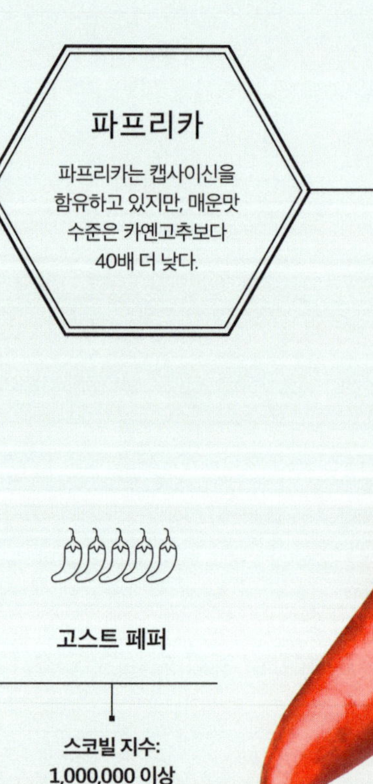

파프리카

파프리카는 캡사이신을 함유하고 있지만, 매운맛 수준은 카옌고추보다 40배 더 낮다.

파프리카

스코빌 지수

고추의 맵거나 화끈거리는 정도를 측정하는 척도이다. 결괏값은 감식가들이 더 이상 화끈거림을 느낄 수 없을 때까지 들어간 설탕물의 양을 기준으로 계산된다. 스코빌 지수의 최상위는 1,600만 스코빌 열 단위(SHU)인 순수 캡사이신이다.

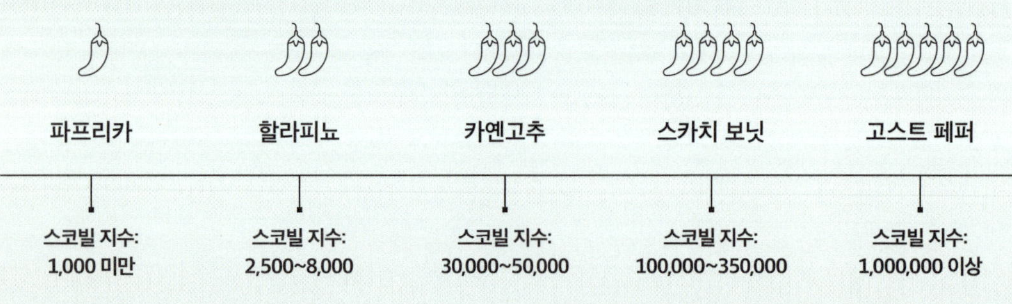

파프리카	할라피뇨	카옌고추	스카치 보닛	고스트 페퍼
스코빌 지수: 1,000 미만	스코빌 지수: 2,500~8,000	스코빌 지수: 30,000~50,000	스코빌 지수: 100,000~350,000	스코빌 지수: 1,000,000 이상

일반적인 페어링
고수, 라임, 체다치즈,
닭고기, 토마토

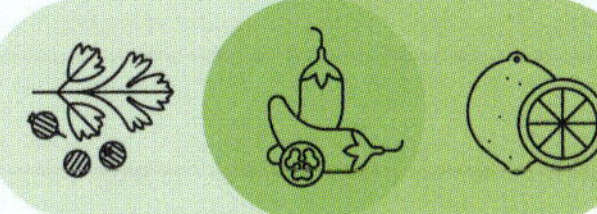

흔치 않은 페어링
그릭 요거트, 딸기,
다크 초콜릿, 배, 오이

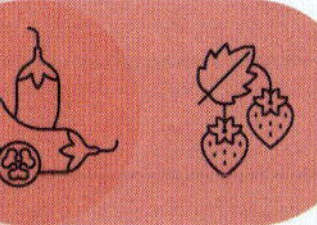

일반적인 페어링
커민, 캐러웨이, 가리비, 새우, 양고기,
렌틸콩, 감자

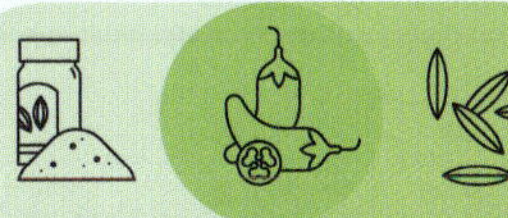

흔치 않은 페어링
메이플 시럽, 배, 사과, 캐러멜, 오이,
호박, 캐슈너트

일반적인 페어링
올스파이스, 망고, 돼지고기,
생강, 마늘, 파인애플

흔치 않은 페어링
세이지, 럼, 패션프루트

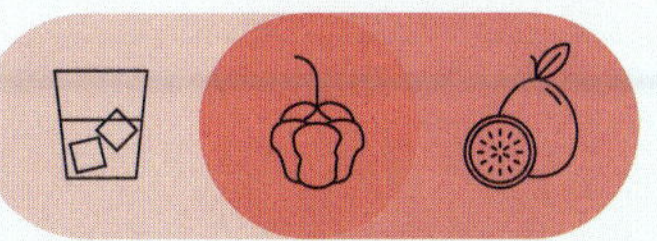

범용성

할라피뇨는 전 세계적으로
인기가 많으며 멕시코 요리와
텍스멕스 요리에 필수적인
재료이다.

할라피뇨

스카치 보닛

고추의 종류

파프리카
원산지: 헝가리
SHU: 1,000 미만
풍미: 베타-이오논에 의
해 은근한 단맛이 난다. 순
한 맛을 내는 생파프리카
는 훈연 후 건조시켜 분쇄
하는 경우가 많다. 맛에는
영향을 주지 않는 카로티노
이드 색소, 캡산틴, 캡소루
빈으로부터 멋진 붉은색이
나온다.
용도: 굴라시

할라피뇨
원산지: 멕시코
SHU: 2,500~8,000
풍미: 헥산알, 헥산올, 그리
고 산뜻한 '피망 피라진(2-
메톡시-3-이소부틸피라진)'으
로 인해 풀 향, 신선함, 과
일 향이 난다.
용도: 살사에 첨가

치폴레
원산지: 멕시코
SHU: 2,500~8,000
풍미: 치폴레는 훈제된 할
라피뇨로, 페놀 화합물에
서 나오는 약간 쓴맛과 함
께, 훈제 향이 느껴지는 달
콤한 풍미를 낸다.
용도: 아노보 소스, 비프 칠
리

페이싱 헤븐
원산지: 중국
SHU: 10,000~50,000
풍미: 건조해서 사용하면
흙내음 풍미가 더해진다.
노나날과 데칸알에서 꽃과
감귤 향 요소가 발현된다.
용도: 마파두부, 스터 프라
이드 비프, 그 밖에 쓰촨 요
리들

새눈 청고추
원산지: 동남아시아
SHU: 50,000~100,000
풍미: 캡사이신이 주를 이
룬다. 베타-카리오필렌은
약간의 나무 향과 정향 향
을 낸다.
용도: 타이식 그린 커리, 핫
소스, 매운 볶음 국수

스카치 보닛
원산지: 카리브해
SHU: 100,000~350,000
풍미: 달콤한 향을 내는 베
타-이오논과 함께 에스테르
류에서 발현되는 열대과일
향 요소를 지닌다. 바나나
향을 내는 아세트산이소아
밀(128쪽)처럼, 에스테르류
는 과일 향을 낸다.
용도: 자메이카식 저크 치킨

고스트 페퍼(부트 졸로키아)
원산지: 인도
SHU: 1,000,000 이상
풍미: 극심하게 화끈거리
면서, 과일 향 에스테르류,
꽃 향의 리날로올, 레몬 향
의 리모넨이 수반된다.
용도: 처트니, 커리

커리 속 과학

커리는 인도에서 수천 년 동안 먹어온 음식이지만 유럽 식민지 개척자들에 의해 수출되면서 변형되었다.
채소류, 곡식콩, 고기 혹은 생선을 재료로 향신료를 듬뿍 넣은 커리는 전 세계적으로 사랑받는 요리이다.

'커리'라는 용어는 타밀어 '카리(소스)'에서 유래했다. 많은 전통 향신료가 인도 아대륙에서 유래했지만, 이 단어는 타이, 베트남, 자메이카, 남아프리카공화국의 다양한 향신료 요리 이름에도 쓰인다. 커리의 기본은 향신료와 신선하고 향기로운 재료로 만들어진 페이스트이다. 샬롯, 마늘, 생강, 고추, 코코넛, 토마토, 커리 잎 혹은 레몬그라스와 같은 재료를 빻거나 퓌레로 만들어 기름에 볶으면 조리 초반부터 풍미가 퍼진다. 향신료는 주요 재료의 풍미를 돋보이도록 선택된다. 예를 들어, 천천히 조리된 양고기 커리에는 풍부하고 강렬한 향신료와 화끈한 맛의 고추를, 생선이나 채소 기반 커리에는 더 신선하고 감귤 향이 더 강한 향신료를 선택하는 것이 좋다.

향신료는 보통 최소 네 가지를 섞어 사용한다. 각 향신료의 강한 풍미 화합물이 서로 균형을 이루고 어느 한 가지가 두드러지지 않아서, 깊이와 뉘앙스가 더 해지기 때문이다. 예를 들어 타이의 커리 페이스트, 인도의 가람 마살라, 중동 지역의 바하라트, 모로코의 라스 엘 하누트, 일본의 가츠 커리 가루 등이 있다.

커리의 기본 요소

생강과 함께, 마늘이나 샬롯과 같은 양파속 식물에서 연유하는 독특한 단맛의 기본 풍미도 커리의 맛에 일조한다. 이 재료들을 향신료와 함께 겹겹이 쌓고 코코넛이나 땅콩과 같은 진한 풍미의 재료와 함께 뭉근히 끓이면 풍미가 부드러워지고 달콤함과 풍부함

땅콩유

땅콩유는 중립적인 풍미를 지니며 고온 조리에 적합하다.

오도독함

볶은 땅콩은 오도독한 만족스러움과 구운 견과류의 향을 낸다.

꽃향기의 산뜻함

향기로운 생 타이 바질 잎을 요리를 내기 전에 첨가하면 신선한 허브 향의 풍미가 진동한다.

풍부함

코코넛밀크는 지방 함량이 높아 달콤하면서 크리미한 풍부함을 낸다.

단단함

감자가 뭉그러지지 않도록 점질 감자를 선택한다.

이 생긴다. 토마토는 풍미를 강조하기 위해 필요한 단맛, 산미, 그리고 감칠맛을 더해준다. 한입 크기로 자른 주재료를 액체와 함께 넣고 부드러워질 때까지 약불로 끓인다. 커리의 풍미는 조리 후에 계속 깊어지므로, 다음 날 커리가 훨씬 더 맛있는 경우가 많다.

감칠맛

살살 녹듯이 부드럽게 삶아진 소고기에 캐러멜라이즈된 양파와 마늘을 더하면 깊은 감칠맛을 낼 수 있다.

신맛

타마린드 페이스트는 신맛을, 피시소스는 산미와 감칠맛, 짠맛을 더한다.

토스트 향

껍질째 구운 양파, 마늘, 샬롯은 토스트 향, 캐러멜라이즈된 풍미, 진한 색감을 더한다.

매콤함

타이 라임 잎과 레몬그라스는 커민, 카다멈, 정향, 고추 등의 인도 향신료와 어우러져 화끈한 매운맛을 더한다.

완벽한 커리

타이의 마사만 커리는 라임 잎, 레몬그라스, 피시소스, 코코넛, 타마린드 페이스트와 같은 타이 전통 향료를 커민, 고추, 정향, 카다멈과 같은 정통 인도 향신료와 함께 켜켜이 쌓아 만든다. 코코넛밀크는 풍부한 맛을 더하고 볶은 땅콩은 튀는 풍미와 텍스처의 대비를 더한다. 마사만 커리는 전통적으로 양고기나 소고기와 같은 붉은 고기를 천천히 푹 삶고, 풍미를 기가 막히게 흡수하는 감자를 곁들여 조리하는, 풍부하고 고급스러우며 복합적인 요리이다.

완벽한 커리

터메릭

터메릭은 울퉁불퉁한 뿌리 모양의(뿌리줄기) 식물로서 생강과 유연관계가 가까우며, 인도 아대륙이 원산지이다. 터메릭의 흙내음과 사향 향은 투메론이라는 독특한 화합물에서 전해진다.

이 향신료는 커리 가루에 사용되는 해바라기색을 띤 달콤하고 순한 마드라스 품종부터 선셋 오렌지색을 띤 더 진한 풍미의 알레피 품종까지 다양한 색조와 풍미를 보여준다. 알레피 품종은 풍미를 내는 오일의 함량이 더 높고, 옷에 얼룩을 남기는 노란색 커큐민을 두 배 많이 함유하고 있다. 커큐민은 거의 터메릭에서만 제한적으로 발견되며 건강에 좋은 특성들로 각광을 받는다.

커큐민 외에, 유칼립투스와 비슷한 향을 내는 시네올과 후추 향을 내는 카리오필렌과 같은 다른 화합물들의 조화로움은 터메릭의 알싸하고 매콤하며 허브 향과 미묘한 감귤 향으로 구성된 프로파일을 완성시킨다.

생터메릭은 감귤과 생강 향을 살짝 풍기며 생강과 비슷하게 이용될 수 있다. 껍질을 벗기고 가늘게 채 썰거나 얇게 편으로 저미거나 강판에 갈아 다른 향신료와 함께 기름에 익혀 이용한다. 터메릭 가루는 자극적인 향과 흙내음이 더 강한 반면, 생터메릭의 산뜻하고 상큼한 풍미가 결여된다. 살균, 장시간 건조, 그리고 격렬한 분쇄 과정을 거치면서 터메릭의 기름 절반이 손실되기 때문이다.

커큐민

커큐민 화합물에 의해 터메릭은 밝은 노란색을 띤다.

일반적인 페어링

생강, 계피, 커민, 정향, 렌틸, 회향, 뿌리채소

흔치 않은 페어링

로즈마리, 딜, 망고, 바닐라, 자몽

커민

커민은 건조한 기후에서도 잘 자라는 잎이 성기게 달린 식물이다. 원산지는 동지중해와 서아시아이며, 인도, 중동, 라틴아메리카, 북아프리카 요리 곳곳에 스며들어 있다. 크기는 작지만 강렬한 풍미를 지닌 커민 씨앗은 가장 오래된 향신료 중 하나로, 고대 이집트인들은 커민 씨앗을 후추처럼 식탁용 조미료로 사용하기도 했다. 커민 씨앗은 통째로 사용하거나 가루로 갈아서 사용하며, 가람 마살라와 커리 가루의 핵심 재료이다.

커민은 독특한 향기 화합물인 커민알데하이드에서 나오는, 매콤하고 흙내음 나는 허브 향의 풍미를 지닌다. 이 화합물은 몰약과 유칼립투스에도 존재하지만 다른 식물종에서는 거의 찾아보기 힘들다. 흔히 커민 씨앗을 굽거나 튀기면, 고기 향과 구운 향을 내는 피라진류가 분출하며 진한 견과류 향과 훈제 향을 방출한다. 또한 커민은 쉽게 분쇄되며 커민 오일은 일련의 테르펜류 향기 화합물로부터 솔향과 감초 향 요소를 방출한다. 다른 향신료와 마찬가지로, 미리 갈아놓은 커민은 갓 볶아서 분쇄한 것보다 약간 더 누그러진 풍미를 낸다. 일단 커민을 분쇄하고 나면 최상의 풍미를 위해 6개월 이내에 모두 소진하는 것이 좋다.

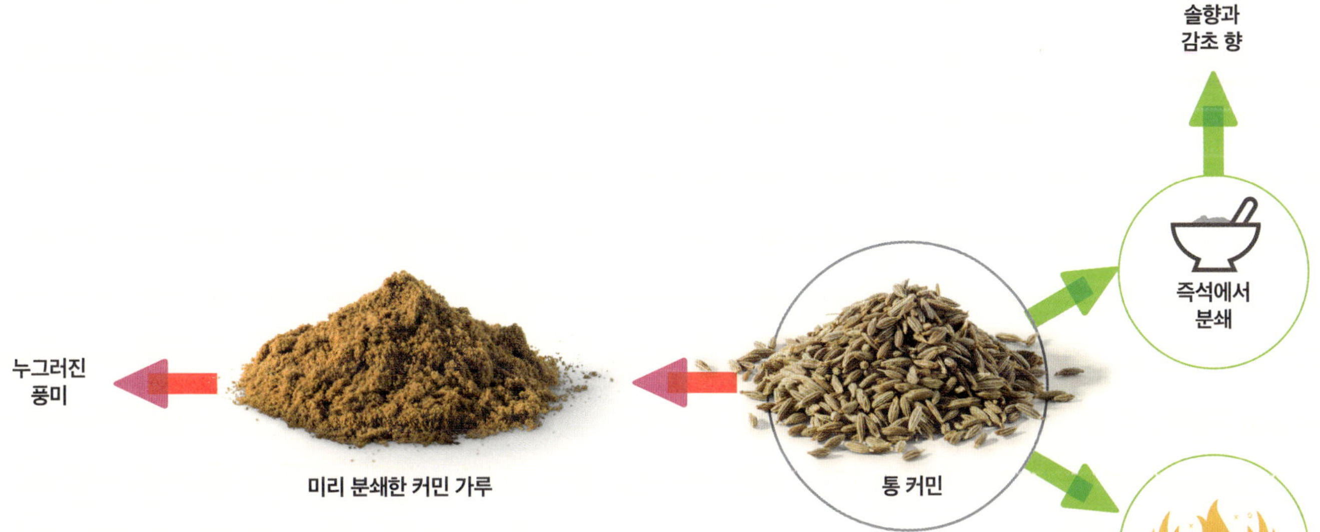

누그러진 풍미 ← **미리 분쇄한 커민 가루** ← **통 커민** → **즉석에서 분쇄** → **솔향과 감초 향**

통 커민 → **가열** → **견과류 향과 구운 향**

커민의 용도

이 범용적이면서 풍미가 강한 씨앗은 통째로, 즉석에서 갈아서, 또는 미리 갈아두고 사용될 수 있다. 커민을 구우면 견과류의 고소한 풍미가 방출되어 커리, 빵, 수프, 스튜 등에 활용될 수 있다.

일반적인 페어링
계피, 고수 씨앗, 마늘, 양파, 흑후추, 뿌리채소, 구운 고기

혼치 않은 페어링
오렌지, 아보카도, 가든 크레스, 코코아, 코코넛

계피와 카시아

실론 계피

얇고 종이처럼 부드러우며
여러 겹 말려 있음

풍미
복합적인 | 달콤한 |
따뜻한 | 감귤 향

50–70%
신남알데하이드

>0%
쿠마린

5%
유게놀

계피와 카시아는 달콤하고 향기로운 풍미가 비슷해서 헷갈릴 때가 많은데, 유연관계가 가까운 두 열대 나무의 껍질을 말린 것이다. 계피는 남인도와 스리랑카(옛 '실론')에서, 카시아는 중국과 동남아시아에서 유래한다.

진짜 계피(실론 계피)와 카시아(중국 계피)의 트레이드마크인 매콤하고 따뜻한 향기는, 열 통증 관련 섬유(42~43쪽)를 활성화하여 입을 따뜻하게 하는 독특한 화합물인 신남알데하이드에서 나온다. 카시아는 더 강렬하면서 거친 풍미를 지닌다. 이 알싸한 물질을 더 많이 함유하며 달콤한 향을 내는 쿠마린의 함량도 더 높기 때문이다. 쿠마린은 깎은 건초 냄새가 나지만 과다 섭취 시 간에 손상을 줄 수 있는 화학물질이다. 계피와 카시아는 항상 대체 가능한 것은 아니다. 카시아는 계피보다 저렴하고 진짜 계피 특유의 폭넓은 향기 스펙트럼이 부족하다. 유게놀에서 나오는 유칼립투스와 흡사한 향, 리날로올에서 나오는 라벤더 꽃 향, 사프롤에서 나오는 감초 향, 사탕 가게 향기가 카시아에는 결여되어 있다.

카시아

두껍고 거칠며
단층으로 말림

풍미
진한 | 매운 | 화끈한

70–90%
신남알데하이드

1–5%
쿠마린

>1%
유게놀

카시아
카시아는 실론 계피보다
더 맵고 강한 풍미를
지닌다.

일반적인 페어링
당근, 사과, 올스파이스,
바닐라, 아몬드, 망고

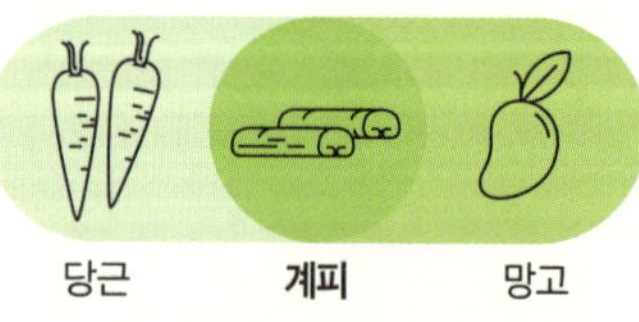

흔치 않은 페어링
염소 치즈, 버섯, 파인애플, 커피

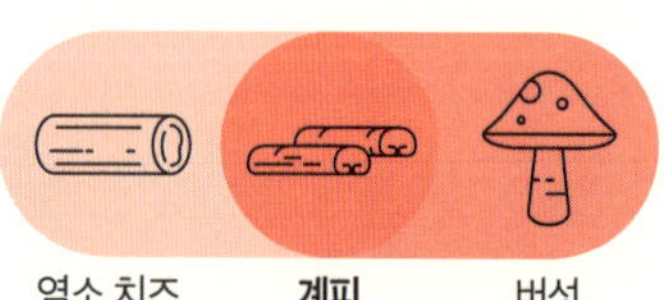

일반적인 페어링
시금치, 차, 돼지고기, 잣, 고구마

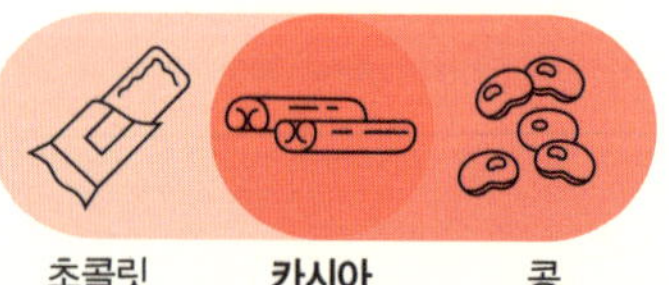

흔치 않은 페어링
초콜릿, 콩, 양고기, 배, 코코넛,
망고, 피스타치오

올스파이스(피멘토)

올스파이스는 향기로운 자메이카산 베리로, 운 좋게도 계피, 육두구, 정향과 향기 화합물을 공유해서 이것들을 본뜬 듯한 풍미를 지닌다. 카리브해 지역과 라틴아메리카 요리에서 널리 알려져 있는 올스파이스는 기분 좋은 풍미로 꽉 찬 향기로운 향신료이다.

기분을 환기시키는 올스파이스의 향기는 나무 전체에 스며들어 있다. 카리브해 지역에서는 잎을 통째로 사용해 풍미를 불어넣으며 나무는 고기를 훈제하기 위한 숯으로 사용된다. 올스파이스 오일은 정향과 유사한 특징을 지니는데, 이는 풍부한 양의 강력한 유게놀과 메틸유게놀 때문이다. 메틸유게놀은 유게놀과 연관된 더 달콤한 화합물로서 스파이시한 흙내음 요소를 지니며, 육두구와 계피에도 들어 있다. 카리오필렌은 후추 향과 비슷한 갓 자른 나무의 향기를 불러일으켜 육두구 향을 연상시킨다(홉과 바질에도 들어 있다). 또한, 따뜻한 느낌을 주는 신남알데하이드는 더 적은 양이 들어 있지만 계피와의 연관성을 더욱 돋보이게 한다(왼쪽 참고).

올스파이스 열매는 선소된 후 분쇄되어 전 세계 다양한 요리에 사용된다.

올스파이스의 풍미는 껍질 속 기름샘에서 나온다.

껍질

피멘토

올스파이스는 스페인어로 후추를 뜻하는 '피멘타'에서 유래하여 '피멘토'로 잘못 불리게 되었나.

딜 곰찝짤한

달콤하고 짭짤한 올스파이스는 돼지고기부터 케이크까지 다양한 음식을 보완해준다.

일반적인 페어링
계피, 정향, 생강, 감귤류, 진, 뿌리채소, 돼지고기

정향   **올스파이스**   돼지고기

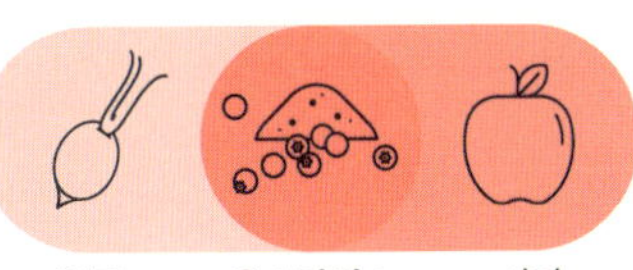

비트   **올스파이스**   사과

흔치 않은 페어링
카카오닙스, 비트, 스피어민트, 대두, 럼, 사과, 로즈마리

고수

오늘날 전 세계에서 재배되고 이용되는 고수는 모든 부위가 식용 가능하지만, 아마 잎이야말로 국제적으로 가장 널리 사용되는 허브일 것이다. 고수 잎은 달콤하고 짭짤한 다양한 요리에 풍미를 더하는 데 사용될 수 있다.

　고수 잎('실란트로'라고도 알려짐)과 씨앗은 고대부터 요리와 약재 용도로 사용되어왔으며, 멕시코, 인도, 아시아뿐만 아니라 지중해와 중동 지역 등 다양한 지역 요리의 핵심 재료로 특별히 첨가된다. 같은 식물에서 나오더라도 씨앗과 잎은 서로 다른 풍미 프로파일을 지닌다. 고수의 씨앗은 잎보다 맛이 강한데, 씨앗의 기름 속에 풍부하게 들어 있는 향기로운 리날로올 덕분에 꽃 향과 감귤 향의 씁쓸하면서 따뜻한 향기를 지닌다. 한편, 고수 잎은 씨앗보다 리날로올 함량이 적으며 더 은근한 향기와 허브 맛을 제공한다.

풍미의 조합과 연결

● **씨앗:** 강한 꽃 향과 감귤 향을 내는 리날로올 덕분에, 고수는 자몽과 라임 껍질을 포함한 감귤류 과일뿐만 아니라 바질, 민트, 마조람, 레몬 밤과 같은 신선한 맛의 허브와도 밀접하게 어울린다. 자몽 주스와 볶은 고수 씨앗 가루를 넣은 달콤한 간장 양념장을 만들어서 연어 필레, 닭고기, 두부 또는 채소 위에 바른 후 구워보자.

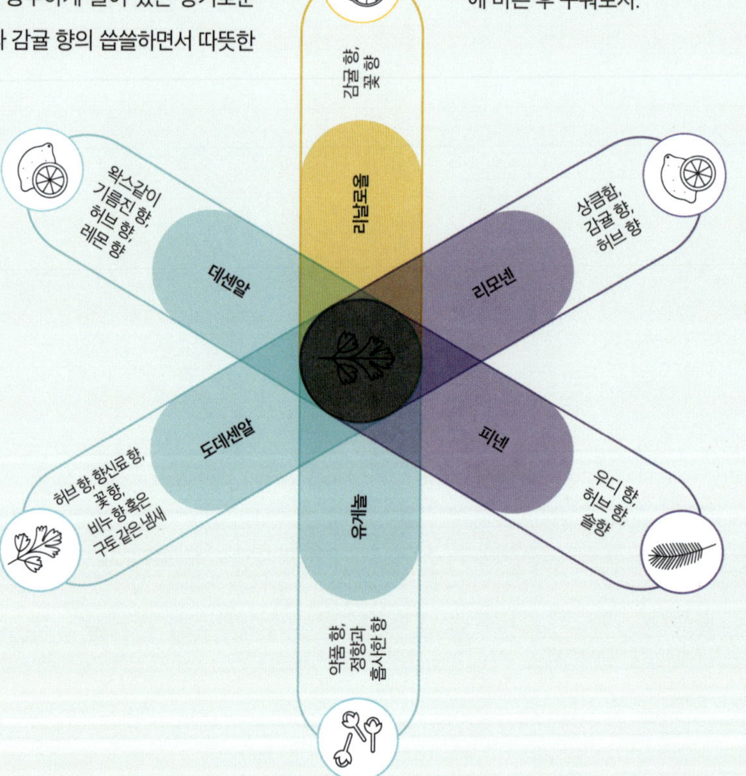

풍미 화합물

- 🟡 공통적인 화합물
- 🟣 씨에만 있는 화합물
- 🔵 잎에만 있는 화합물

일반적인 페어링

유제놀의 약품 향이 은은하게 깔리면서 고수가 정향과 계피와 어울리게 된다.

흔치 않은 페어링

신선한 딸기에 다진 고수 잎을 넣거나, 스크램블드에그에 고수 잎을 넣어 맛깔나는 향신료 향 요소를 더해보자.

● **잎:** 리날로올의 꽃 향과 알데하이드의 독특한 왁스·비누 향뿐만 아니라 은은하게 깔리는 유게놀의 약품 향은 고수 잎을 정향과 계피와 페어링하기에 이상적인 허브로 만들어준다. 잘게 다진 고수 잎과 레몬즙으로 풍미를 입힌, 정향 향이 깃든 흰쌀밥을 지을 때 사용해보자.

조리법

우리가 '씨앗'이라고 부르는 통고수씨는 사실 말린 과일이며, 한 알에 두 개의 씨앗이 들어 있다. 이것을 분쇄할 때(굽거나 볶은 후에 가는 것이 이상적이다) 섬유질이 풍부한 씨 껍질도 함께 넣어 섞는다. 이 목질성 조각은 흡수성이 뛰어나 액체를 잘 흡수하기 때문에 소스를 걸쭉하게 만들기에 유용한 재료이다.

고수 잎을 살 때는 건강한 식물에서 나온 고수 잎을 골라야 한다. 아니면 평판이 좋은 재배자에게 구입하도록 하자. 그리고 되도록 제철에 구입하는 것이 좋다. 고수 식물이 스트레스가 많은 환경(빛, 물, 열이 너무 많거나 적은 환경)에서 자라면 유독 E-2-데칸알이라는 반갑지 않은 알데하이드가 잎에 축적된다. 이 화합물은 고수에 젖은 수건이나 빈대 냄새가 배어들게 한다.

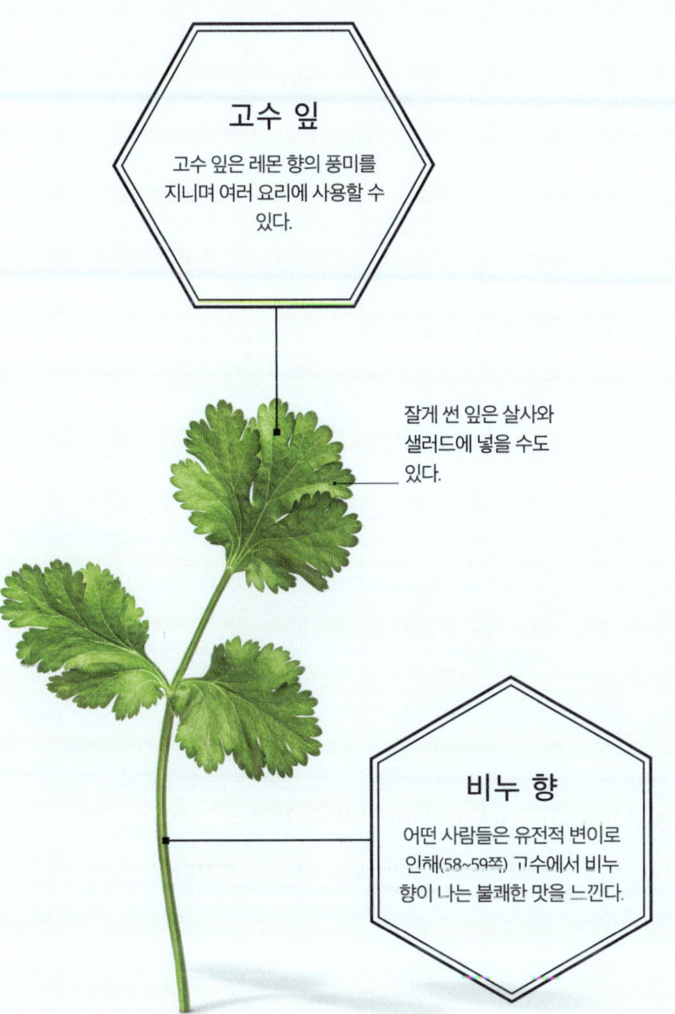

고수의 종류

고수 식물에는 주된 두 부류로 유럽산과 인도산이 있다.

유럽산
유럽산 품종은 열매가 더 작고 꽃 향을 내는 리날로올 화합물을 더 많이 함유한다.

인도산
열매가 더 큰 인도산 품종은 유럽산 품종에는 없는 별도의 화합물 덕분에 더 진한 향신료 풍미를 지니며 풍미 프로파일도 다르다.

일반적인 페어링
바질, 레몬 밤과 같은 허브와 감귤류는 고수 씨앗과 잘 어울린다.

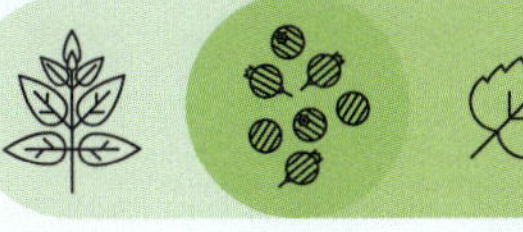

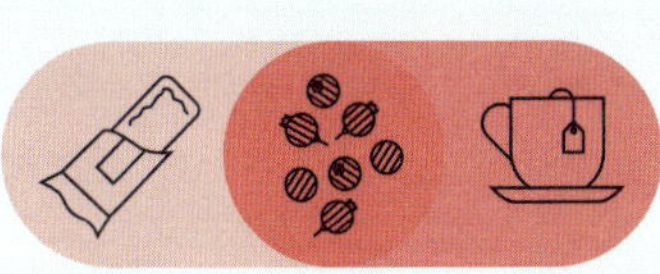

흔치 않은 페어링
갓 간 고수 씨앗을 다크 초콜릿 디저트나 허브차에 넣으면 향긋한 온기를 더할 수 있다.

펜넬

펜넬은 허브이자 채소이며 향신료이기도 하다. 식물 전체가 식용이 가능하며, 아네톨 향이 배어 있다. 아네톨은 아니스와 감초의 약품 향이 살짝 나는 달콤한 풍미를 지닌다. 생선 요리에서 흔히 사용되는 펜넬은 지중해식 스튜와 향신료 믹스에도 잘 어울린다.

풍미 화합물

펜넬의 주요 풍미 화합물인 아네톨은 설탕보다 13배 더 단맛을 내며, 감초와 흡사한, 강렬하고 따뜻한 향을 낸다. 다른 풍미 화합물로는 아네톨과 유사하지만 허브 향과 꽃 향의 특징이 더 강한 에스트라골이 있다. 에스트라골은 바질의 주요 향기 화합물이다. 펜콘은 매우 쓴맛을 내며 냉감과 약품 향이 나는 장뇌 화합물(좀약) 향이 난다. 리모넨은 상큼한 감귤 향을 내는 한편, 허브 향과 솔향과 흡사한 풍미는 피넨에서 나오고 아니스알데하이드는 발사믹 향이 살짝 섞인 달콤한 꽃 향을 낸다.

로스팅

강한 아니스씨 향과 펜넬 씨앗의 쓴맛을 로스팅으로 일부 제거할 수 있다.

일반적인 페어링

마늘, 바질, 올리브오일, 해산물, 레몬, 닭고기, 조개류

해산물　　**펜넬**　　올리브오일

다크 초콜릿　　**펜넬**　　딸기

흔치 않은 페어링

다크 초콜릿, 감귤류, 딸기, 계피

파슬리

파슬리는 복합적인 풍미 프로파일을 지녀서 수많은 요리의 맛을 돋우는 의외로 과소평가된 허브이다. 파슬리는 여러 정통 허브 블렌드와 요리의 기본 요소를 이룬다. 많은 허브와 마찬가지로 파슬리의 신선하고 풋풋한 풀 향 풍미는 헥산알에서 비롯된다. 파슬리의 독특한 특징은 다양한 다른 여러 화합물에서 나오는데, 두 가지 주요 품종에 따라 화합물의 양이 다르다. 멘타트리엔과 아피올은 잎이 평평한 이탈리안 파슬리에서 주를 이룬다. 멘타트리엔은 아삭하고 풋풋하며 우디 향이 나는 파슬리의 풍미를 나타내는 한편, 아피올(혹은 파슬리의 장뇌 향)은 파슬리 특유의 상큼한 허브 향에 기여한다. 추가적인 풍미는 (컬리 리프 파슬리에서 주로 발견되는) 다음과 같은 화합물에서 나온다. 미리스티신은 (육두구와 유사한) 따듯하고 매콤한 향을 내고, 리모넨은 감귤 향 요소를 더해주며, 펠란드렌은 후추 향처럼 매콤하면서 감귤 향과 흡사한 내음을 이끌어낸다.

잘게 다지면

파슬리를 사용하기 전에 잘게 다지면 향기로운 화합물들이 더 많이 방출된다.

컬리 리프

컬리 리프 파슬리는 플랫 리프 파슬리보다 더 순한 풍미를 지니며 가니시로 이용된다.

줄기는 토막 내서 사용할 수 있다. 줄기에도 잎과 동일한 풍미 화합물이 들어 있기 때문이다. 다만 함유량은 더 적다.

파슬리의 종류

플랫 리프 파슬리(이탈리안 파슬리)

고수처럼 생긴 평평한 잎 모양이 플랫 리프 파슬리는 풍미를 위한 최고의 선택이다. 강렬한 허브 향을 특징으로 하며, 미묘한 감귤 향 풍미는 샐러드, 수프, 소스, 그리고 '핀 제르브'와 '부케가르니'와 같은 허브 블렌드에서 빛을 발한다.

컬리 리프 파슬리

곱슬 잎 모양의 컬리 리프 파슬리는 풍미보다는 주로 짙은 황록색과 화려하게 주름진 잎을 얻기 위해 재배된다. 오일의 풍미가 플랫 리프 파슬리보다 최대 5분의 1까지 떨어진다. 컬리 리프 파슬리는 더 강렬한 풍미를 지닌 플랫 리프 파슬리의 풋풋한 신선함은 부족하다. 그 대신에 쓴맛의 강도가 약하고 향신료 향이 약간 나는 따듯한 풍미를 지닌다.

일반적인 페어링
레몬, 마늘, 흰살생선, 올리브오일, 토마토, 버섯

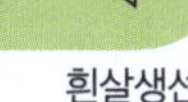

레몬 · **파슬리** · 흰살생선

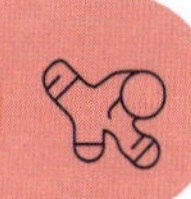

복숭아 · **파슬리** · 생강

흔치 않은 페어링
사과, 육두구, 생강, 복숭아, 석류, 코코아, 다크 초콜릿

딜

가장 오래된 약초 중 하나이며 수수하고 뻣뻣한 이 식물은 요리사에게는 없어서는 안 되는 풍미의 보고이다. 딜의 잎과 씨앗은 맛깔나고 상큼한 감귤 향과 아니스가 내는 향과 비슷한 풍미를 선사한다. 모든 식물이 그렇듯이, 향기 화합물은 식물의 생존을 위해 존재한다. 잎의 더 산뜻하고 다양한 풍미 프로파일은, 씨앗의 더 단조롭고 거친 향신료 향이 섞인 흙내음과 대조를 이룬다. 잎은 많은 초식동물을 쫓아내고 수분매개자를 유인하며 감염을 억제해야 하지만, 씨앗이 땅속 감염에 저항하는 데 집중할 때에는 적은 양이지만 보다 농축된 방어 화합물을 필요로 하기 때문이다.

잎에는 딜 에테르(꽃 향, 허브 향의 딜), 펠란드렌(우디 향, 허브 향의 테르펜), 미리스티신(향신료 향, 육두구와 흡사한 향), 리모넨(감귤 향), 유게놀(정향의 향신료 향), 다마세논(꿀과 같은 과일 향), 시멘(감귤, 흙, 나무의 미미한 향)이 함유되어 있다. 씨앗의 향기 화합물에는 카본(캐러웨이), 리모넨(감귤 향), 유게놀(정향의 향신료 향), 그리고 바닐린(바닐라 향)이 포함된다.

풍미 발산

대부분의 허브와 마찬가지로, 딜을 다지는 순간 향기 화합물들은 증발하기 시작하면서 방어 효소에 의해 분해된다. 딜은 자른 후 바로 사용하거나, 물이 끓기 직전에 30초 동안 살짝 데치는 것이 좋다. 효소가 파괴되어 딜의 싱싱한 맛을 더 오래 유지할 수 있다.

중세 유럽에서는 딜이 주술에, 사랑의 묘약으로 그리고 약으로 사용되었다.

딜 허브의 종류

일반 딜
가장 흔한 품종으로, 선명한 색깔의 깃털같이 생긴 잎을 지닌다. 생선 요리의 가니시나 샐러드에 이용된다.

고사리잎 모양의 딜
더 작은 식물로서 펜넬, 아니스, 셀러리 맛이 나는 녹색 허브이다.

부케 딜
더 키가 크고 더 큰 잎을 가진 식물. 아니스와 캐러웨이 풍미와 함께 달콤하고 향긋하다.

일반적인 페어링
생 잎채소는 레몬, 생선, 감자, 셀러리와 잘 어울린다.

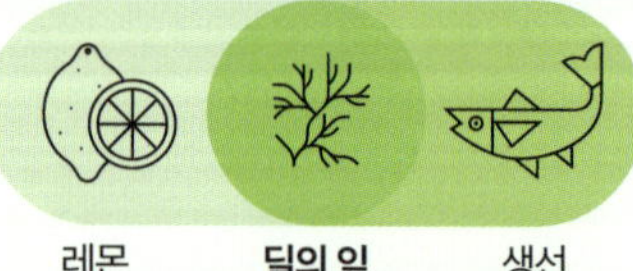

흔치 않은 페어링
소고기, 망고, 파파야, 딸기, 귀리, 크랜베리

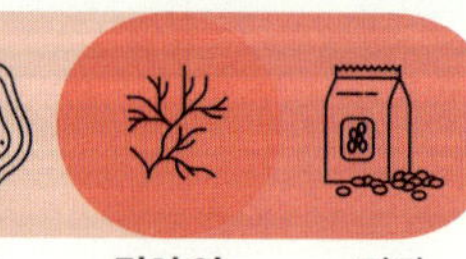

일반적인 페어링
계피, 육두구, 파스닙, 셀러리악, 빵을 곁들인 레시피에 씨앗을 넣어보자.

흔치 않은 페어링
호박, 진, 오렌지, 주니퍼베리(두송자), 초콜릿

바질

바질은 인도가 원산지이지만 지중해의 허브로 잘 알려져 있다. 바질의 반짝이는 진녹색 잎은 민트, 아니스, 후추 향이 살짝 나면서 달콤하고 짭짤하며 활기를 돋우는 풍미를 지닌다. 바질은 위협을 받으면 해충이 다가오지 못하도록 더 많은 향기 화합물을 생성한다. 약간의 스트레스를 받은(가령 물이 부족한 경우) 바질 식물은 더욱 확고한 풍미를 지닐 수 있다. 이러한 성질은 정원사와 요리사에게 유용한 팁이 될 수 있다.

바질은 수분 함량이 매우 높고 잎이 연하기 때문에, 바질이 시들 무렵이면 풍미 성분이 든 기름의 거의 대부분(50~80%)이 증발하여 무미건조한 이파리만 남게 된다. 부드러운 줄기를 가진 다른 허브들처럼 줄기를 다져서 잎과 함께 사용할 수도 있고, 바질의 풍미 성분을 보존하려면 조리 후반에 혹은 가니시로 첨가하는 것이 가장 좋다.

바질의 종류

스위트 바질
가장 흔하고 향긋하며 달콤하다. 지중해식 요리에 널리 사용된다.

레몬 바질
해산물이나 샐러드와 잘 어울리는 감귤 향의 풍미를 내는 리모넨이라는 풍미 화합물의 함량이 높다. 타이 음식에서 인기 있다.

인도식 '홀리 바질'
카리오필렌(흑후추에 함유)에서 나오는 강한 우디 향과 후추 향의 특징을 지니며, 향신료가 듬뿍 들어간 요리에 이상적이다.

타이 바질
타이 바질은 풍부한 에스트라골에서 비롯되는 감초 향과 아니스 향을 지닌다.

시나몬 바질
향신료에서 핵심적인 향기 화합물 중 하나인 시남산메틸로 인해 뚜렷한 계피 향이 난다.

풍미 화합물

일반적인 페어링
토마토, 마늘, 올리브오일, 레몬, 오레가노, 로즈마리는 모두 수많은 이탈리아 레시피에서 사용된다.

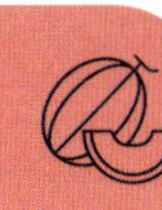

혼치 않은 페어링
멜론, 다크 초콜릿, 코코아, 코코넛

오레가노와 타임

북미에서 '피자 허브'로 알려진 오레가노는 이탈리아 요리의 주춧돌이자 세계에서 가장 인기 있는 허브 중 하나이다. 또 다른 강력한 지중해 허브인 타임은 오레가노와 매우 유사한 핵심 풍미 화합물을 지니는데, 그 비율이 다르다.

'오레가노'는 오레가노속 약 40개 종을 통틀어 부르는 용어이다. 40종 모두 털이 많은 작은 잎을 갖고 있으며 후추 향, 감귤 향, 짭짤한 향, 우디 향에 가끔씩 쓴맛을 포함하는 풍미를 나타낸다. '일반 오레가노'는 가장 인기 있는 허브로, 짭짤한 향이 강하게 나면서 알싸한 향이 살짝 섞인 풍미를 지닌다. 하지만 거주 지역에 따라 '오레가노'는 맛은 비슷하지만 전혀 관계없는 허브일 수도 있다. 마조람은 오레가노의 한 종류로, 뚜렷하게 더 달콤하고 상큼하면서 더 강한 꽃 향의 풍미를 지닌다. 하지만 일부 스페인 지역에서는 '오레가노'를 '마조람'이라고 부르고 있어 혼란이 가중된다.

짙은 녹색의 뾰족한 잎을 가진 타임은 오레가노와 유연관계는 가깝지만 생김새가 매우 다르며, 우디 향과 레몬 향이 뚜렷한 풍미를 지닌다. 타임은 맛이 부드러울수록 더 다목적으로 사용할

오레가노

오레가노는 건조되어도 풍미가 유지되어 강렬한 시즈닝 효과를 낸다.

잎을 요리에 넣기 전에 으깨면, 기름이 더 빨리 방출된다.

생오레가노나 마조람 잎을 음식을 내기 직전 요리 위에 뿌린다.

고기와 채소를 겉에 바르고 재우는 양념에 넣어 사용한다.

오레가노

마조람

일반적인 페어링
바질, 타임, 로즈마리, 마늘, 녹색 채소, 토마토, 올리브오일

로즈마리 · 오레가노/마조람 · 마늘

라임 · 오레가노/마조람 · 코코넛

흔치 않은 페어링
라임, 진, 육두구, 카다멈, 블랙커런트, 코코아, 코코넛

수 있으며, 프랑스 요리에도 자주 사용된다. 레몬, 민트, 파인애플, 캐러웨이, 육두구 등 다양한 풍미를 지닌 다수의 타임 품종이 존재하며, '단-짠' 페어링의 무한한 가능성을 제공한다.

타임은 감귤 제스트와 잘 어울린다.

타임

풍미 화합물

오레가노

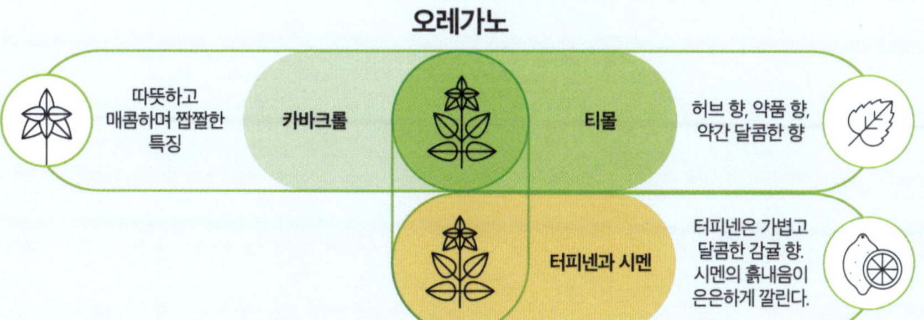

따뜻하고 매콤하며 짭짤한 특징	카바크롤		티몰	허브 향, 약품 향, 약간 달콤한 향
		터피넨과 시멘		터피넨은 가볍고 달콤한 감귤 향. 시멘의 흙내음이 은은하게 깔린다.

마조람

풍미 성분이 든 에센셜 오일이 오레가노의 절반도 안 되는 마조람은 카바크롤 함량이 더 낮으면서 더 미묘한 풍미를 지닌다.

허브의 주요 풍미인 단내와 발사믹 향을 책임진다.	투야놀		테르피넨-4-올	또 다른 주요 화합물로서 우디 향과 허브 향에 기여한다.
		리날로올과 터피넨		꽃 향과 감귤 향을 특징으로 한다.

타임

우디 향, 허브 향의 따뜻한 풍미	티몰		카바크롤	따듯하고 매콤하고 짭짤한 풍미
은은한 꽃 향 뉘앙스	리날로올과 제라니올		테르피넨-4-올	우디 향 요소

● 핵심적인 풍미
● 보조적인 풍미

일반적인 페어링
감귤류 껍질, 토마토, 마늘, 오레가노, 딜, 소고기, 가금류

흔치 않은 페어링
오렌지, 계피, 라임, 정향, 사과, 코코아

세이지

부드럽고 매끄러우며 보송보송 털이 나 있는 세이지 잎은 풍미의 보고로서, 민트와 유칼립투스 향이 살짝 섞인 흙내음을 수반하는 강렬한 허브 향을 지닌다. 세이지는 고기 요리에 자주 곁들이는 재료이며 전통 서양 요리에서 핵심적인 향료이다. 그리고 다른 세계 요리는 물론 디저트에도 똑같이 맛깔스러운 풍미를 낸다.

풍미 화합물

대부분의 허브처럼, 풀 향과 허브 향을 내는 테르펜류가 풍미의 근간을 형성한다. 주된 풍미 화합물은 다음과 같다:

- **수존**: 세이지의 주요 풍미는 강력한 허브 향과 따뜻하면서 미묘한 민트 향이다.
- **보르네올**: 흙내음, 이끼 향(건세이지에서는 발견되지 않음)
- **헥센알**: 배경 향으로 풋풋한 향과 풀 향을 낸다(건세이지에서는 발견되지 않음).

유칼립톨: 유칼립투스 향과 약품 향

세이지에 함유된 보조적인 풍미 화합물은 다음과 같다:

- **피넨**: 소나무의 신선한 송진 향 요소를 더한다.
- **장뇌**: 날카롭고 개운하며 깊숙이 침투하는 약품 향
- **리날로올**: 향신료 향이 살짝 나는 꽃 향과 라벤더에서도 발견되는 감귤 향

건세이지 VS 생세이지

신선한 풀 향의 헥센알과 꽃 향을 내는 대부분의 화합물은 잎이 건조되면 증발하여 더 거칠고 약품 같은 풍미를 남긴다. 이는 조리 초반이나 중간에 첨가하기에 유용하다. 건세이지는 맛이 매우 강렬한 (분쇄한) 가루나 좀 더 맛이 순한 거친(비벼서 부순) 플레이크로 판매된다. 두 가지 모두 드라이 럽이나 양념장에 넣기에 훌륭한 재료이다.

세이지의 종류

퍼플 세이지
눈에 띄는 보라색 잎은 일반 세이지보다 더 순한 풍미를 지닌다.

파인애플 세이지
열대과일 향과 꽃 향이 살짝 감도는 과일 향을 내는 에스테르인 제라닐아세테이트와 장미 향이 나는 제라니올에서 나온다.

그릭 세이지
더 강한 약품 향을 내는 유칼립톨과 침투하는 향을 내는 장뇌 덕분에, 다른 세이지 품종보다 더 매콤하고 박력 있는 풍미를 지닌다.

베이비(블랙커런트) 세이지
리모넨, 훈제 향의 과이어콜, 당분뿐만 아니라 과일 향의 에스테르류의 함량이 높아서 블랙커런트와 같은 달콤한 과일 향을 낸다.

일반 세이지

건세이지

생 잎보다 풍미가 더 강하며, 민트, 유칼립투스, 레몬 향이 살짝 난다.

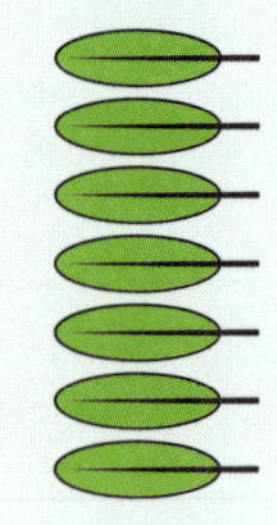

생세이지 잎

7장

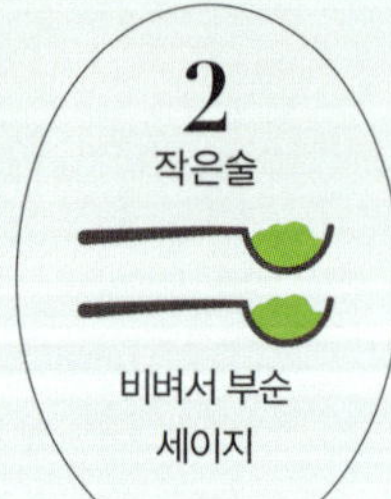

1
작은술
건세이지 분말

혹은

2
작은술
비벼서 부순 세이지

일반적인 페어링
건후추, 스쿼시, 로즈마리, 민트, 오레가노, 버터, 고기

흔치 않은 페어링
팔각, 레몬, 블랙커런트, 무화과, 배, 당근, 코코아 또는 다크 초콜릿

로즈마리

로즈마리의 우디한 솔향의 풍미에는 장뇌의 강한 약품 향이 은근히 흐르고 민트, 레몬, 세이지, 후추 향이 탑노트를 구성한다. 고기의 풍미를 향상시키는 것으로 알려진 로즈마리의 질기고 바늘처럼 생긴 잎은 풍미 성분이 든 기름을 천천히 방출하므로 천천히 조리하는 요리에 잘 어울린다.

로즈마리는 요리에 일찍 넣으면 풍미 성분이 든 기름이 질긴 잎에서 빠져나가면서 풍미가 매우 돋보이게 되며, 일찍 넣을수록 풍미가 더욱 강하게 스며든다. 세이지처럼 로즈마리는 강력한 허브이지만 다른 재료의 풍미를 압도하지 않으려면 가볍게 다루어야 한다. 잎을 잘게 다지면 풍미가 더 빨리 방출되어 풍미가 더 살아나며, 고기와 채소의 드라이 럽에 넣기에 이상적인 재료이다. 건로즈마리는 생로즈마리의 풋풋한 그린 향과 감귤 향 요소들은 부족하지만 더욱 강렬한 허브 향의 풍미를 전달해준다 (로즈마리 향의 버베논은 건조될수록 증가한다). 또한 드라이 럽에도 탁월하게 잘 어울린다.

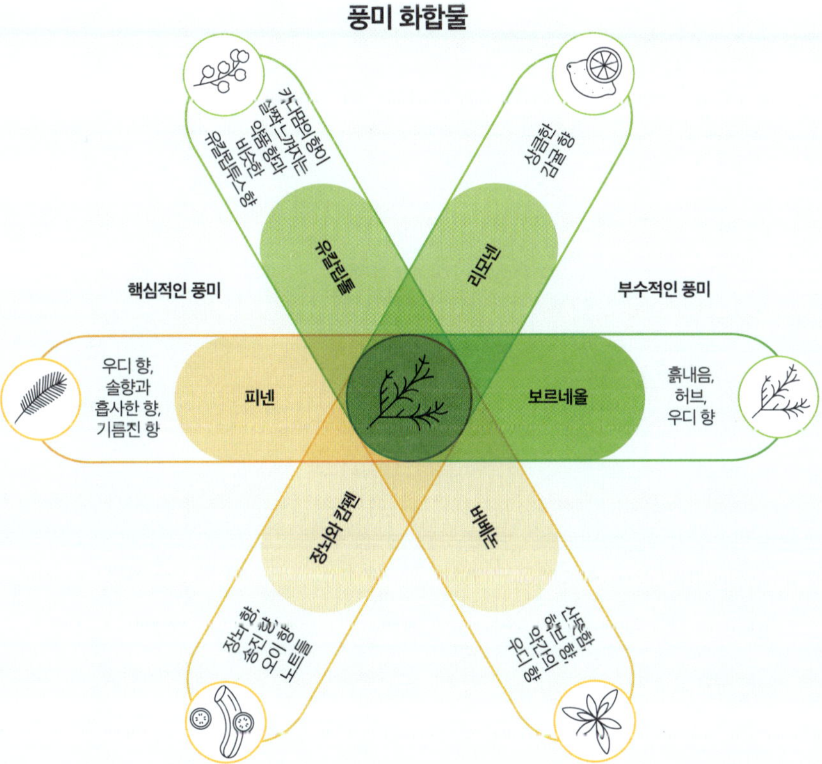

풍미 화합물

로즈마리

일반적인 페어링

토마토, 마늘, 올리브(와 오일), 고기, 감자, 핵과류, 타임, 세이지, 오레가노

감자　　**로즈마리**　　핵과류

초콜릿　　**로즈마리**　　생강

흔치 않은 페어링

딸기, 초콜릿, 생강, 오렌지, 청어

민트

요리에 청량함과 활력을 주는 요소로 민트만 한 것이 없다. 민트는 입안을 시원하게 해주는 독특한 효능 덕분에 인기가 많다. 과자류, 디저트, 껌, 치약에 풍미를 더할 뿐만 아니라 짭짤한 요리에 활기를 불어넣어준다.

민트에는 두 가지 주요한 종류가 있다. 날카롭고 강렬한 민트 향이 나는 페퍼민트와 더 달콤하고 풀 향이 나며 레몬 향이 더 강한 스피어민트이다. 민트의 상쾌한 느낌과 냉각 효과는 멘톨에서 비롯되는데, 멘톨은 피부와 입에서 차가운 온도를 감지하는 신경과 똑같은 신경을 활성화한다. 캡사이신이 열감 및 통증과 관련된 신경 섬유를 자극하여 매운 열감을 유발하는 것과 같은 원리이다(43쪽). 멘톨은 통증 관련 신경과 결합하여 통증을 완화시키기도 한다.

말린 민트는 냉각 효과를 주는 멘톨을 30% 적게, 멘톤(멘톨에 비해 상쾌하고 시원한 느낌은 덜하며 특유의 민트 향을 낸다-옮긴이)은 50% 더 적게 함유한다. 그 외 민트 향 화합물은 거의 갖고 있지 않다. 반면에 우디 향, 향신료 향, 왁스 향, 비누 향 요소들이 두드러지고, 몇 가지 소량의 화합물(카리오필렌, 저마크렌 등)이 눈에 띄게 증가한다.

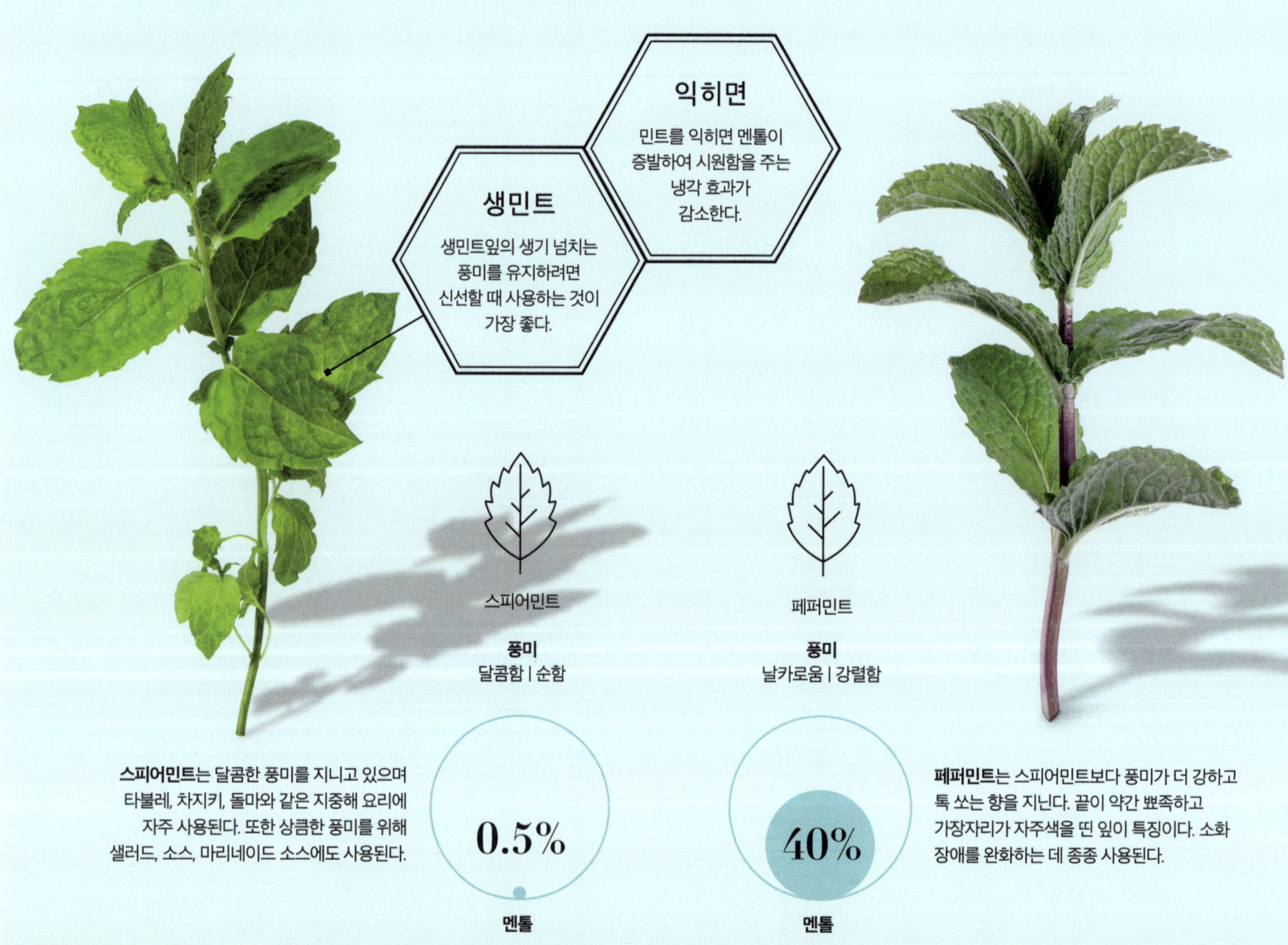

스피어민트는 달콤한 풍미를 지니고 있으며 타불레, 차지키, 돌마와 같은 지중해 요리에 자주 사용된다. 또한 상큼한 풍미를 위해 샐러드, 소스, 마리네이드 소스에도 사용된다.

페퍼민트는 스피어민트보다 풍미가 더 강하고 톡 쏘는 향을 지닌다. 끝이 약간 뾰족하고 가장자리가 자주색을 띤 잎이 특징이다. 소화 장애를 완화하는 데 종종 사용된다.

민트의 종류

스피어민트
풍미 프로파일: 페퍼민트보다 순하다. (R)-카본에서 나오는 달콤하고 산뜻하며 청량한 맛이 주를 이룬다.
용도: 다용도 민트 향료로서 고기, 샐러드, 칵테일, 디저트에 제격이다.

페퍼민트
풍미 프로파일: 냉감이 느껴지는, 진한 멘톨 향의 강한 풍미. 멘톨이 매우 풍부하게 함유되어 있다.
용도: 허브차, 디저트

초콜릿 민트
풍미 프로파일: 민트 향 뒤에 미묘한 초콜릿 향이 느껴진다. 이 배경 향은 달콤한 향과 훈제 향을 내는 벤조퓨란과 같은 화합물에서 유래한다.
용도: 디저트, 아이스크림, 가니시

레몬 민트
풍미 프로파일: 리모넨과 시트랄에서 나오는 레몬과 시트러스 향에, 제라니올과 네랄에서 나오는 꽃과 과일 향 요소가 더해지고, 꽃 향을 내는 리날로올로 마무리된다.
용도: 칵테일, 과일 샐러드에 넣어서 먹어보고, 장식용으로도 사용해보자.

애플 민트
풍미 프로파일: 민트 향이 과일 향과 꽃 향 그리고 은근한 단내로 변한다. 여기에 과일 향을 내는 에스테르류 3종과 꽃 향을 내는 리날로올이 어우러져 애플 민트 특유의 향이 은은하게 난다.
용도: 과일 샐러드, 젤리, 여름 음료에 적합하다.

레몬 민트

레몬 민트는 감귤류 과일과 향기 화합물을 공유한다.

초콜릿 민트

레몬 민트

애플 민트

일반적인 페어링
양고기, 완두콩, 요거트, 오이, 감자

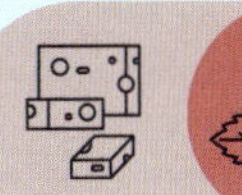

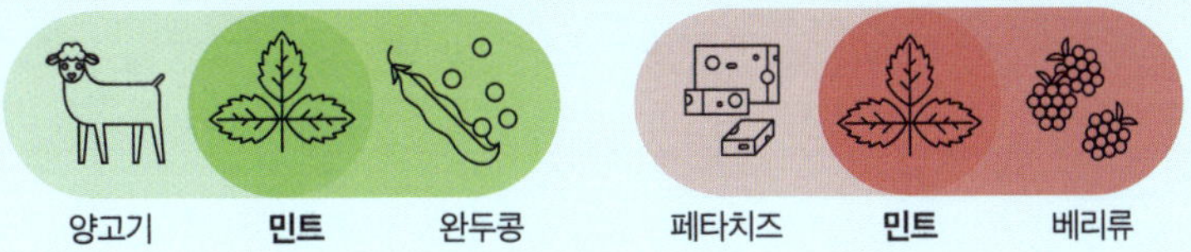

흔치 않은 페어링
베리류, 페타치즈, 망고, 렌틸콩, 펜넬, 바닐라

사프란

'향신료의 왕'으로 불리며 그에 걸맞게 고가가 매겨지는 사프란은 대체할 수 없는 독특한 풍미를 지닌다. 온기가 느껴지면서 꿀처럼 달며 섬세한 건초 향이 난다. 수확된 크로커스 꽃 한 송이에서는 단 세 가닥의 향기로운 붉은 실(암술대)을 얻을 수 있는데, 이것이 바로 사프란이며, 이 귀중한 풍미는 세심하게 끌어내야 한다. 사프란의 풍미는 시간이 지남에 따라 더욱 향상된다. 쓴맛을 내는 피크로크로신은 점차 분해되어 향긋한 사프라날로 전환되며 수확 약 2년 후 최고의 풍미에 이른다. 다만 크로신이 분해되면서 색은 점차 바래진다.

요리에 넣기 전, 각각의 사프란 실을 따뜻한 물이나 우유에 최소 20분 동안 담가두어 남아 있는 기름 성분을 최대한 우려낸다('블루밍' 과정).

사프란 실을 70~90℃로 가열한 후 사용하면 풍미가 두드러지게 향상되며, 쓴맛을 내는 피크로크로신이 달콤한 향을 내는 사프라날로 전환된다. 사프란으로 요리할 때에는 불린 사프란 실을 요리에 일찍 넣으면 색이 최대한으로 선명해지며 가장 좋은 풍미를 내려면 늦게 넣어야 한다.

분말

분말 사프란은 쉽게 변질되므로 피해야 한다. ISO 인증을 확인해보자.

풍미 화합물

사프란은 세 가지 성분으로 인해 공기처럼 가볍고 사향 향이 나는 풍미와 황금빛 색을 띠게 된다.

- **크로신**: 붉은 루비색 색소로서 물에 넣으면 햇빛처럼 노랗게 변한다.
- **피크로크로신**: 오래 지속되는 은근한 쓴맛을 낸다.
- **사프라날**: 깎은 건초 향, 사향 향을 내는 테르펜류 향기 화합물로서 사프란의 주요 풍미 화합물이다. 소수의 음식에서만 발견된다(흔치 않은 페어링 목록 참고).

꽃 한 송이에 암술대

3개

색깔의 변화

갓 수확한 사프란에는 **크로신**이라는 붉은 색소가 함유되어 있다.

따뜻한 물이나 우유에 넣으면 크로신이 노란색으로 변한다.

짙은 진홍색

황금빛 호박색

풍미의 변화

사프란은 수확될 때 **피크로크로신**이라는 쓴맛 화합물을 함유한다.

가열 후 건조

가열되면 피크로크로신은 **사프라날**이라는 향기 화합물로 변한다.

150+

사프란이 가열되어 건조될 때 **150가지**가 넘는 향기 **화합물**이 방출된다.

일반적인 페어링
쌀, 감자, 당근, 버섯, 완두콩, 생강, 버터, 레몬

당근　**사프란**　버터

무화과　**사프란**　녹차

흔치 않은 페어링
무화과, 복숭아, 차, 녹차, 자몽, 바닐라(모두 사프라날과 비슷한 향 함유), 레몬그라스, 소고기

바닐라

바닐라속 식물의 매혹적인 상아색 꽃은 말린 과일(꼬투리)의 크리미하고 꿀처럼 단 풍미에 꼭 맞는 왕관과도 같다. 아이스크림, 초콜릿, 마시멜로부터 쿠키, 케이크, 짭짤한 요리까지, 바닐라로 음식에 벨벳처럼 매끄러운 단맛이 채워진다.

신선한 바닐라 식물의 꼬투리는 프랑스산 그린빈과 비슷하게 생겼지만 불쾌하고 쓴맛이 난다. 우리가 아는 부드럽고 향긋한 갈색 꼬투리로 변하는 데는 최대 8개월이 걸릴 수도 있다. 데치기, 발효(스웨팅 현상), 건조, 숙성 등의 수고로운 과정을 거친다. 천연 효소와 미생물이 당, 산, 밍밍한 화합물을 바닐라의 주된 풍미 화합물인 바닐린으로 전환한다. 여기에 달콤함, 크리미함, 과일 향, 꽃 향, 훈제 향, 프룬 향, 심지어 치즈 향까지 250가지 이상의 복합적인 풍미 혼합물이 부수적인 풍미를 만들어낸다.

풍미 화합물

- **바닐린:** 탑노트에 해당하는 주요 풍미 화합물. 따뜻하고 달콤하며 크리미한 바닐라 향의 익숙한 풍미를 내놓는다. 많은 식품에 쓰기 위해 대량으로 합성된다.
- **과이어콜:** 달콤하고 매콤하며 은은한 훈제 향을 낸다.
- **시남산메틸:** 과일 향과 발사믹 향을 내는 에스테르의 한 종류. 잘 익은 붉은 체리와 딸기의 풍미가 함께 따른다. 계피에도 들어 있다.
- **푸르푸랄:** 단내, 캐러멜 향, 빵 냄새를 낸다. 구운 견과류, 빵류, 커피에도 들어 있다
- **아니스알데하이드:** 단내, 꽃 향, 아니스 또는 감초 같은 향, 마지팬 향
- **히드록시벤즈알데하이드:** 단내, 꽃 향, 약간 아몬드 같은 향

바닐라의 유형

바닐라콩
(바닐린 1~3.6%)
출처: 부르봉(마다가스카르산), 타히티, 멕시코, 우간다
용도: 가장 정통적인 바닐라 풍미를 원할 때
풍미 프로파일: 풍부하고 복합적이며 재배 지역에 따라 다르다.

순수 바닐라 추출물
(바닐린 1~2%)
출처: 진짜 비닐리콩, 믈, 알코올
용도: 정통적인 풍미를 원할 때
풍미 프로파일: 강한 정통적인 풍미

합성 바닐라 추출물
(바닐린 1%)
출처: 합성 바닐린
용도: 저렴한 옵션이 필요할 때
풍미 프로파일: 평면적인 풍미

바닐라 페이스트
(바닐린 0.1~1.6%)
출처: 바닐라 추출물과 바닐라콩 알갱이의 혼합
용도: 더욱 강렬한 풍미와 바닐라콩 알갱이의 시각적 매력을 원할 때
풍미 프로파일: 미묘한 꽃 향과 우디 향이 밍밍으로 깔린다.

일반적인 페어링
초콜릿, 사과, 크림, 커피

혼치 않은 페어링
땅콩호박, 차, 토마토, 버섯, 감자

월계수 잎

챔피언들은 오랫동안 월계수 잎 화관을 씌워 추앙해왔다. 일부 셰프들이 '맛이 느껴지지 않는' 월계수 잎을 기피하기도 하지만, 솔향, 정향, 꽃 향, 유칼립투스 향이 복합적으로 섞여 있는 월계수 잎은 한 끼 식사에 월계관을 씌워줄 수도 있다.

월계수 잎은 질기지만 향기를 내는 오일을 쉽게 잃어버리지 않기 때문에 요리 초반에 넣어야 한다. 월계수 잎은 다른 주된 재료를 돋보이게 해주는 은근한 향으로 사용되는 것이 가장 좋다. 월계수 잎을 가열하고 약불로 뭉근히 끓인 후 향기 성분이 든 기름이 빠져나와 요리에 스며들 때까지는 시간이 필요하다. 하지만 쉽사리 음식 맛을 장악할 수도 있기 때문에 씁쓸한 유칼립투스의 맛이 과하게 우러나기 전에 월계수 잎을 제거해야 한다.

월계수 잎의 종류

캘리포니아 월계수 잎, 인디안 베이 리프, 서인도 월계수 잎과 같은 품종들은 진짜 월계수 잎은 아니다. 다른 식물에서 나온 잎이지만 실제 월계수 잎과 비슷한 풍미를 지닌다. 실제 월계수 잎은 '지중해' 또는 '튀르키예' 월계수 잎이라고 한다.

캘리포니아 월계수 잎

진짜 지중해(또는 튀르키예) 월계수 잎보다 유칼립투스 향과 멘톨 향의 풍미가 더 진하고 독하다. 케톤류의 강력한 향기 화합물인 움벨룰론이 풍부하게 들어 있기 때문이다. 다른 어떤 재료에도 들어 있지 않으며 두통을 유발하는 것으로 알려져 있으므로 조금씩 사용하는 것이 좋다.

인디안 베이 리프

'테지 파타'라고도 불리는 이 작고 가느다란 잎은 카시아나무(186쪽)에서 자라며 스파이시하고 우디한 풍미가 매우 뚜렷이 나타난다. 이러한 풍미가 잎에 올스파이스, 계피, 말린 오렌지 껍질 같은 섬세한 향기 요소들을 더해준다. 스파이시하고 우디한 특징은 사비넨 향기 화합물에서 나온다. 육두구(178쪽)에도 들어 있는 사비넨 덕분에 인디안 베이 리프는 커리와 매콤한 요리의 단골 재료가 된다.

서인도 월계수 잎

매우 향기롭고 따듯하며, 달콤하면서도 스파이시해서 정향을 연상시키는 이 향은 유게놀에서 비롯된다. 아울러 미르센과 리모넨에서 나오는 후추와 레몬 향 요소가 곁들여진다. 수프와 스튜에 잘 어울린다.

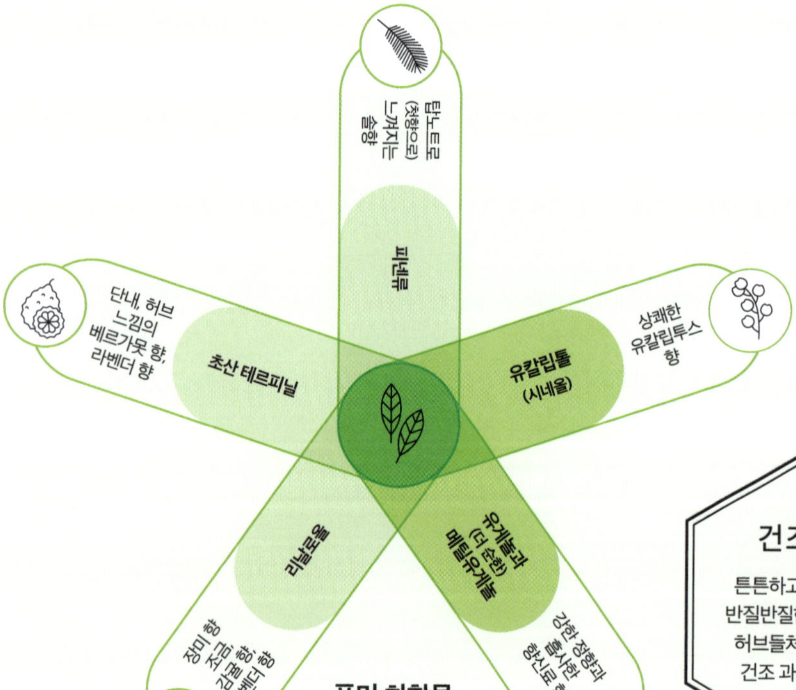

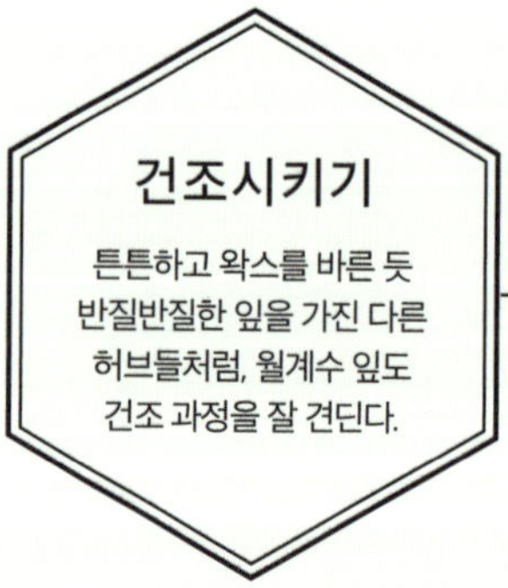

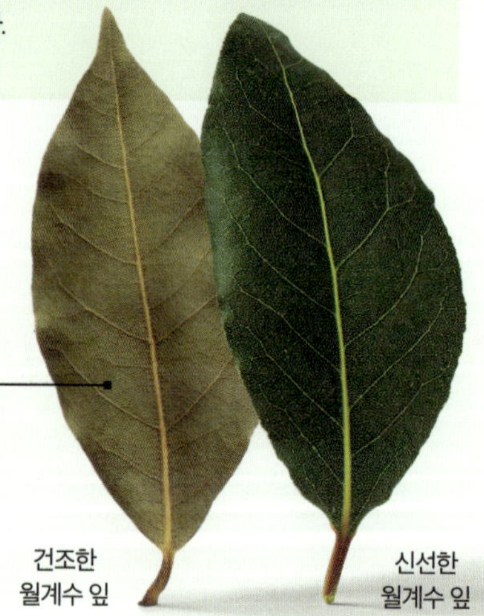

일반적인 페어링

토마토, 버섯, 흑후추, 로즈마리, 렌틸콩, 감자, 뿌리채소, 소고기, 양고기

버섯 · **월계수 잎** · 토마토

흔치 않은 페어링

다크 초콜릿, 오렌지, 육두구, 카다멈, 파인애플, 셀러리악

오렌지 · **월계수 잎** · 파인애플

커리 잎

이런 이름에도 불구하고, 커리 잎은 커리 가루와는 관련이 없다. 독특하게 사향과 레몬 향이 나는 이 윤기 나는 남인도산 잎은 스리랑카와 인도 요리에서 인기 있는 재료이며, 생으로 먹거나 향신료와 함께 볶아서 요리에 풍미를 더하기에 제격이다.

커리 잎은 살짝 씁쓸한 허브 향을 지닌다. 여기에 감귤 향의 풍미와 함께 아니스 향과 견과류 향이 은은하게 깔린다. 커리 잎은 커리나무(무라이아 코이니기이)에서 자란다. 이 나무는 인도가 원산지지만 스리랑카와 동남아시아, 그리고 호주에서도 재배된다. 잘 마르는 월계수 잎과 달리, 커리 잎은 건조되면서 풍미가 사라진다. 물이 증발하면서 유황 향을 내는 1-페닐에탄티올이 최대 90% 소멸된다.

커리 잎은 달, 커리, 스튜뿐만 아니라 처트니와 딥소스에도 가장 빈번히 사용된다. 풍부한 풍미가 우러나도록 조리 과정 초반에 넣는 것이 가장 좋다. 생 커리 잎은 말린 것보다 풍미가 뛰어나며 냉장고에 몇 주 동안 보관할 수 있다.

풍미 화합물

커리 잎의 핵심적인 풍미 화합물에는 황 원자를 포함하는 화합물이자 사향 향, 유황 향, 탄 향을 내는 1-페닐에탄티올이 포함된다. 달콤한 감귤 향과 꽃 향의 풍미에 기여하는 리날리올뿐만 아니라 신선한 향, 풀 향, 사과와 흡사한 향을 내는 헥센알도 함유되어 있다. 부수적인 화합물에는 송진 향이 깃든 솔향을 지니는 피넨과 속속들이 스며드는 유칼립투스의 풍미를 불러일으키는 유칼립톨이 있다.

일반적인 페어링
붉은 고기, 쌀, 감자, 양파, 버섯, 렌틸콩, 커민, 계피, 정향

붉은 고기 · **커리 잎** · 감자

넙치 · **커리 잎** · 헤이즐넛

흔치 않은 페어링
헤이즐넛, 넙치, 정어리, 민트, 오렌지, 리코타, 치즈

차

모든 차는 공통적으로 남중국 관목인 카멜리아 시넨시스의 잎에서 나오지만 가공 방식은 다르다. 홍차는 수확한 잎을 자연 건조시켜 갈색으로 변화(산화)시킨 것이다. 천연 색소와 미량의 지방 및 단백질이 맛과 향을 내는 화합물로 분해되고 새로운 적갈색 색소(테아루비긴)가 생성된다. 우롱차는 부분적으로 산화되는 반면, 녹차와 백차는 전혀 산화되지 않거나 약간만 산화된다. 보이차는 발효된 녹차 잎으로 만든다.

티백에는 향기 성분이 든 기름이 이미 많이 증발해버린 아랫잎이 들어 있는 경우가 많아서 맛이 더 밋밋하고 쓴맛이 더 많이 우려진다. 통잎차는 뜨거운 물에서 잎이 부풀어 오르는 데 시간이 걸리는데, 그 후 향기와 맛 화합물이 더욱 풍부하게 채워진다.

찻잎에서 풍미를 추출하려면 뜨거운 물과 시간이 필요하다. 물이 뜨거울수록 풍미 화합물인 탄닌과 쓴맛 화합물이 더 빨리 방출된다. 80℃ 이상에서 비산화차(녹차, 백차, 황차)는 차에 함유되어 있는 카테킨이 빠르게 분해되기 때문에 밋밋한 맛을 낸다.

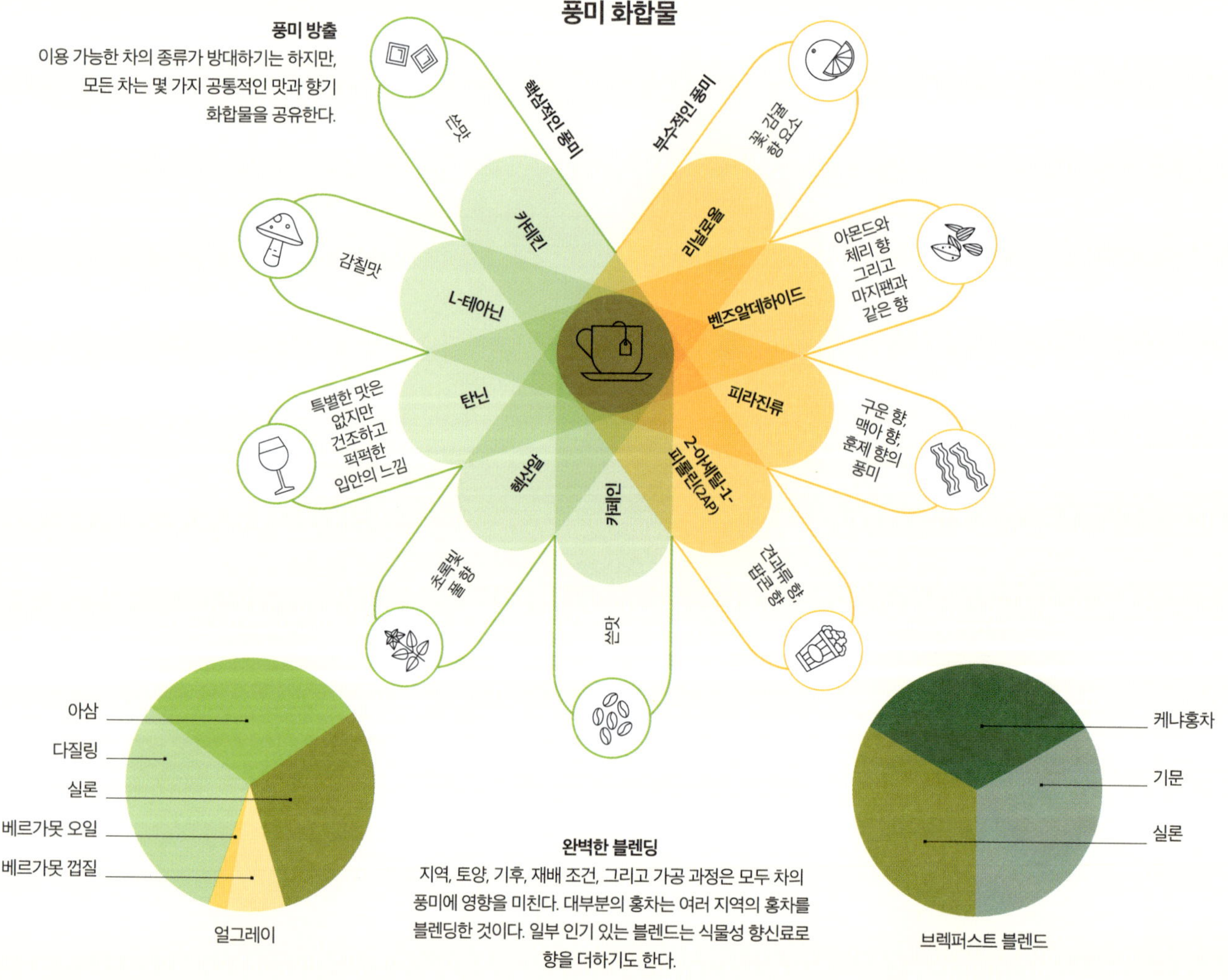

차의 종류

찻잎은 음식과 페어링하기에 좋은 굉장히 다재다능한 재료이다. 찻잎에는 깊은 감칠맛과 600가지가 넘는 다양한 풍미 화합물이 함유되어 있다.

일반적인 페어링

녹차
풍미 프로파일: 신선한, 달콤한, 식물성, 풀 향 또는 해초 향 요소들
주요 성분: 카테킨, 헥센알, 카페인
예: 센차

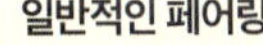

망고 **녹차** 땅콩

백차
풍미 프로파일: 섬세한, 약간 달콤한 꽃 향 또는 과일 향 요소들
주요 성분: 벤즈알데하이드, 리날로올
예: 백목단, 백작약, 백호은침

  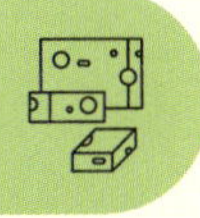
복숭아 **백차** 페타치즈

우롱차
풍미 프로파일: 크리미하고 버터 같은 향부터 흙내음과 우디 향까지 다양하다.
주요 성분: 피라진, 다마스콘
예: 철관음, 대홍포

  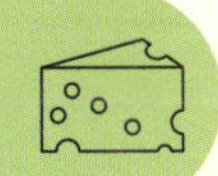
감귤류 과일 **연한 우롱차** 치즈

홍차
풍미 프로파일: 묵직한 맥아 향이 어우러진 캐러멜 향 또는 과일 향 요소들
주요 성분: 테아루비긴, 탄닌, 다마스콘, 2-아세틸-1-피롤린 (2AP)
예: 다질링, 아삼, 랍상소우총

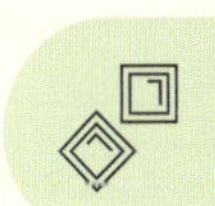  
다크 초콜릿 **홍차** 딸기

보이차
풍미 프로파일: 흙내음, 우디 향, 견과류 향, 단내 요소들
주요 성분: 지오스민(흙내음), 리날로올, 버섯 알코올/옥테놀, 메톡시페닐
예: 생차(숙성 전), 숙차(숙성)

  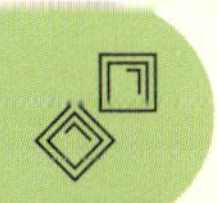
버섯 **보이차** 다크 초콜릿

보이차는 풍미로 봤을 때 복합성이 가장 훌륭한 차다. **1,000**가지가 넘는 풍미 화합물을 함유한다.

커피

에티오피아가 원산지인 커피는 카페인의 각성 효과와 활기를 돋우는 향기와 풍미로 전 세계적인 사랑을 받고 있다. 커피의 향기와 풍미는 스파이시한 과일 향부터 초콜릿 향과 탄 나무 향까지 다양하다. 커피는 단독으로 음미될 수도 있고 다양한 요리의 맛을 풍부하고 돋보이게 하기 위해 이용될 수도 있다.

커피의 풍부한 풍미는 쓴맛과 풀 맛이 나는 '콩'이라 불리는 씨앗에서 비롯된다. 체리와 흡사한 이 씨앗은 말린 후 갈색이 될 때까지 로스팅된다. 로스팅 방식에 따라 커피의 풍미와 색상이 결정된다. 원두를 로스터기에 넣으면 건조되면서 식은 다음, 150℃에서 마이야르 반응(74~77쪽)이 시작되면서 서서히 갈색으로 변한다. 이 과정에서 처음에 건초 같은 향기가 나다가, 단내와 구운 빵 향의 풍미가 생성된다.

캐러멜화가 진행됨에 따라 당분은 캐러멜, 토피, 살짝 태운 설탕 향을 내는 향기 화합물들로 변하는 한편, 원두 안에는 증기가 갇혀 축적된다. 약 190℃에서 원두는 갈라져 터진다. '퍼스트 크랙'이라고 불리는 이 과정에서, 원두 내부에서 압력을 받은 증기에 의해 원두가 터진다. 이와 함께 윤기나는 기름이 스며 나오고 로스팅된 커피의 풍미가 터져 나온다. 과일 향의 풍미가 발달되고, 때로는 스파이시한 풍미도 형성된다. 구운 향과 견과류 향의 풍미는 약한 단맛과 갈수록 더 쓰고 강해지는 타바코 향의 풍미와 함께 발달한다. 원두에 갇힌 이산화탄소 기체가 원두 내부에 쌓이고, 약 220℃에서 다시 폭발하여 '세컨드 크랙'이 발생한다. 이때 옥수수처럼 요란하게 터지면서 연기와 탄 향이 함께 방출된다.

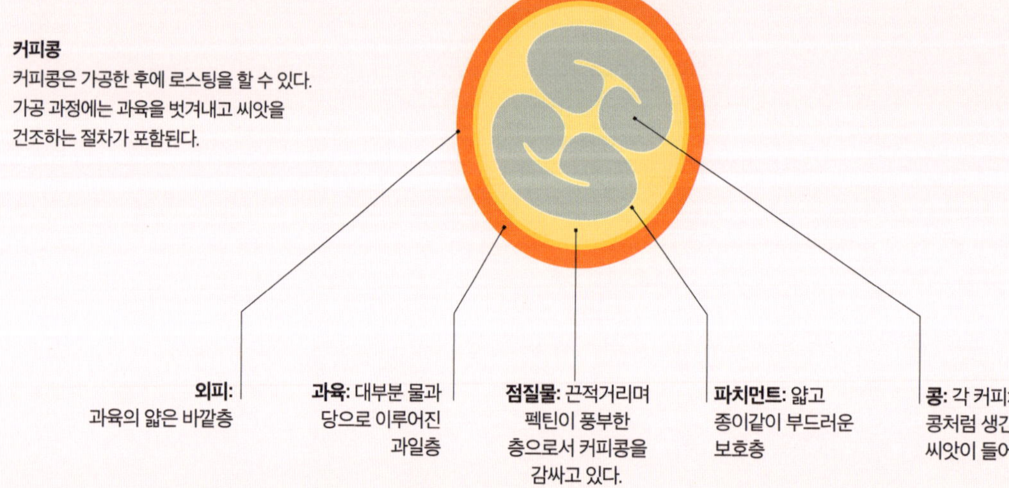

풍미 화합물

- **메틸푸르푸랄:** 커피에 달콤하고 캐러멜 같은 풍미를 더한다. 이 화합물은 당 분해(캐러멜화)와 마이야르 반응의 산물로서 기분 좋아지게 하는 요소와 단내 요소를 더해준다.
- **푸르푸랄:** 단내, 구운 빵 향, 아몬드와 흡사한 향 혹은 캐러멜 향을 낸다. 이 화합물은 당 분해와 마이야르 반응으로 생성된다.
- **아세트산:** 다른 산(시트르산, 사과산, 개미산 등)과 함께 나타난다. 산뜻하고 신선한 풍미 프로파일을 구성하는 데 기여한다. 탄수화물 분해와 마이야르 반응에서 생성된다.
- **푸르푸릴 알코올:** 단내, 탄 향 또는 우디 향을 제공하며 커피의 바디감과 향기의 복합성에 기여한다.

커피콩

커피콩은 가공한 후에 로스팅을 할 수 있다. 가공 과정에는 과육을 벗겨내고 씨앗을 건조하는 절차가 포함된다.

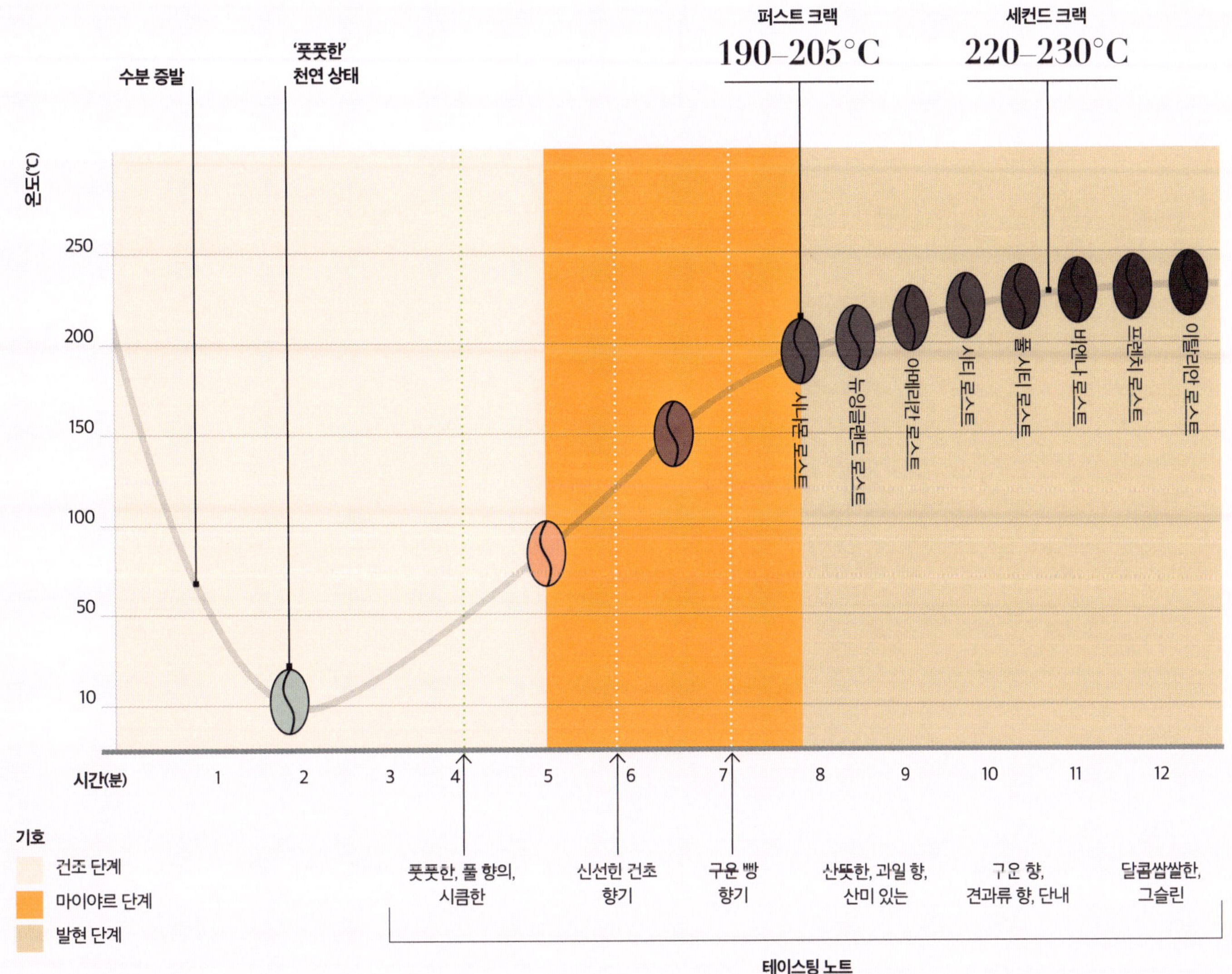

커피콩이 로스팅되면서, 기내운 시나몬 로스트부터 가장 진한 이탈리안 로스트까지 다양한 풍미가 발달한다. 이러한 명칭들은 커피의 풍미나 인기를 얻은 지역에서 발생해 시간이 흐르면서 변해왔다.

• **피리딘:** 씁쓸하고 알싸한 향기를 내며, 종종 굽거나 태운 음식의 특징과 관련된다. 커피에서 느껴지는 '맛의 진하기' 또는 '볶은 향의 정도'에 기여한다.

• **사이클로펜타논:** 달콤하면서 캐러멜과 흡사한 향기 요소로 알려져 있으며, 커피 향기에 복합성을 더해준다. 로스팅 과정 중 당의 분해 및 열분해(연소) 과정에서 형성된다.

• **페놀:** 로스팅 후반 단계에서 열분해를 통해, 우디 향, 훈제 향 또는 스파이시한 향 요소들을 형성하는 데 기여한다. 페놀 함량이 높을수록 더 진한 풍미를 불러일으킨다.

초콜릿

가장 사랑받는 음식 중 하나인 초콜릿은 디저트로 먹고, 음료로 마시고, 짭짤한 요리에 사용될 수 있다. 초콜릿은 가당 코코아로 만드는데, 코코아는 카카오 씨앗에서 추출된다. 다크 초콜릿과 밀크 초콜릿은 코코아, 설탕, 우유고형분의 함량이 다르다. 가장 중요한 풍미 화합물은 다음과 같다:

● **피라진류:** 견과류 향, 구운 향 요소들. 로스팅 과정에서 생성되는 화합물로서 초콜릿 향기를 결정짓는 핵심 요소이다.

● **알코올류와 에스테르류:** 특별히 고급 코코아 품종에서 과육 발효로 과일 향, 와인 향, 꽃 향 요소를 얻는다. 예를 들어, 아세트산에틸(파인애플 향 같은 에스테르)과 리날로올(꽃, 감귤류)이 있다.

● **알데하이드류와 케톤류:** 맥아, 스위트 아몬드, 유제품 풍의 초콜릿 풍미에 중요한 화합물이다. 카카오빈이 발효될 때 콩 내부에 이러한 풍미가 형성된다. 바닐린(바닐라, 크리미한, 달콤한 향), 2-메틸부탄알, 3-메틸부탄알(맥아, 초콜릿 향) 등이 속한다.

● **산:** 발효 과정에서 아세트산과 기타 다른 산이 생성된다. 산이 너무 많으면 신맛, 쓴맛 또는 풍미를 상실한 식초와 같은 냄새가 발생한다. 이러한 불쾌한 냄새는 일반적으로 알칼리로 중화시켜 (네덜란드식 가공법) 코코아 가루에 더 그윽한 맛과 더 어두운 색조를 부여한다.

● **쓴맛 화합물과 탄닌:** 카페인이나 테오브로민과 같은 각성제는 생카카오빈에 함유된 수십 가지의 쓴맛 방어 성분 중 하나다. 다른 쓴맛 화합물과 탄닌은 가공 과정에서 부분적으로 파괴된다.

다양한 종류

초콜릿은 단맛이 가미된 코코아 매스(고형분 또는 지방)이며, 종종 바닐라 향을 더하고 부드러운 마무리를 위해 유화제(보통 레시틴)와 섞는다. 코코아는 일반적으로 코코아를 고형분(코코아 파우더)과 지방(코코아 버터)으로 분리한 후, 다른 비율로 다시 혼합하고 단맛을 더하는 방식으로 만들어진다. 밀크 초콜릿과 화이트 초콜릿에 우유고형분(분유)을 가미하면, 더욱 부드러운 텍스처와 크리미한 풍미를 낼 수 있다.

고급 초콜릿의 유리 같은 광택, 갈라질 때 나는 경쾌한 소리, 입안에서 사르르 녹는 맛은 카카오의 지방에서 비롯된다. 천천히 그리고 조심스럽게 초콜릿을 식히면(템퍼링) 지방 분자들이 정렬되면서 서로 맞물려 완벽한 격자 구조를 이룬다. 빠르게 식히면 불안정하게 뒤죽박죽 섞여 지방 분자 혼합물이 칙칙하고 부드러운 텍스처의 초콜릿을 만들어낸다. 그런데 이러한 초콜릿의 표면에 곧 지방이 올라오면서 흰색 블룸이 생긴다. 대량 생산되는 제과용 초콜릿은 종종 코코아 버터 대신 팜유와 같은 저렴한 식물성 기름을 사용하기 때문에, 템퍼링 초콜릿 특유의 광택과 부러질 때 나는 탁 소리가 나지 않고 기름진 식감을 남길 수도 있다.

초콜릿 만들기

초콜릿의 풍미는 카카오나무의 씨앗을 덮고 있는 과육에서 비롯된다. 이 과육은 발효, 건조, 로스팅, 분쇄 과정을 거치는데, 각 단계에서 600가지가 넘는 향기 화합물이 더해져 초콜릿의 향과 중독성 있는 풍미를 만들어낸다.

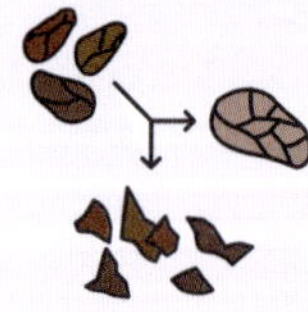

발효 및 건조

카카오 씨앗을 둘러싼 과육은 발효되어 풍미 발달에 중요한 과일 및 꽃 향의 에스테르류와 산을 생성한다. 건조시켜 수분 함유율을 7%까지 낮추고, 일부 화합물을 농축하여(카카오빈) 로스팅 준비를 한다.

로스팅과 위노잉

로스팅으로 풍미를 발달시킨 후 위노잉 기법으로 껍질을 날려 보내고 카카오빈 단편(카카오닙스)을 분리해낸다.

일반적인 페어링

과류, 감귤류, 와인, 구운 붉은 고기,
커피, 베리류, 말린 과일, 생강,
계피, 고추

견과류　　초콜릿　　고추

아보카도　　초콜릿　　베이컨

흔치 않은 페어링

패션프루트, 양파 튀김, 베이컨,
위스키, 올리브오일, 아보카도 퓌레,
블루치즈, 라벤더, 캐비어

다크 초콜릿은 기분을 좋게 만드는 화합물을
다량으로 방출하기 때문에 삶의 질을 높여줄
수도 있다. 이러한 화합물은 기분 전환과 연결
지어져왔는데, 초콜릿에 이러한 성분이 효과를
낼 만큼 충분히 함유되어 있는지에 대해서는
논란의 여지가 있다.

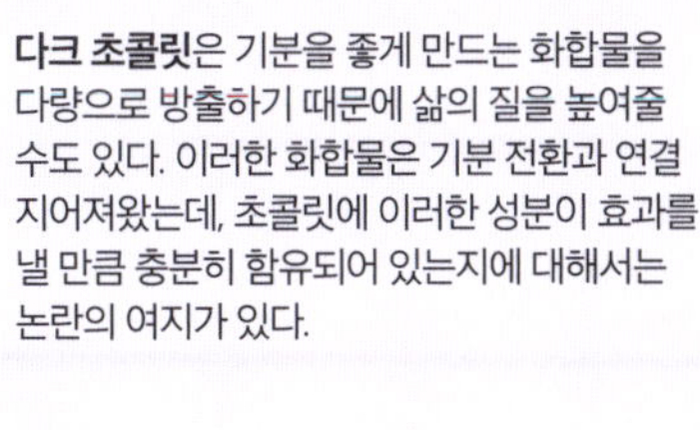

카카오의 종류

포라스테로: 강하고 그윽한 코코아의 기본적인 풍미를 낸
다. 전 세계 코코아 사용량의 90%를 차지한다.

크리올로: 향긋하고 희귀한 품종으로, 견과류, 흙내음, 꽃 향
의 풍미가 부드럽고 순하게 느껴진다. 프리미엄 초콜릿에 쓰
인다.

트리니타리오: 크리올로와 포라스테로의 교배종이다. 어느
정도 향긋하면서 과일 향이나 와인 같은 향이 느껴지는 톤
과 강렬한 코코아의 기본 향기 요소들이 결합된 풍미이다.

나시오날: 에콰도르에서 재배되며, 꽃 향, 견과류 향, 향신료
향으로 유명하다.

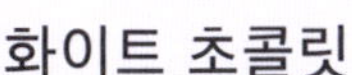

화이트 초콜릿

코코아 버터가 들어 있지만
코코아 고형분은 들어 있지
않다. 화이트 초콜릿의 풍미는
설탕, 분유, 바닐라에서
기인한다.

분쇄

카카오닙스를 가열하고 분쇄하면 코코아
버터가 분리되고 코코아 매스 또는
리커라고 하는 페이스트가 형성된다.
이는 초콜릿의 기본 재료가 된다.

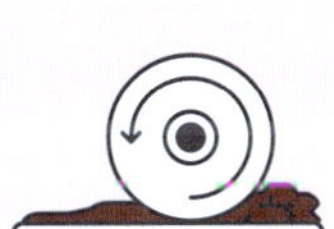

정제 및 콘칭

초콜릿 혼합물을 부드럽게 만들고 잘
섞은 후 탄산을 첨가하면 쓴맛 화합물이
어느 정도 제거되고 맥아 향의 크리미한
풍미를 더 깊어지게 할 수 있다.

템퍼링

조심스럽게 냉각시켜서 코코아 버터의
결정화를 조절하면 매끄러운 식감,
광택 나는 표면, 만족스러운
탁 소리를 만들 수 있다.

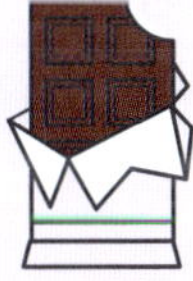

성형

최종 형태는 풍미 인식에 영향을
미친다. 모서리가 완만한 초콜릿은
모서리가 각진 초콜릿보다 더
크리미하고 쓴맛이 덜 느껴진다.

레드

까베르네 소비뇽

블렌드 와인에 널리 사용되는 이 품종에는 풋풋한 맛을 내는 피라진류(메톡시피라진 및 메틸피라진)가 풍부하게 들어 있다. 풍미는 볶은 후추 향부터 브랜디에 절인 체리 향까지 다양하다.

메를로

메를로는 카베르네보다 탄닌이 적고 더 미묘한 풍미를 지닌다. 높이 평가받는 메를로의 풍미는 토마토 향, 푸른 향, 체리 파이 향을 아우른다.

피노 누아

이 포도는 더 서늘한 기후에서 잘 자란다. 이런 기후의 흙내음이 섞인 은은한 과일 향이 균형 잡힌 와인을 내놓는다.

시라/쉬라즈

더 서늘한 기후에서 만들어진 와인으로 블랙베리, 자두, 흑후추, 올리브, 허브 향 풍미를 지닌다. 신세계 버전은 오크통에서 숙성 시 잘 익은 과일 향과 함께 초콜릿과 바닐라의 은은한 풍미를 제공한다.

그르나슈/가르나차

다른 품종과 자주 블렌딩되는 강렬한 단맛의 포도. 탄닌이 적고 잘 익은 붉은 베리 향과 묵직한 알코올 향이 특징인 와인을 만들어낸다.

레드와인은 향을 강화하고
쓴맛을 줄이기 위해
18−22°C에서
즐기는 것이 가장 좋다.

화이트

소비뇽 블랑

청량하고 산미가 높은 드라이와인으로 레몬 향, 풋사과 향, 풀 향, 젖은 돌 향을 특징으로 한다. 따뜻한 기후에서 생산되는 와인에서는 흔히 구아바, 키위, 패션프루트와 같은 열대과일 향이 탑 노트로 느껴진다.

샤르도네

사과, 배, 감귤의 강렬한 풍미. 샤르도네는 종종 오크통에서 숙성되어 토스트, 견과류, 향신료 향 요소들을 내놓는다. 발효를 통한 튀지 않는 버터 맛과 균형 잡힌 산미로 유명하다. 발효 과정에서 버터의 향기 화합물인 디아세틸이 방출된다(166~167쪽).

리슬링

리슬링의 산뜻한 1차 풍미인 풋사과 향, 배 향, 감귤 향은 리날로올과 '로즈 케톤(다마세논)'에서 비롯되는 강렬한 꽃 향과 어우러진다. 숙성되면서 와인에는 꿀 향, 말린 과일 향, 견과류 향 요소들이 풍부하게 나타난다.

피노 그리지오/피노 그리

이탈리아에서 피노 그리지오는 배 향, 풋사과 향, 감귤 향 요소들을 나타내는 가볍고 신선한 와인이다. 피노 그리를 생산하는 프랑스 와인 제조자들은 잘 익은 복숭아, 꿀, 생강을 연상시키는 더욱 풍부하고 스파이시한 와인을 창출해낸다.

모스카토

모스카토는 강한 꽃 향(오렌지 꽃과 장미)과 달콤한 핵과류(복숭아와 살구)의 기운을 북돋우는 향을 지닌다. 약간 스파클링(프리잔테)인 경우가 많다.

와인

즙이 풍부한 블랙베리 향과 상큼한 레몬 향부터 토스트 향, 분필 향, 오크나무 향, 향신료 향, 심지어 가죽 향까지, 소박한 포도에서 어지러울 정도로 다채로운 풍미가 펼쳐진다. 이러한 다양한 풍미 덕분에 와인은 주방에서 전천후로 쓰이는 필수품이자 푸드 페어링의 슈퍼스타로 등극했다.

알코올의 화끈거리는 쓴맛과 와인의 입안이 오그라드는 듯한 산미와 건조함 때문에 와인 맛에 익숙해지는 데는 시간이 걸린다. 와인의 다양한 풍미는 포도 자체(1차 향/풍미), 발효(2차 향/풍미), 그리고 병이나 오크통 숙성(3차 향/풍미)에서 비롯된다. 스위트한 와인은 발효 후 포도당이 남아 있는 반면, 드라이한 와인은 남은 당분이 없기 때문에 산미와 탄닌이 주된 맛을 이룬다. 1~3년 숙성된 어린 와인은 과일 향이 더 풍부한 반면, 5~10년 숙성된 와인은 더욱 복합적인 풍미를 지닌다.

다양한 포도 품종과 테루아(토양과 포도덩굴이 자라는 기후)는 뚜렷한 풍미 프로파일을 만들어낸다. 유럽과 중동 이외에 더 따뜻한 지역에서 생산된 '신세계(신대륙) 와인'은 더 달콤하고 산도가 낮은 포도로 만들어지기 때문에, 와인의 과일 향과 알코올 도수가 더 강해진다(당분은 알코올을 생성하는 효모의 먹이가 된다).

와인 잔의 크기와 모양

볼이 크고 입구가 그보다 작은 와인 잔은 레드와인과 화이트와인 모두에서 향의 발산과 농도를 극대화한다.

따라서 특정 와인 전용 잔이라는 주장은 조금 의심스럽게 받아들이는 게 좋겠다.

키 큰 플루트 잔은 스파클링 와인에 제격이다. 거품은 터질 때 더 커지면서 더 많은 향기 화합물을 하늘로 뿜어내기 때문이다.

포도

1차 풍미는 포도 자체에 함유된 분자에서 나온다. 예를 들어 테르펜류(꽃과 감귤 향 요소들), 에스테르류(과일 향), 페놀류(쓴맛, 떫은맛) 등이 있다.

발효

발효 과정에서 미생물과 효모는 포도의 당분을 먹어 치우고 더 많은 에스테르류, 알코올류, 산을 생성해서 바나나, 사과, 버터 등 더 다양한 복합적인 풍미를 불러일으킨다.

숙성

와인이 숙성되도록 두는 동안 나무통 내부와의 접촉으로 탄닌과 바닐라 향, 토스트 향, 훈제 향의 풍미가 더해진다.

기타 카테고리

로제 와인

분홍색 와인. 신선함, 과일 향, 때로는 꽃향기 요소를 나타낸다.

오렌지 와인

화이트와인용 포도의 껍질과 씨를 넣어 만든 와인으로 탄닌과 약간의 레드와인 향이 난다.

스파클링 와인

2차 발효(병 또는 탱크)를 거치는 와인으로 거품과 톡 쏘는 텍스처를 생성하는 와인. 종종 사과 향, 토스트 향, 효모 향 요소들을 나타낸다.

디저트 와인

달콤한 와인. 꿀 향 혹은 과일 향이 나는 풍부한 풍미를 지닌다.

알코올 강화 와인

증류주를 첨가해 알코올 도수를 높이고 발효를 중단시킨 와인. 달콤하거나 드라이한 스타일로 만들어지며 풍부하고 복합적인 풍미를 지닌다.

일반적인 페어링
굴, 새우, 가리비와 같은 해산물, 채소 샐러드, 닭고기, 리소토, 브리아 까망베르 같은 치즈

흔치 않은 페어링
당근, 오이, 김치가 포함되는 절인 채소, 그슬린 콜리플라워, 팝콘, 와사비 완두콩 등

일반적인 페어링
붉은 고기, 오리고기나 토끼고기 같은 사냥감 고기, 파르메산치즈, 토마토 소스 파스타, 피자

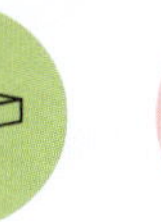

흔치 않은 페어링
베이컨, 풀드포크, 구운 밤, 가지

맥주

현대식 수제 맥주부터 정통 에일 맥주까지, 맥주는 오랫동안 가장 인기 있는 주류로 군림해왔다. 홉 향 혹은 쓴맛, 흙내음 혹은 과일 향, 달콤한 맛 혹은 매운맛 등 모든 상황에 어울리는 맥주가 있다.

맥주는 곡물, 특히 맥아 보리를 발효시켜 만든다. 맥아 보리란 보리의 일종으로, 물에 불려 발아시킨 후 인공 건조된다. 전분은 단당류로 분해되어 알코올을 생성하는 효모의 먹이가 된다.

곡물을 맥아로 만드는 몰팅 과정에서는 구운 토스트 향, 캐러멜 향, 견과류 향이 맥주에 더해진다. 또한 맥주 풍미의 핵심은 맥아 보리와 물을 끓인 용액에 '홉'이라는 식물 원료를 첨가하는 것이다. 홉은 다양한 종류가 있으며, 크게 향기와 쓴맛의 특징에 따라 분류된다. 향기는 허브의 향기 화합물에서 기인하는데, 이 향은 맥주에 꽃, 감귤, 후추 향의 풍미를 더할 뿐만 아니라 홉의 풍미

밀맥주

맥아 밀을 사용하여 양조한 맥주로서 바나나, 정향, 토피 향의 풍미를 지닌다.

라거

라거는 에일보다 더 미묘한 풍미를 지니며, 과일 향을 내는 에스테르류를 훨씬 더 적게 함유한다.

페일 에일

페일 에일은 알파산 함량이 높아서 홉 특유의 쓴맛을 지닌다.

스타우트

스타우트는 볶은 보리 곡물에서 나오는 커피와 초콜릿의 깊은 탄 향 요소를 지닌다.

에도 기여한다. 쓴맛은 주로 홉에 함유된 무미의 '알파산'에서 비롯된다. 끓는 물에서 알파산은 쓴맛이 나는 형태로 변한다.

효모는 양조 과정 중 핵심적인 역할을 한다. 발효 중에 당을 분해하여 이산화탄소, 에탄올로 전환시킨다. 발효 온도와 알코올 내성 정도에 따라, 효모는 맥주의 풍미, 외관, 알코올 함량을 조절할 수 있다. 또한 탄산의 양에도 영향을 미쳐서 맥주를 따를 때 거품이 생기게 한다. 이 거품이 터지면서 맥주의 향이 잔에서 코로 전달되어 밝고 청량한 풍미를 선사한다.

맥주 고르기

● **페일 에일:** 더 짧은 건조(킬닝) 시간 때문에 황금빛을 띠며, 높은 알파산 함량으로 홉의 쓴맛을 더한다. 미르센과 같은 향료는 상쾌한 감귤 향과 허브 향의 풍미를 선사한다. 생선이나 스테이크처럼 기름진 음식이나 아시아 향신료와 잘 맞아서 향의 조화를 이룬다.

● **인디아 페일 에일:** 강렬한 홉의 풍미와 과일 향의 특징 때문에 다른 페일 에일과 구별된다. 에스터 화합물들은 바나나, 살구, 파인애플과 같은 열대과일 향을 선사한다. 제라니올과 같은 다른 향기 화합물은 장미와 흡사한 향에 감귤 향 요소를 더한다.

● **라거:** 깔끔한 맛과 식감을 지닌 신선한 맥주로서, 발효 효모(또는 '라거 효모')를 사용하여 낮은 온도에서 양조된다. 발효 효모는 탱크 바닥에 가라앉아 발효하는 데 시간이 더 걸린다.

● **스타우트:** 발아하지 않은 보리를 장시간 고온에서 킬닝하여 진한 색을 띤다. 적당한 알파산 함량으로 균형 잡힌 쓴맛을 낸다. 바닐라와 진한 색 과일의 복합적인 풍미를 발달시키기 위해 종종 숙성 과정을 거치기도 한다. 디저트나 진한 치즈와 상당히 잘 어울린다. 포터는 스타우트와 비슷하지만 발아한 맥아 보리를 사용하여 탄 맛 없이 달콤한 캐러멜 풍미를 이끌어낸다.

● **밀맥주:** 주로 맥아 밀을 사용해 양조하며, 풍부한 바디감과 어느 정도 달콤하고 매콤한 풍미를 자랑한다. 탄산 함량이 높아서 따를 때 거품이 풍성하게 올라오며, 일반적으로 여과하지 않아 외관상 탁하게 보인다.

흔치 않은 페어링
기름진 생선, 샐러드, 블루치즈, 생강, 마늘

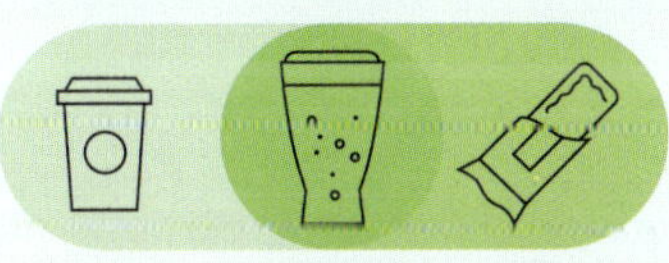

흔치 않은 페어링
베이컨, 바나나, 코코넛, 고추, 계피

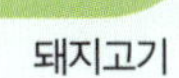

흔치 않은 페어링
도넛, 굴, 조개류

증류주

칵테일의 핵심이자 요리에 강한 알코올 기운을 더해주는 증류주(스피릿)는 미뢰를 자극하기 마련이다. 이러한 증류주는 따뜻한 향신료 느낌과 강렬한 향, 그리고 우디 향과 캐러멜 향 요소들을 제공한다. 증류주라는 단어는 알코올과 같은 가열된 액체에서 나오는 에센스를 증류라는 과정을 통해 포착한다는 데서 유래한다. 이에 대한 근거 자료와 액체 증류에 대한 지식은 수백 년 전 중세 연금술의 시대로 거슬러 올라간다. 그러나 오늘날 음료로서의 증류주는 발효된 원료를 증류하여 얻은 알코올을 의미한다. 발효에 사용되는 과일과 식물은 그 결과물인 증류주의 뚜렷한 특성에 큰 요소가 된다. 칼바도스의 사과, 진의 보리, 럼의 사탕수수 당밀이 그 예이다.

증류주의 알코올(에탄올) 함량은 약 40%로, 맥주(5%)와 와인(12%)보다 훨씬 높다. 이는 발효된 혼합물이 담긴 용기에서 알코올을 증발시킨 후 다시 응축시켜 새로운 용기에 담는 증류 기술 덕분이다. 그다음, 알코올을 정제하고 도수를 높일 수도 있다. 이렇게 하면 보드카 같은 맑은 증류주를 얻을 수도 있으며, 모든 종류의 스피릿이 만들어지는 방식이기도 하다. 이 단계에서 증류주는 강렬하지만 특별한 맛이 나지 않는데, 생산 과정에서 새로운 풍미가 깃든다. 향긋한 식물성 재료를 우려내서 진에 풍미를 입히는 방식은 최근 몇 년 동안 상업적으로나 가정에서 큰 인기를 얻고 있다. 럼이나 위스키와 같은 다른 증류주는 오크통 숙성을 통해 깊은 맛과 색을 얻는다. 이 오크통을 화염으로 처리하여 나무의 천연 화합물을 분해하고 캐러멜과 바닐라 향의 풍미를 만들어낸다. 또한 나무에서 추출한 탄닌도 쓴맛과 복합성에 기여한다.

증류주의 종류

증류주는 증류를 통해 만든 알코올 음료이다. 가장 인기 있는 증류주는 보드카, 진, 위스키, 럼이다. 보드카와 진은 비교적 가벼운 증류주로 해산물과 잘 어울리는 반면, 위스키, 럼, 브랜디는 무겁고 복합적인 증류주로, 더 강하고 진한 풍미와 함께 즐길 수 있다.

보드카

맛이 거의 없는 맑은 증류주이다. 다양한 원재료로 만들 수 있으며, 여기에 곡물, 뿌리채소, 과일이 포함된다. 이 원재료들은 감귤 향과 향신료 향의 미묘한 요소들을 부여한다. 칵테일을 만들 때 가장 다재다능한 증류주로 여겨지며, 보드카가 알코올의 온기를 전달하는 동안, 여기에 혼합되는 음료들은 풍미를 불러일으킨다.

일반적인 페어링
생과일, 연어, 해산물,
토닉워터, 피클, 샐러드

흔치 않은 페어링
커민, 카다멈, 터메릭, 오이

일반적인 페어링
스테이크, 다크 초콜릿,
파인애플, 코코넛,
샤퀴트리, 블루치즈

흔치 않은 페어링
바닐라 아이스크림, 생강빵,
바노피 파이

위스키

오크통은 전에 다른 증류주를
숙성하는 데 종종 쓰여왔으며,
이 점이 위스키의 색과 맛에
영향을 미친다.

진

식물성 재료를 우려내 증류한다. 이때 진의 대표 향
인 피넨의 솔향을 전해주는 주니퍼베리는 꼭 포함해
야 한다. 그 밖에 다양한 허브, 향신료, 감귤류 껍질,
나무껍질은 민트 향을 내는 시네올, 꽃 향을 내는 리
날로올, 우디 향의 보르닐 아세테이트와 같은 향기
화합물들을 더해준다. 토닉과 함께 칵테일로 즐길 때
에는 해산물과 샐러드의 섬세한 풍미와 잘 어울린다.

위스키

호박색에 바닐라 향과 진한 색 과일 향의 풍미가 어
우러진다. 배럴 숙성 과정에서 생성되는 락톤은 우디
향 요소를 나타낸다. 백아 모리를 사용해 만들며, 풍
좀 가열 처리된 이탄에서 과이어콜과 같은 훈제 향을
내는 페놀 화합물을 내놓는다. 구운 스테이크나 식사
후 다크 초콜릿과 훌륭한 조합을 이룬다. 훈제 향이
나는 종류는 블루치즈와 잘 어울린다.

럼

원재료는 당밀이다. 오크 캐스크 숙성통에서 숙성시
키며 흑설탕과 버터스카치 향 요소들을 더한다. 프로
피온신에틸과 같은 괴일 향을 내는 에스테르류 함량
이 높다. 다크 또는 화이트 럼으로 출시되며, 화이트
럼은 숯으로 여과해 색소를 제거한 것이다. 불순물도
제거되므로 더욱 부드러운 음료가 만들어진다. 럼은
열대과일과 견과류가 들어간 디저트와 잘 어울린다.

찾아보기

굵게 표시된 부분은 해당 항목의
주요 페이지입니다.

지은이 · 옮긴이 소개

지은이 **스튜어트 페리몬드**

의학박사이자 과학 커뮤니케이터, 식품과학 전문가이며, DK 베스트셀러 『사이언스 쿠킹』, 『향신료 과학』, 선데이 타임스 베스트셀러 『삶의 과학』, 『정원의 과학』의 작가이다. 페리몬드 박사는 「인사이드 더 팩토리」와 「푸드 언랩트」 같은, TV와 라디오의 인기 과학 프로그램과 공개 행사에 정기적으로 출연한다. 그의 저작물은 「인디펜던트」, 「데일리 메일」, 「BBC 사이언스 포커스」, 「뉴 사이언티스트」 등 여러 국제적인 매체에 소개되고 있다.

옮긴이 **오지현**

이화여자대학교 생물학과를 졸업하고, 출판사에서 책을 만들었다. 현재 번역 에이전시 엔터스코리아에서 전문 번역가로 활동하고 있다. 주요 역서로는 『지구에 씨앗이 모두 사라지면?』, 『DNA의 모든 것을 이토록 쉽고 재밌게 설명하다니!』, 『잠들지 않는 지구를 구하라!』, 『고양이 안내서』, 『개 안내서』, 『비교를 해 봐야 최고를 알지』 등이 있다.

감사의 말

저자의 감사의 말

이 책에는 방대한 내용이 담겨 있다. 일상적인 음식 재료 뒤에 숨어 있는 풍미에 대한 과학적 원리뿐만 아니라 최신 연구 내용에 대해서도 자세히 다룬다. 엄청난 재능을 지닌 주방의 크리에이터 집단인 이들이 없었다면 이 책은 세상에 나오지 못했을 것이다. 훌륭한 수석 부주방장이자 수석 편집자인 루시 시엔코브스카와 소피 블랙먼, 그리고 편집자 수잔 맥키버, 클레어 더블, 니콜라 호지슨은 내가 지나치게 후하게 담아낸 내용들을 이렇게 세련되고 완결된 형태의 요리로 변신시키기 위해 끊임없이 노력했다. 또한 이 책을 시각적으로 맛깔스럽게 해주는 놀라운 디자인과 삽화를 담당한 재능 있는 디자이너 앨리슨 가드너와 사라 스넬링에게도 크나큰 감사를 전한다.

이 책은 나의 다섯 번째 책으로서 특별한 의미로 다가온다. 이 책이 내 마지막 책이 아니기를 바란다. 집필 중반쯤, 거의 20년 전 두개골 안쪽에 처음 자리 잡았던 악성 뇌종양이 다시 깨어나 나의 뇌회백질을 갉아먹기 시작했고, 이를 억제하기 위해 약물과 방사선 치료가 필요한 상황이었다. 아내, 가족, 친구, 그리고 교회의 끊임없는 사랑과 지지 덕분에 이 책이 출판될 수 있었다. 이 책을 여러분께 바친다.

작가들인 조쉬 스몰리, 로빈 셰리프, 니콜라 템플, 그리고 로라 글래드윈에게 큰 빚을 졌다. 암 치료 마지막 몇 주 동안 나서서 원고를 제때 인쇄소에 넘길 수 있게 해주었다.

또한 이 책은 전문가들의 도움을 많이 받았다. 그들의 통찰력 덕분에 지식의 공백을 메울 수 있었다. 감각과학 분야의 세계적인 선도자인 찰스 스펜스 교수와 노팅엄대학교 부교수 니 양 박사(니콜)께 진심으로 감사드린다. 이 두 분은 친절하게도 우리가 씹고, 마시고, 삼킬 때 향기 화합물이 어떻게 풍미를 만들어내는지에 대한 최첨단 연구 내용을 공유해주었다. 뉴욕대학교 치과대학의 알다 모아예디 박사는 그가 최근에 입안에서 발견한 새로운 유형의 신경세포인 성화상 종결 세포(starburst ending cell)에 대해 자세히 설명해주었다. 그의 설명을 계기로 텍스처와 식감을 과학적으로 이해할 수 있게 되었다. 또한 차(茶) 화학 전문가 미셸 프랜클 교수는 세계에서 가장 사랑받는 따뜻한 음료의 과학적 원리를 이해하는 데 귀중한 통찰력을 제공해주었다.

마지막으로, 나의 에이전트 조니 페그에게 감사의 말을 전한다. 언제나 나의 친구이자 든든한 버팀목으로, 출판업계의 복잡한 문제들을 능숙하게 처리해주었기에 내가 창작 과정에 집중할 수 있었다. DK 출판사 전체 팀, 특히 루시와 클레어에게 감사한다. 우리 가족이 가장 힘든 시기에 진심 어린 열정, 인내심, 변함없는 지원을 보여주었다. 여러분이 없었다면 이 책은 존재할 수 없었을 것이다. 이 책이 우리가 함께 작업하는 마지막 작품이 되지 않기를 진심으로 바란다.

DK의 감사의 말

출판사 DK는 원고를 전문적으로 검토해준 조쉬 스몰리에게, 또한 텍스트 작업에 기여해준 로라 글래드윈, 로빈 셰리프, 조쉬 스몰리, 니콜라 템플에게 감사를 전한다. 시각화 작업을 담당한 토비아스 스터트, 사진 보정을 담당한 수닐 샤르마, 음식 스타일링을 담당한 엘리 자비스, 소품 스타일링을 담당한 엘피다 마그쿠라, 미국판 자문을 담당한 토마스 잉글랜드, 교정을 담당한 캐서린 글렌데닝, 색인을 제공해준 바네사 버드에게도 감사의 뜻을 전한다.

참고문헌

이 책의 정보를 뒷받침하는 연구 인용의 전체 목록은 아래 링크에서 확인하실 수 있습니다:

www.dk.com/science-of-flavour-biblio

사진 크레딧

출판사는 사진 수록을 허락해주신 다음 분들께 감사드립니다:

풍미의 과학

발행일 2026년 4월 1일 초판 1쇄 발행
지은이 스튜어트 페리몬드
옮긴이 오지현
발행인 강학경
발행처 시그마북스
마케팅 정제용
에디터 양수진, 최연정, 최윤정
디자인 정민애, 강경희, 김문배

등록번호 제10-965호
주소 서울특별시 영등포구 양평로 22길 21 선유도코오롱디지털타워 A402호
전자우편 sigmabooks@spress.co.kr
홈페이지 http://www.sigmabooks.co.kr
전화 (02) 2062-5288~9
팩시밀리 (02) 323-4197
ISBN 979-11-6862-419-1 (03590)

First published in Great Britain in 2025
by Dorling Kindersley Limited
20 Vauxhall Bridge Road,
London SW1V 2SA

The authorised representative in the EEA is
Dorling Kindersley Verlag GmbH. Arnulfstr. 124,
80636 Munich, Germany

Original Title: The Science of Flavour: Unlock the Secrets of Flavourful Cooking
Text Copyright © Dr Stuart Farrimond 2025
Copyright © 2025 Dorling Kindersley Limited
A Penguin Random House Company
10 9 8 7 6 5 4 3 2 1
001-340340-Jul/2025

A CIP catalogue record for this book
is available from the British Library.
ISBN: 978-0-2416-6763-7

Printed and bound in China

www.dk.com